AIソフトウェアのテスト

答のない答え合わせ［4つの手法］

佐藤直人・小川秀人・
來間啓伸・明神智之［共著］

AI/Data Science 実務選書

リックテレコム

注　意

1. 本書は、著者が独自に調査した結果を出版したものです。
2. 本書は万全を期して作成しましたが、万一ご不審な点や誤り、記載漏れ等がありましたら、出版元まで書面にてご連絡ください。
3. 本書は情報提供のみを目的としており、本書の記載内容を運用した結果およびその影響については、上記にかかわらず本書の著者、発行人、発行所、その他関係者のいずれも一切の責任を負いませんので、あらかじめご了承ください。
4. 本書の記載内容は、執筆時点である2021年2月現在において知りうる範囲の情報です。本書に記載されたURLやソフトウェアの内容、インターネットサイトの画面表示内容などは、将来予告なしに変更される場合があります。
5. 本書に掲載されているサンプルプログラムや画面イメージ等は、特定の環境と環境設定において再現される一例です。
6. 本書に掲載されているプログラムコード、図画、写真画像等は著作物であり、これらの作品のうち著作者が明記されているものの著作権は、各々の著作者に帰属します。

商標の扱い等について

1. Intel、Intel Core は、Intel Corporation またはその子会社の商標です。
2. Windowsは、Microsoft Corporationの米国およびその他の国々における登録商標または商標です。
3. Mac OS、Macは、Apple Inc.の米国およびその他の国々における商標です。
4. Pythonは、Python Software Foundationの登録商標です。
5. IBMは、International Business Machines Corporationの、世界の多くの国々における商標です。
6. 上記のほか、本書に記載されている商品名、サービス名、会社名、団体名、およびそれらのロゴマークは、一般に各社または各団体の商標または登録商標である場合があります。
7. 本書では原則として、本文中においては™マーク、®マーク等の表示を省略させていただきました。
8. 本書の本文中では日本法人の会社名を表記する際に、原則として「株式会社」等を省略した略称を記載しています。また、海外法人の会社名を表記する際には、原則として「Inc.」「Co., Ltd.」等を省略した略称を記載しています。

はじめに

人智を越えたAIによる推論が、果たして本当に正しいのか、どの程度信頼できるのか、誰も答を持っていません。正解が分からないのですから、従来のソフトウェアテストは一切成り立ちません。かといって、テストなし、品質保証なしのシステムを、現実世界で使えるはずがありません。

本書はその解決策として、メタモルフィックテスティング、ニューロンカバレッジ、最大安全半径、網羅検証の4つを紹介します。教師あり機械学習で開発したディープニューラルネットワークおよびアンサンブルツリー（XGBoostやランダムフォレスト）が解く分類問題（画像識別）と回帰問題（価格予測）の実例を交え、4つのテスト手法の原理と手順を解説。それぞれのチュートリアルを通じて実践スキルも身に付きます。

本書のテーマ

本書の主題は、「正解を定義できないからこそAIを使う」ことから生じる矛盾を乗り越え、読者がAIシステムをテストできるようになることです。従来行っていた正解に基づくテストは無効ですので、AIソフトウェア向けの新しいテストの方法を説明していきます。

想定読者

本書の想定読者は、AIソフトウェアのテスト方法がわからず困っている技術者や、AIシステムに品質問題が発生しないか心配な品質保証担当者、あるいは自社の業務にAIを導入したいけれど、知識不足に不安を抱いている事業担当者などです。

本書が必要とする前提知識

- ソフトウェア開発の基礎知識だけでよく、AI/機械学習やソフトウェアテストの専門知識は不要です。
- 4章から7章のチュートリアルは、Pythonを知らなくても体験できます。
- 集合演算や論理式には簡単な記号だけを使っており、高校初級程度の数学の知識があれば、より深く内容を理解できるでしょう。
- 数式やプログラムコードを読み飛ばしても、概要を理解できるよう構成しています。

主な構成

まず、AIの専門家でない方々に向けて、1章ではできるだけ平易に「AIとは何か?」の説明から始めます。続く2章では、AIシステムのテストの難しさと、考え方を説明します。3章からはいくつかのテスト技術について説明するとともに、テストを実行するためのソフトウェアの導入方法や実行例も含めながら詳しく解説することで、読者がAIソフトウェアのテストを実践できるようになることをめざします。

各種ご案内

●ダウンロードサービス

本書をお買い上げの方は、本書に掲載されたものと同等のプログラムやデータのサンプルのいくつかを、下記のサイトよりダウンロードして利用することができます。

http://www.ric.co.jp/book/index.html

リックテレコムの上記Webサイトの左欄「総合案内」から「データダウンロード」ページへ進み、本書の書名を探してください。そこから該当するファイルの入手へと進むことができます。その際には、以下の書籍IDとパスワード、お客様のお名前等を入力していただく必要がありますので予めご了承ください。

書籍ID　:　**ric12911**　パスワード　:　**prg12911**

●開発環境・動作確認環境

本書記載のプログラムコードは、主に以下の環境で開発と動作確認を行いました。

・OS　：Windows 10 ／ macOS Catalina (Ver. 10.15.5)
・Python 3.6.8
・外部ライブラリ　：tensorflow 1.12.3、keras 2.2.5、xgboost 1.2.0、scikit-learn 0.23.2、z3-solver 4.8.6、pandas 1.1.2、matplotlib 3.3.2、numba 0.51.2、mmdnn 0.3.1、numpy 1.16.6、h5py 2.8.0

●本書刊行後の補足情報

本書の刊行後、記載内容の補足や更新が必要となった場合、下記に読者フォローアップ資料を掲示する場合があります。必要に応じて参照してください。

http://www.ric.co.jp/book/contents/pdfs/12911_support.pdf

CONTENTS

序章

AIシステムとテスト

本書ではAIシステムに対するテストについて解説します。AI技術を解説する本ではありません。AIの作り方やAIの精度の評価方法を説明する本でもありません。この序章では、本論に入る大前提として、そもそも「なぜAIシステムをテストする必要があるのか?」「AIシステムのいったい何をテストしようというのか?」について説明します。

0.1 AIシステムにテストが必要な理由

0.1.1. AIの普及に伴うひとつの課題

機械学習をはじめとするAI技術は急速な発展を続けており、様々なAIが社会のいたるところに組み込まれ、人々の生活を便利にし、安全な社会を支える基盤となっています。例えば、あなたが本書をネット書店で勧められたとすると、あなたの購入履歴に基づいて「本書があなたの役に立つ」とAIが判断したということですね。もしもあなたがスマートスピーカから流れるBGMを聴きながら本書を読んでいるのなら、その曲もAIが選んだものかもしれません。「AIという言葉を聞かない日がないほど」という慣用表現がありますが、最近ではむしろ当たり前になりすぎて、敢えてAIと言うまでもない状況にすら感じられます。

AIは従来型のソフトウェアに比べて、しばしば高い能力を発揮するようになってきました。その反面、AIが間違いを起こすと私たちの生活や財産、時には生命にまで大きな損害を与えることにもなりかねません。もしもAIの推薦図書が役に立たなければ、顧客にとってはお金の無駄使いになりますし、ネット書店にとっては悪評が売上低下を招くかもしれません。

もっと大きなリスクをもつAIもあります。例えば、自動運転を行うAIが「止まれ」の交通標識を「時速100km制限」だと誤って識別したら……、考えるだけでゾッとしますね。実際に交通標識に粘着テープを貼ってAIの認識を誤らせる実験結果が報告されています。また自動運転ではないですが、既に市販されている自動車の安全支援装置が某ラーメン店の看板を「止まれ」の交通標識だと警告する事例がSNSで話題になりました。あるいは、株式投資を自動化するAIが誤って損害を出してもユーザの自己責任に帰すでしょうが、融資の可否判断を行うAIが誤って、融資すべき顧客に「投資すべきでない」と判断したら、顧客の死活問題に繋がるかもしれません。

このようにAIのメリットを享受しつつも、リスクをできるだけ低減して、安全で間違いの少ないAIを使いたいというニーズが、AIの普及とともに切迫感を高めています。そのようなニーズを満たすアプローチはいくつか考えられます。性能のよい新しいAI技術の研究開発もその1つです。また自動運転のような安全性が求められる分野では、AIが間違っても事故被害を低減するための安全装置が検討されています。そして本書では、AIシステムが実際に使われる前に「テスト」することで、AIが誤る可能性を見つけ出すアプローチを紹介します。

【図0-1】身近に存在するAIシステム

0.1.2. AI技術のかなめ「機械学習」

さて、現代のAIシステムの多くは「機械学習」と呼ばれる技術をベースにしています。そのため、本書は機械学習を用いたシステムのテストを主題とします。機械学習の詳細は1章で説明しますが、大雑把に要約すると「大量のデータに対する統計処理（学習）によって、そのデータに隠された“特徴”を見つけ出す技術」です。

とても簡単な例として、写真を入力すると、写っているものが猫かどうかを判別するAIシステムを考えてみます。それを作るための機械学習では、たくさんの猫の画像をAIが学習することで「猫の特徴」を見つけ出します。このとき、猫とはどんなものかを教えるために、猫の画像と、「これは猫です」と書かれたラベルを“組”にして、その集合をAIに入力します。同様に、犬や豚などの写真と「これは猫ではありません」と書かれたラベルの組の集合も入力します（あるいは「これは犬です」「これは豚です」というラベルをつけることもできます）。この写真とラベルのように、学習に使うデータと正解を表すデータの集まりを、本書では「学習用データセット」とか「学習データ」と呼びます。

このようにして猫の特徴を学習した猫判別AIに対して、今度は学習用データセットにない未知の写真を入力すると、AIはそこに写っているものが猫の特徴に当てはまるかどうかを判断して、当てはまれば「猫です」、当てはまらなければ「猫ではありません」（あるいは「犬です」「豚です」）と答えます。機械学習とは、以上のような一連の手順と仕組みを指す言葉です。

では、猫を判別するために、なぜ機械学習を用いるのでしょうか。それを理解するため、AIではなく、猫を判別する従来型のソフトウェアを作ることを考えてみます。つまり、写真に猫が写っていたら「猫です」と出力するソフトウェアを作ります。

そのためには「写真に猫が写っていたら」という条件をソフトウェアに実装する必要があり、それを実装するには「猫とは何か」を定義しなければなりません。「顔には目と鼻と口とヒゲがあり耳がついており、身体には4本の足と1本の尻尾があり、毛が生えていて、白だったり黒だったり茶だったり斑だったり、たまにひっかくけど可愛い動物……」。無理ですね。人間は猫を判別できるのに、猫の「特徴」を書きくだしてソフトウェアを作ることはほとんど不可能です。

これが機械学習なら、たくさんの猫の写真と猫以外の写真を集め、それぞれに「これは猫です」「これは猫ではありません」というラベルをつけておけば、猫の「特徴」を見つけ出してくれます。人間には定義不可能な猫の特徴を自動的に抽出してくれることが、機械学習の利用が増えている理由の1つです。

ここで重要なことは、機械学習では新たに入力された未知の写真と学習データとが「画像として似ているかどうか」に注目して判断するのでなく、自らが抽出した猫の「特徴」に注目していることです。見たことのない未知の写真に対しても、猫の特徴が当てはまれば「これは猫です」（当てはまらなければ「これは猫ではありません」）と判別することができます。つまり、学習データと色が違ったり、姿勢が違ったり、表情が違ったりしていても、猫に似た動物を猫だと判別できるのです。

このように、与えられた学習データから特徴を抽出することを「汎化」と呼びます。

【図0-2】猫を判別するAIのイメージ図

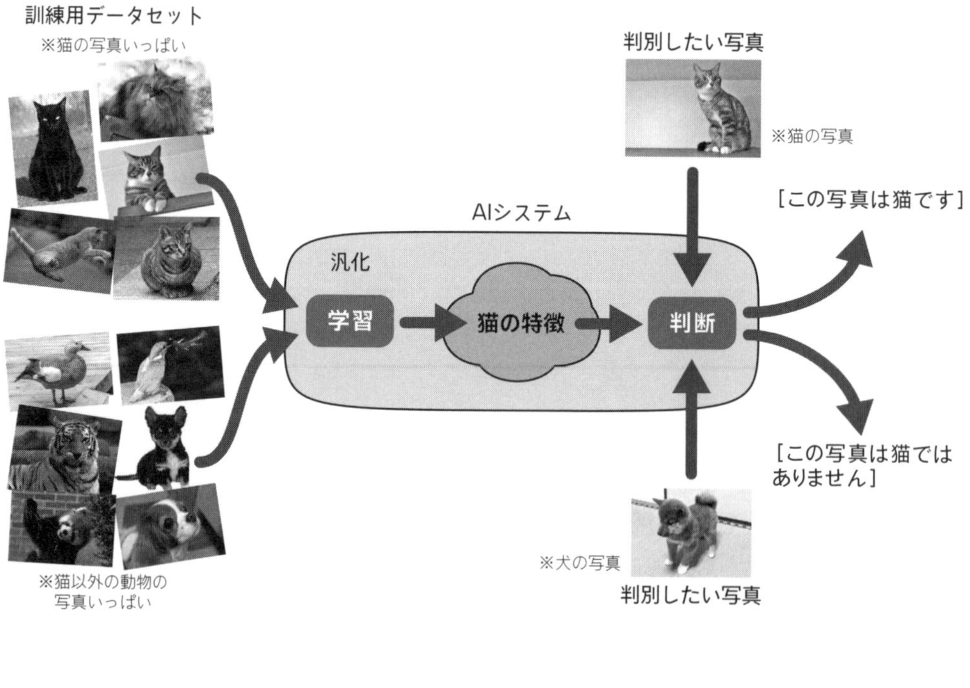

0.2 厄介な問題＝課題と解決方法にまたがる矛盾

0.2.1. 機械学習の利点が生む問題

この機械学習による汎化は、とても便利であると同時に少々厄介な側面も持っています。学習データである「多量の猫写真」は、あくまで「猫のサンプル」です。よい猫判別AIを作るには、猫を的確に表すサンプルを選ぶ必要があります。もし、耳の立った猫のサンプルばかりを選ぶと、耳の長いアビシニアン種をウサギ、耳の垂れたスコティッシュフォールド種を犬だと判断してしまうかもしれません。逆に、耳が目立たない猫ばかりを選ぶと、ライオンや虎やスフィンクスを猫だと判断するかもしれません。

つまり、機械学習は定義が困難な猫の特徴を発見できますが、その特徴が正しいという保証はありません。あくまでも、学習データと近い特徴を持つ写真を見て猫だと判断しているにすぎず、学習データにない特徴は発見できません。

そもそも「猫の定義」が存在しないのですから、AIの判断が合っているか間違っているかの判定もできません。猫判別の場合は遺伝子解析など別の方法で正解を得ることができるかもしれませんが、書籍や楽曲の推薦が正しいかどうかの正解はありません。正しいかどうかもわからないAIを利用できるでしょうか。猫判別や書籍推薦で間違っても、大きな問題はないでしょう。しかし、道路信号の認識や病気診断、保険適用の可否判断など、安全性や経済性に係る用途の場合には、そのAIシステムが間違わない、もしくは間違う可能性が十分に低いことをテストで明らかにして、利用しても大丈夫そうだと確認しておくことが大切です。

一般的にテストは、テストされる対象（ここではAIシステム）が導き出した結果と、別に定義した正解とを比較し、両者が一致していたら「テストに成功した」と判定します。ここで本質的な矛盾が生じてしまいます。機械学習が便利なのは、人間による「特徴の定義が困難」なときに「特徴を自動で抽出」してくれることでした。そして、機械学習は「特徴を定義していないので間違う」可能性があるから、テストをするわけです。しかし同時に、「正解を定義できない」問題を扱っているため、正解と比較するような一般的な方法ではテストができないのです。

0.2.2. 本書のテーマと想定読者

本書の主題はこの矛盾を乗り越えて、AIシステムをテストできるようになることです。従来のソフトウェア開発で行っていた正解に基づくテストが、AIソフトウェアに対しては無効であることがわかったと思いますので、AIソフトウェア向けの新しいテストの方法を説明していきます。

本書の目的は、読者がAIソフトウェア向けのテストの考え方を理解し、それを実践できるようになることです。想定している読者は、AIソフトウェアのテスト方法がわからず困っている技術者や、AIシステムに品質問題が発生しないか心配な品質保証担当者、あるいは自社の業務にAIを導入したいけれど、知識不足に不安を抱いている事業担当者などです。

AIの専門家でない方々に向けて、1章ではできるだけ平易に「AIとは何か?」の説明から始めます。続く2章では、AIシステムのテストの難しさと、考え方を説明します。AIや機械学習に関する知識を持っている読者には1章は退屈でしょうから読み飛ばしても構いませんが、本書で用いる用語が1章で定義されていますので、もし3章以降を読んで用語に疑問がある場合には1章に戻ってきてください。

3章からはいくつかのテスト技術について説明するとともに、テストを実行するためのソフトウェアの導入方法や実行例も含めながら詳しく解説することで、読者がAIソフトウェアのテストを実践できるようになることをめざします。

【図0-3】機械学習とテストの関係

第1章

AIとは何か？

本章ではAIに馴染みの薄い読者も本書を理解できるよう、できるだけ平易な言葉を使ってAIとは何か、どのような仕組みでAIは動作するのか、AIはどのように作られるのかを説明します。また、本章の後半では、AIモデルの具体例として、ディープニューラルネットワークとアンサンブルツリーを紹介します。

1.1　AIの種類

皆さんご存じのように「AI」は「Artificial Intelligence」（人工知能）の略語です。「では、知能とは何か？」となると非常に難しい問題であり、AIという言葉も非常に広い意味で使われています。まずは、AIと呼ばれる技術にどのようなものがあるか整理しておきましょう。

1.1.1.　「強いAI」と「弱いAI」

AIの大きな分類として「強いAI」と「弱いAI」という考え方があります。強いAIとは「人間と同等の知能を持つAI」と言われています。他方、弱いAIは「人間のような知的な処理を実現するAI」を意味します。

人間と同様の知能を持ち、周辺の状況を理解し、意思を持って少年を支援する猫型ロボットや、近未来SFで地球の未来のために人類に裁きを下す神のような存在、それらは強いAIです。幸か不幸か、強いAIはまだ現実世界には現れていないようです。

他方、ネット書店の書籍推薦AIや、猫の画像判別AIなどは、人間のような知能や意思を持って人間と同じように思考しているわけではありませんが、推薦や判別といった特定の処理については、人間であるかのように行うことができます。これが弱いAIであり、本書で扱うのは弱いAIです。

1.1.2.　ルールベースと機械学習

弱いAIに分類される技術にも、いくつもの種類があります。1つが「ルールベース」と呼ばれる手法です。人間が定義した「ルール」を自動実行することで、あたかも人間が行っているかのように処理を行うシステムです。例えば、「ある図書を購入した顧客は、その本の著者が執筆した別の本を好むだ

【図1-1】AIの分類

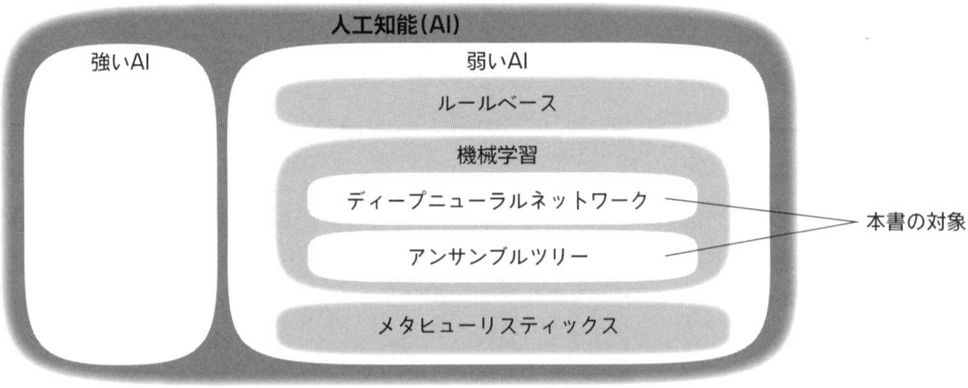

ろう」というルールを定義します。このルールに基づいて、ある顧客の好みそうな本を推論して推薦するといった具合です。ルールを定義することと、ソフトウェアをプログラミングすることは近い作業になります。そのため、従来のソフトウェアのテストに用いられてきた方法が、ルールベースAIのテストにも用いることができます。したがって、本書ではルールベースAIは対象外とします。

一方、近年急速に発展しているAI技術が「機械学習」です。機械学習とは、入力されたデータを統計的に処理して、データに隠された「特徴」を見つけ出す方法です。例えば、猫が写った大量の画像データを処理することで、それらに共通する「猫の特徴」を見つけ出します。猫の特徴を把握できれば、「画像に猫が写っている」かどうかを判断できるようになります。既に処理した画像データ以外の新たな画像に対しても、猫の特徴に合致するかどうかによって、写っているのが猫か否かを推論できるようになります。

このように、与えられたデータを処理することで特徴を見つけ出すまでの過程が、機械学習における「学習」です。また、見つけ出した特徴を表現するもの（計算式の集まり）を、本書では「AIモデル」とか「○○モデル」と呼ぶことにします。ルールベースAIにおいて人間が定義していたルールを、機械学習では自動的な学習により、AIモデルとして得られるのだと捉えることもできます。本書で扱うのはこのような機械学習を用いたAIシステムに対するテストです。

1.1.3. 教師あり学習

さらに機械学習は、「教師あり学習」「教師なし学習」「強化学習」の３つに分類できます。本書では教師あり学習を対象としますが、その他の種類の学習についても簡単に説明しておきます。

教師あり学習とは、個々のデータに対して人間が「正解」を定義して、それをAIが学習する手法です。何が「正解」かは、解く「問題」に依存します。例えば、画像データが犬の画像か猫の画像かを識別するAIモデルを作成する場合は、「犬」または「猫」が正解となります。猫の種類や犬の種類までを識別するAIモデルを作成する場合は、犬か猫かだけでは正解とならず、「ボストンテリア」や「ブリティッシュショートヘア」などが正解になります。

このように教師あり学習では、データとその正解との対応関係を学習します。代表的な教師あり学習の例としては、しばしばディープニューラルネットワーク（DNN）が挙げられます。ただし、教師なし学習や強化学習を行うDNNもあるので、誤解しないようにしましょう。

1.1.4. 教師あり学習で解く問題の種類

教師あり学習で作成したAIモデルは、「解く問題」の種類によって区別されることがあります。「問題の種類」は「用途の違い」ともいえます。教師あり学習で作成したAIモデルが解く問題の代表例は、「分類問題」と「回帰問題」です。分類問題とは、未知のデータがどのグループ（クラス）に属するかを推論する問題です。例えば、猫の画像か犬の画像かを識別するAIモデルは、「その画像が猫のグループと犬のグループのどちらに属するか」という分類問題を解きます。一方、回帰問題とは、未知のデータから、それに関係する連続した数値を推論する問題です。例えば、気温と降水確率からその日の電力消費量を予測する問題や、部屋数や広さから住宅価格を推測する問題です。分類問題と回帰問題については、この後の1.5.3項と1.5.4項でより詳しく説明します。

本書で紹介するテスト手法は、いずれも教師あり学習で作成したAIモデルを対象とします。そのため、以降に示す教師なし学習と強化学習は、本書の対象外となります。

1.1.5. 教師なし学習

教師なし学習とは、個々のデータに、対となる正解を与えることなく、学習を行う手法です。教師あり学習では、個々のデータとその正解の対応関係が学習対象でしたが、教師なし学習では、データそのものが学習対象になります。データの中に潜む何らかの特徴や構造を探査・発見して学習し、それを未知のデータに適用することで、共通項を見つけてグループ分けしたり、関連性の高いデータを推薦したりします。ただし、必ずしも人の期待する構造や特徴を学習してくれるとは限りません。例えば、猫の画像と犬の画像に分けてほしいのに、画像の背景の違いでグループ分けされるかもしれません。

1.1.6. 強化学習

強化学習でも教師なし学習と同様に、正解を与えません。強化学習とは、ある状況での最適な「行動」を学習する手法です。AIモデルの推論に基づいて実際に行動し、その結果に基づいてAIモデル自身を改善していきます。行動結果の良し悪しは、システムの目的として、あらかじめ人間が定義しておく必要があります。強化学習の適用例として、囲碁や将棋などのボードゲームをプレイするAIシステムが有名ですが、これらのAIシステムの目的は「ゲームに勝つこと」です。

強化学習の開始直後には、AIモデルに基づいて行動を選択しても、良い結果に繋がるとは限りません。しかし実際に行動することで、「今回とった行動は良い結果に繋がりやすい適切な行動だった（あるいはその逆）」ということが分かります。そしてその結果に基づき、次回は適切な行動を選択するようにAIモデルを改善します。このように強化学習では、実際の行動結果から、より良い結果に繋がる適切な行動を学習していきます。

強化学習は「行動とその結果の対応関係を学習している」と捉えると、教師あり学習と似ていると思うかもしれません。両者を使い分けるポイントの一つは、「ある行動が、良い結果に繋がる適切な行動かどうかがすぐに分かるか」です。教師あり学習を適用する場合は、各々の行動に対して「適切か否か」を定義し、その対応関係を学習することになります。しかし、その行動が良い結果に繋がるか否かを簡単に決められない場合もあります。

囲碁や将棋の例が分かりやすいでしょう。ある一手（行動の選択）が勝ちに繋がるのか、負けに繋がるのかの判定には、プロでも悩むことがあります（実際、テレビで見るプロ棋士はいつも悩んでいますね）。このような場合に強化学習は有効です。強化学習では、実際に実行することで行動が適切だったかを判定し、その結果に基づいてAIモデルを改善するので、教師あり学習のように、行動が適切か否かを（あらかじめ、またはその都度）人が判断しなくてよいという利点があります。

1.1.7. ヒューリスティクスとメタヒューリスティクス

機械学習とは別に、「メタヒューリスティクス」と呼ばれる技術をAIの一種として扱うこともあります。ヒューリスティクスは「発見的手法」とも呼ばれ、「いつも正しい答えが得られるわけではないが、経験的にある程度うまくいくと思われている方法」のことです。

例えば、「長い行列ができているラーメン屋は美味しい」と推論することがあります。ルールベースのように厳密なルールでもなく、統計的な裏付けがあるわけでもありません。まして個人の好みもあり、行列の長い店は全部が美味しいとは限りませんが、大はずしはしないでしょう。短時間で、最善ではないかもしれないがもっともらしい判断ができるのがヒューリスティクスの利点です。

これに対してメタヒューリスティクスとは、「特定の問題に限定することなく汎用的に利用できるヒューリスティクス」を意味します。例えば、生物の進化を真似て解を進化させることで最適解に近づく「遺伝的アルゴリズム」と呼ばれる技術がこれにあたります。また、蟻の群れの行動を真似た蟻コロニー最適化アルゴリズム、蜂を真似た人工蜂コロニーアルゴリズムなど、生物の行動形態を真似て効率よく問題を解く方法も知られています。これらの方法は最適ではない解や条件を満たさない解にたどり着くこともありますが、多くの場合に効率よく近似解にたどり着くことが知られています。もちろん蟻や蜂が問題を解く能力を持っているわけではありません。それでも、結果的にうまくいくことが多いのです。

本書ではメタヒューリスティクスは明示的には対象としません。しかし、本書で示すテスト技術には、メタヒューリスティクスを用いたシステムのテストにも有効なものもあります。例えば、4章で紹介する「メタモルフィックテスティング」はメタヒューリスティクスにも有効です。メタモルフィックテスティングは、正解値の定義が困難な任意のソフトウェアに有効なテスト手法だからです。

1.2 AIソフトウェア

1.2.1. 機械学習とAIソフトウェア

先に述べたように、本書ではAIの代表例として、教師あり学習で作成したAIモデルを扱います。機械学習では（人がルールを定義するのではなく）与えられた大量のデータを学習し、データに隠された特徴を見つけ出して、その特徴を表現するAIモデルを生成します。この学習のために与えられるデータの集合を本書では「学習用データセット」または「学習データ」と呼ぶことにします。また、学習によって得られるAIモデルを「学習済みモデル」と呼びます。

例えば、猫判別AIを作る教師あり学習の場合には、画像データと、画像が猫か否かを示す正解データの組を大量に準備して、学習用データセットとします。このデータセットの中から、猫の画像に共通する特徴や、猫でない画像に共通する特徴を見つけ出します。発見した特徴を表現するAIモデルが学習済みモデルです。この学習済みモデルを使えば、学習用データセットに含まれていない未知の画像データに対しても、写っているのが猫であるか否かの推論ができるようになります。

学習の観点から見ると、AIモデルは「学習用データセットの中から見つけ出した特徴を表現したもの」と言えますが、推論の観点から見ると、AIモデルは「未知のデータに対して推論を行うための計算方法」を定義していると言えます。AIモデルを用いて、未知のデータに対する推論を実行するソフトウェアを「AIソフトウェア」と呼ぶことにします。

【図1-2】　学習と推論

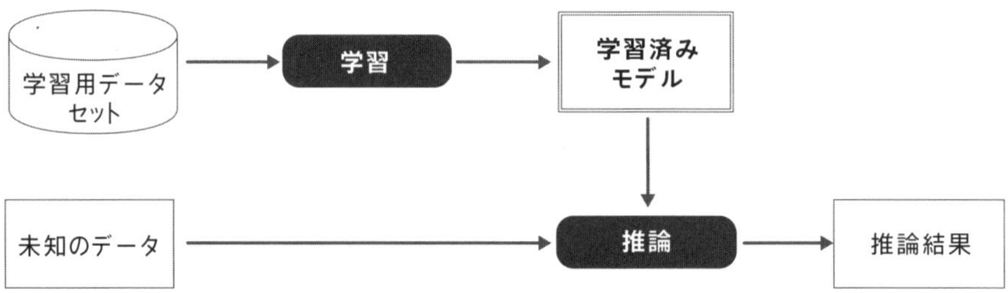

1.2.2. AIモデルとは？

AIモデルにはいくつかの種類があります。ニューラルネットワークはその1つであり、多数のニューロン（神経細胞）が接続した生物の脳の構造を模しています。また、判断条件を多数の決定木で表したアンサンブルツリーというものもあります。

AIソフトウェアを作るには、まず、利用するAIモデルの種類を選びます。さらに、選んだAIモデルを利用するためには、その構造を具体的に決める必要があります。ニューラルネットワークであれば、ニューロン間の接続の形状やニューロンの数などを決めます。4層以上のニューラルネットワークはディープニューラルネットワーク（DNN）と呼ばれ、近年よく使われる構造です。アンサンブルツリーであれば、決定木の深さや数を決めます。

構造が決められただけの学習前のモデルは、後々データセットから見つけ出す特徴を表現するための、いわば“器”です。先に説明した学習済みモデルとは、学習用データセットから見つけ出された特徴を、器である学習前のモデルに格納して作られる成果物と言えます。

【図1-3】　AIモデルと学習

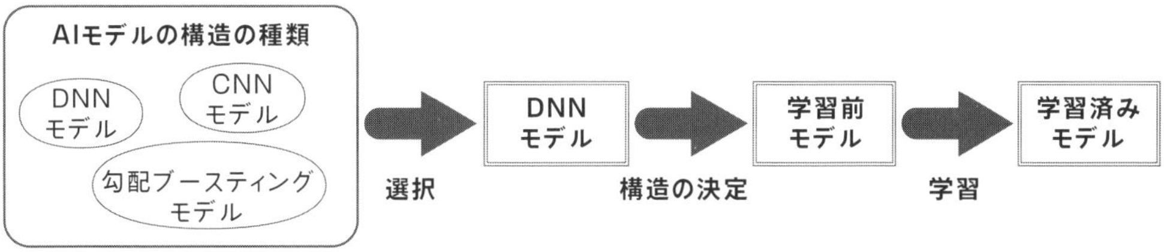

1.2.3.　学習と訓練・評価

学習用データセットの中から特徴を見つけ出して、その特徴を表現するAIモデルを得ることを「学習」と呼んできました。AIソフトウェアで利用する学習済みモデルを得るためには、いくつかの手順が必要です。まず学習の前に、AIモデルの構造を決定して学習前モデルを作ります。次に、学習用データセットを準備します。その準備ができたら、機械学習の根幹となる「訓練」を行います。訓練とは、与えられたデータセットの中から、個々のデータに共通する何らかの特徴を見つけ出して、AIモデルに格納することです。

学習の説明と訓練の説明が似ていますね。学習と訓練は何が違うのでしょうか。本書では、与えられたデータセットの特徴を見出してAIモデルに格納することをAIモデルの「訓練」と呼び、その結果得られたAIモデルが適切な推論を行えるか否かを見極めることを「評価」と呼びます。そして、「訓練」と「評価」を経て、所望のAIモデルを得る過程全体を「学習」と呼ぶことにします。

一回の訓練でAIソフトウェアとして利用可能なAIモデルを得られることは滅多にありません。データセットに誤りや偏りがあると、訓練後のAIモデル（「訓練済みモデル」と呼びます）も誤りや偏りがあるものになってしまいます。例えば、猫を判別するAIソフトウェアを作りたいときに、与えられたデータセットに三毛猫の画像ばかりが含まれていると、三毛猫以外の猫を正しく判別できません。また、学習前モデルがデータセットの特徴を表すのに適さない構造である場合もあります。そこで、訓練済みモデルが適切な推論を行えるか否かを見極める「評価」を行う必要があります。評価の結果が芳しくない場合、例えば推論の正解率が低い場合には、AIモデルの構造を変更したり、データセットを作り直したりした上で、訓練を再度行います。これを評価結果が満足いくものになるまで繰り返します。またDNNなどのAIモデルの場合、訓練は徐々に進むため、その進捗状況を確認する目的で評価を行うこともあります。評価の結果、まだ十分に訓練が行われていないと分かった場合は、その訓練を再開します。

このようなデータセットの準備、訓練、評価の繰り返しを含む手順全体を「学習」と呼んでいます。そして、学習の過程で得られた訓練済みモデルのうち、最も評価結果の高いものを「学習済みモデル」として採用することになります。

また、ここまでの説明では、「学習では学習用データセットの各データに共通する特徴を見つけ出す」と述べてきましたが、一般的には、学習用データセットを「訓練用データセット」と「評価用データセット」に分けます。データセットの一部を訓練に用い、他を評価に用いることで、訓練に使ったデータとは異なるデータを使って訓練済みモデルを評価するのです。

ただし評価においては、訓練用データセットに含まれないデータに対して推論を行うのですから、評価用データのすべてについて正しい推論結果が得られることはない点に注意が必要です。そのため、モデルの精度を評価する際には、正しい推論結果が得られる割合が低すぎず、かつ、高すぎないことを確認する必要があります。もし、評価用データセットのすべてのデータに対して正しい推論結果が得られるようならば、訓練用データセットと評価用データセットの分離が適切に行われていないことを疑うべきです。また、AIモデルの規模に対して訓練用データセットが少ない場合などに、訓練用データセットに対して精度が良いのに未知のデータに対して正しい推論結果が得られない「過学習」と呼ばれる状態になっていることがあり注意が必要です。

【図1-4】　学習と訓練・評価

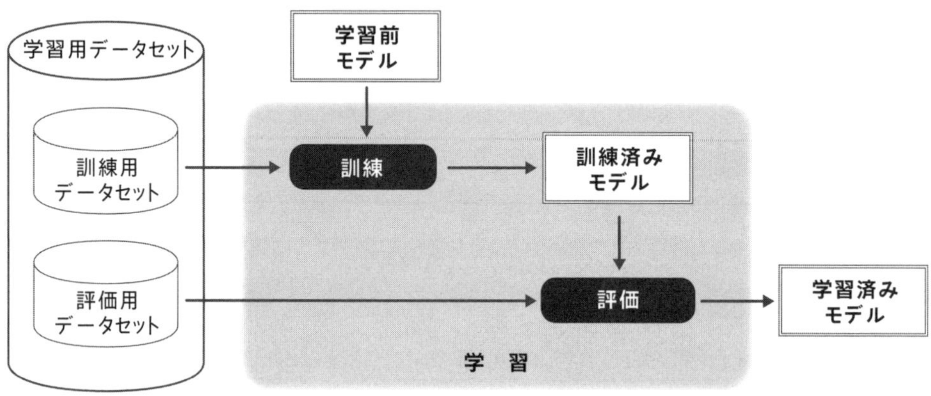

1.2.4. 訓練結果の評価とAIソフトウェアのテスト

本書の主題はAIソフトウェアのテストであり、訓練と評価を反復して得られた学習済みモデルを主な対象とします。そのような「テスト」と、上記で説明した訓練済みモデルの「評価」とでは、目的も観点も異なります。

訓練済みモデルの評価では、主に推論の精度などの、統計的な良し悪しを確認します。これに対してテストでは、AIソフトウェアあるいはAIシステムとして、安全で実用に耐えるものであることを確認します。そのために、意図しない推論結果をもたらしてしまうような特定の入力を発見したり、「どんな範囲のデータの入力であれば、意図どおりの推論結果を得られるか」を見積もったりします。そのようなテストに合格したAIソフトウェアがAIシステムに組み込まれて運用されることになります。

【図1-5】 機械学習の手順と本書の関心

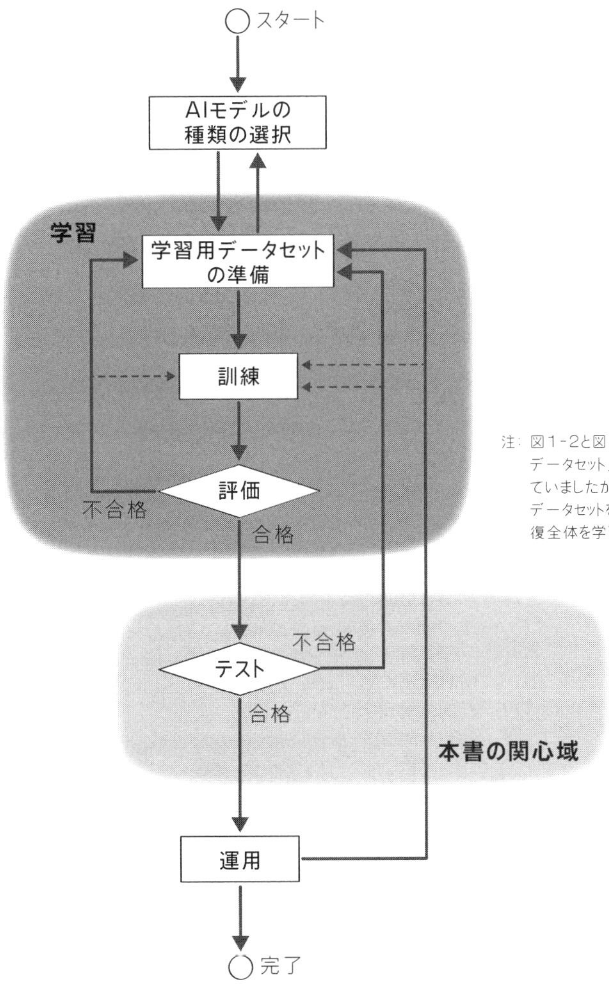

注：図1-2と図1-4では「学習用データセット」を学習の入力としていましたが、ここでは学習用データセットを作り直しも含む反復全体を学習としています。

1.2.5. AIソフトウェアとAIシステムの関係

AIソフトウェアは、学習済みモデルに基づく推論を実行することができます。例えば、過去の顧客の書籍購入履歴を学習した学習済みモデルがあれば、類似した顧客が購入しそうな書籍を推論するAIソフトウェアを作ることができます。このAIソフトウェアを利用した書籍販売サイトを構築するには、顧客の特定、購入履歴の蓄積、購入履歴の取得、購入履歴を入力としたAIソフトウェアの実行、AIソフトウェアによる推論結果の取得、顧客に対する推薦書籍の提示などといった機能が必要になります。推薦結果に対する顧客の評価を入力してもらい、AIソフトウェアを成長させる仕組みも必要かもしれません。さらには、顧客の年齢や性別に応じて適切な図書であるかをチェックする機構も必要になるでしょう。

こうしたAIソフトウェア以外の機能は、人の手による「従来型ソフトウェア」として実現されます。AIソフトウェアを中心としつつ、従来型ソフトウェアも含めた様々な機能群を組み合わせることで、サービス提供可能な仕組みが構築されます。そうした仕組みを本書では「AIシステム」と呼ぶことにします。

なお、AIシステムを特徴づけるのはAIソフトウェアですが、本書で紹介するテスト手法の対象は、学習済みモデルです。学習済みモデルの正しさを検査・確認するために、そのモデルに基づいて推論を行うAIソフトウェアの実行テストを行うことになります。

column　将棋プログラムに見るAIの進化

将棋プログラムの進化を通して、AIの進歩を振り返ってみましょう。

AIが初めてチェスの世界チャンピオンを破ったのは1997年でした。将棋はチェスと違い、相手から奪った手駒を打てるので、「チェスとは比較にならないほど難しい」と言われていましたが、2013年にはAIがプロ棋士に初勝利しました。

その後の数年で将棋プログラムの性能は著しく成長し、今ではAIが新たな定石を見つけ出したり、プロ棋士同士の対局について戦況を分析したり、打ち手の良し悪しを評価したりしています。ときには、「若手の天才棋士が、AIでも難しい手を読み切った」といった具合に、AIの方が人間よりも読みが深いのは常識であるかのような報道まで聞かれます。このようなAIの急速な進化の背景には、計算機の継続的な能力向上とAI技術の方向転換がありました。

かつての将棋プログラムは、主に人間が与えたルールを用いて、打ち手の判断を下していました。いわばルールベースのAIです。将棋プログラムは、その瞬間の盤面がどちらにどの程度有利かという評価、その後の打ち手と盤面の変化の探索、探索の枝切り、探索結果に基づく打ち手の判断からなる処理を行っていました。AIは数手先までの盤面の変化を計算して、打つべき手を選択していきますが、1つの盤面で打てる手の可能性は無数にあり、さらに数手先までを考えると計算量が膨大になり、現実的ではありません。そこで、人間が過去の定石に基づいて、検討すべき手のルールを作り、AIはそのルールに従うことで、打ち手や先の展開を絞り込んで計算していきます。当時でも単純な計算能力は当然計算機の方が高かったのですが、打ち手の組み合わせが爆発的に増えていく将棋や囲碁では、人間の経験や訓練された直感に基づく評価や枝刈りの方が圧倒的に優れており、有効に先読みできる手数も人間の方が多かったのです。

しかし、2000年代後半から計算機の計算能力が向上し、枝刈りをせずに、あらゆる打ち手を試す将棋プログラムが登場します。さらに、ルールを人手で定義するのではなく、過去の棋譜を計算機に「学習」させるようになります。人間が記憶できる以上の大量の棋譜を学習し、人間には不可能なあらゆる打ち手の可能性が探索され、ついにAIがプロ棋士に迫る能力を獲得しました。

さらにAI同士を対戦させ続けることで、AIが自ら強くなっていくようになりました。現在ではプロ棋士が将棋の研究のためにAI将棋プログラムを活用するようになっています。

【図1-6】将棋プログラムの歴史

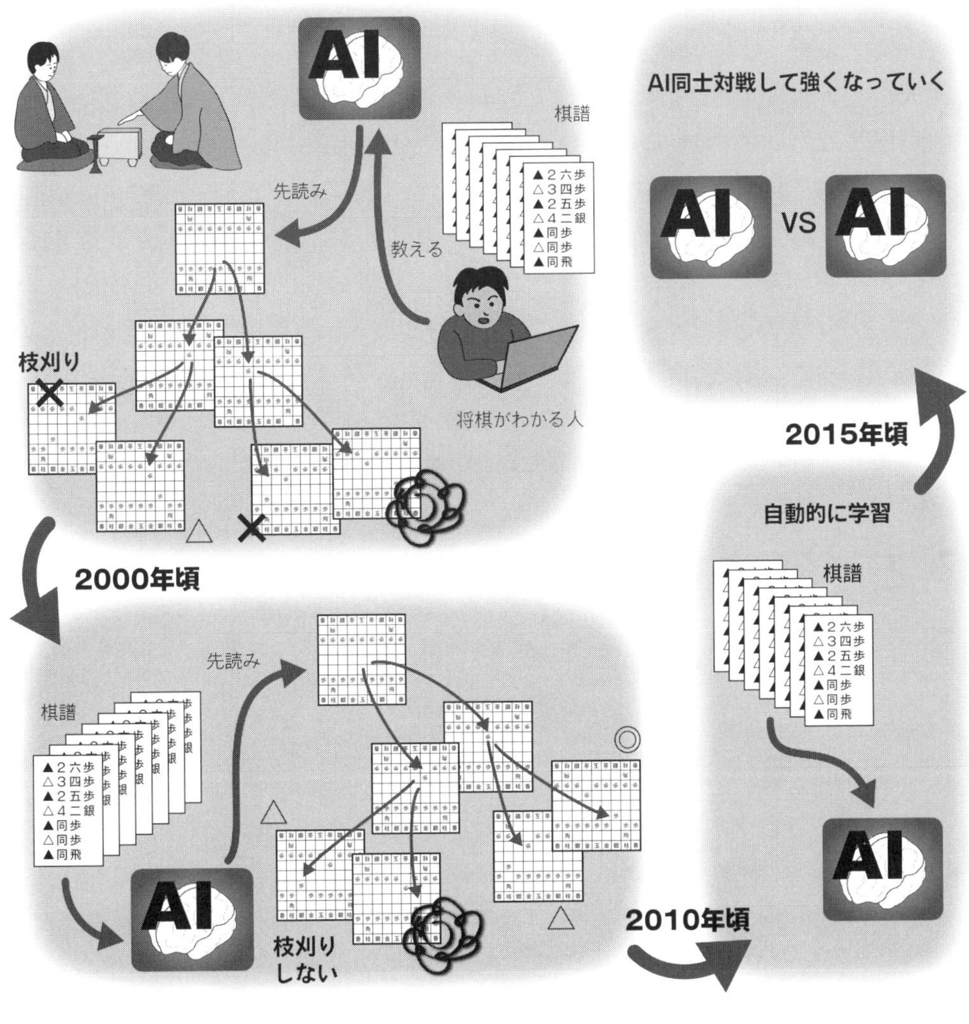

1.3 教師あり学習の仕組み

ここでは、教師あり学習によって、どのようにして学習済みモデルが作成されるのかを、もう少し具体的に見てみましょう。

1.3.1. 学習済みモデルに基づく推論

AIモデルは、自身の計算方法を決定するための「パラメータ」を内部に持っています。AIモデルの「学習」とは、出来上がったモデルを用いてAIソフトウェアを実行したときに、その推論結果が正解となるようにAIモデルのパラメータ値を調整することにほかなりません。

学習の結果、パラメータ値が適切に調整されたモデルが作成され、それを「学習済みモデル」と呼ぶわけですが、それだけでは推論を実行できません。学習済みモデルを読み込み、そのモデルの示す計算方法に従って推論を実行するプログラムが別途必要です。そのようなプログラムを本書では、「推論プログラム」と呼ぶことにします。

推論プログラムは、推論の対象となる未知のデータを受け付け、それを入力にして、学習済みモデルの示す方法に従って計算を行います。そして、その計算の結果を「推論結果」として出力します。本書では、この推論プログラムと学習済みモデルを合わせたものを、「AIソフトウェア」と呼んでいます。AIソフトウェアの出力する推論結果は、未知の入力データに関連する何らかの情報を、AIソフトウェアが推論した結果です。あくまで推論ですから、当たることもあれば外れることもあります。推論結果が期待どおりであれば推論に成功したことになり、そうでなければ推論に失敗したことになります。

1.3.2. 訓練用入力データと正解データ

AIソフトウェアの計算方法を決定するAIモデルは、訓練用データセットを使って訓練されます。訓練用データセットは、「訓練用入力データ」と「訓練用正解データ」の組で構成されており、このうち訓練用入力データが推論プログラムに入力されます[1]（正解データの方は入力されません）。すると、推論プログラムは学習前モデルを読み込み、その計算方法に従って推論結果を出力します。しかし、学習前モデルのパラメータは調整が不十分ですので、多くの場合、期待とは異なる推論結果が返されます。

そこで、推論結果がどの程度期待と異なるかを調べ、その結果に基づいて、学習前モデルのパラメータ値を調整します。このとき、「推論結果として期待される値」を定義するのが訓練用正解データです。言い方を変えると、「学習の結果としてAIソフトウェアに出力してもらいたい推論結果を定めるデータ」

1　訓練用データセットのうち、訓練用入力データを集めたものを「訓練用入力データセット」と呼ぶ。同様に訓練用正解データを集めたものを「訓練用正解データセット」と呼ぶ。評価用データセットでも同様。

とも言えます。そのために訓練用正解データは、個々の訓練用入力データに対してあらかじめ付与されます。

この訓練用正解データと推論結果に基づいて、学習前モデルのパラメータ値を調整するプログラムを「モデルパラメータ調整プログラム」と呼ぶことにします。このプログラムは、推論結果と訓練用正解データを比較して、推論結果がどのくらい正解とかけ離れているかを調べ、推論結果が正解に近づくように、モデルのパラメータ値を調整します。この手続きを、訓練用入力データと訓練用正解データの全ての組に対して行うことで（かつ、場合によってはそれを何度か繰り返すことで）、AIモデルのパラメータ値が調整され、期待どおりの推論結果が得られやすくなります。訓練の概念図を図1-7に示します。

【図1-7】AIソフトウェアの訓練

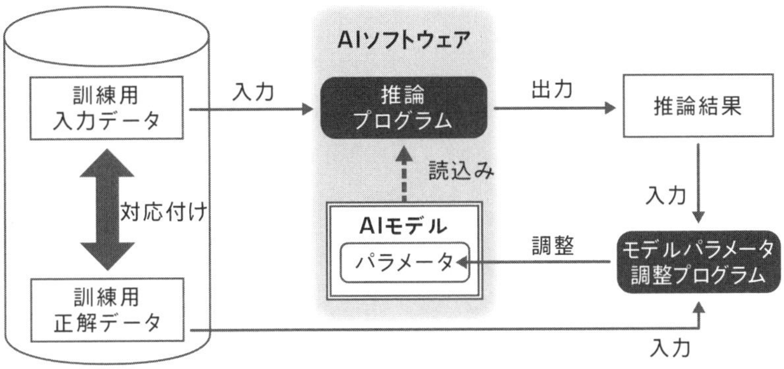

このように、訓練は訓練用入力データと訓練用正解データの組に基づいて行われます。そのため、訓練用入力データに類似するデータを新たに入力した場合は、推論に成功する可能性が高くなります。逆に、訓練用入力データとかけ離れたデータを新たに入力した場合は、推論に成功する可能性は低くなります。推論を成功させるには、推論の対象となるデータとできる限り類似したデータを、訓練用入力データとして使用すべきといえます。

1.3.3. 訓練済みモデルの「評価」

訓練の次は「評価」です。1.2節で述べたとおり、訓練は必ずしもうまくいくとは限りません。訓練済みモデルを評価する必要があるのはそのためです。評価に使う評価用データセットは、「評価用入力データ」と、「評価用正解データ」の組で構成されています。訓練のときと同様に、評価用入力データが推論プログラムに入力されます。推論プログラムは、訓練済みモデルを読み込み、その計算方法に従って推論結果を出力します。訓練のときと全く同じですね。ただし今回は、「訓練済み」のモデルを使いますので、期待どおりの推論結果が返されることが大いに考えられます。推論結果は、「評価プログラム」によって評価用正解データと比較され、正解だったのか不正解だったのか、あるいは正解にどの程度近いかなどの「評価結果」が出力されます。評価の概念図を図1-8に示します。

【図1-8】AIソフトウェアの評価

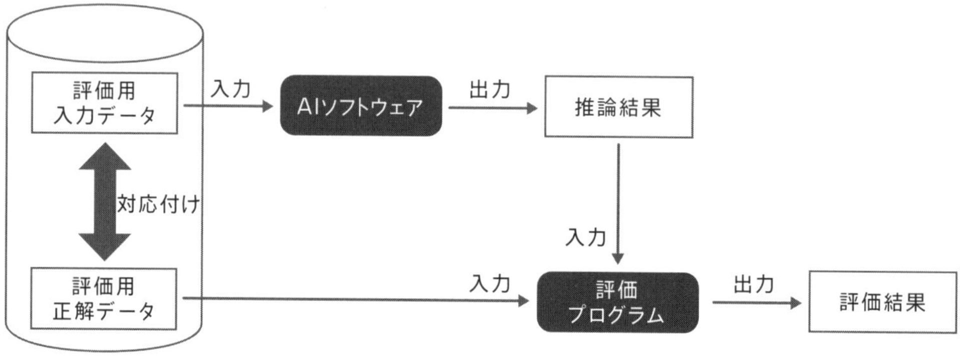

訓練済みモデルの評価結果が、満足のいくものではないこともあります。その場合は、1.2節で述べたとおり、訓練用データセットを作り直したりした上で、再度訓練を行います。

なお、訓練で調整されるパラメータのほかに、機械学習には「ハイパーパラメータ」と呼ばれるものがあります。ディープニューラルネットワークの場合には、ネットワークの構造やそこで使われる活性化関数の種類など、アンサンブルツリーの場合には決定木の数や深さの最大値など、AIモデルの構造を決める設定情報が代表例です。これらのハイパーパラメータを調整することで、訓練の結果得られるモデルも異なるものになります。よって、評価結果に満足できず、訓練を再実行する場合には、ハイパーパラメータの調整も検討する必要があります。

1.3.4. 学習済みモデルの「テスト」

さて、評価の結果、満足のいくAIモデルが得られたら、「学習」を終了し「テスト」へと進みます。本書では4章から7章にかけて、AIモデル（学習済みモデル）を用いたAIソフトウェア向けのテスト手法をいくつか紹介します。それに先立ち、ここではAIソフトウェアのテストに関係する用語を説明しておきたいと思います。

まず、4章、5章、および6章のテスト手法では、訓練用入力データや評価用入力データと同じように、AIソフトウェアの入力となるデータを使います。本書ではこれを「テスト用入力データ」と呼びます。推論プログラムはテスト用入力データを受け取り、AIモデルに従って計算を行います。計算の結果は、AIソフトウェアの推論結果として出力されます。また、5章と6章のテスト手法では、「テスト用正解データ」も使用します。訓練用正解データや評価用正解データと同様に、個々のテスト用入力データに対してあらかじめ付与されるデータです。

これまでに、訓練用、評価用、テスト用として３種類の入力データが登場しました。本書では、これらのどれを指しているかが文脈から明らかな場合、または３種類のデータを総称する場合や特定しない場合に「入力データ」と言い表わすことがあります。同様に、訓練用、評価用、テスト用の正解データを「正解データ」と略したり総称したりする場合があります。ちなみに、分類問題を解くAIソフトウェアの場合は、正解データを「正解ラベル」と呼ぶこともあります。序章で例示した「これは猫です」や「これは猫ではありません」という情報は、正解ラベルと呼んだ方が自然でしょう。

column　機械学習の数学的解釈

ここまで、できるだけ平易な言葉を使って機械学習の概要を説明し、具体的なモデルの例を紹介してきましたが、改めて「機械学習とは何をしているのか」について、少しだけ数学的に説明してみたいと思います。とはいえ、数学的な厳密さの面は少し妥協して、できるだけ簡単な関数を使って表現することにします。ここでの目的は、機械学習の一般的な考え方を理解することです。より詳細な機械学習アルゴリズムは1.5節で説明します。なお、教師あり学習を対象とします。

● 訓練用データの表現

さて、教師あり学習における訓練用データは、訓練用入力データと訓練用正解データの組です。そこでまず、1つの訓練用データを次のように、２つのデータの組として表すことにします。

$$\text{訓練用データ}\ td = < i, c >$$

訓練には普通、たくさんの訓練用データを使います。この訓練用データの集合が訓練用データセットです。

$$\text{訓練用データセット}\ Td = \{td \mid td\ \text{は訓練用データ}\}$$

あとで便利なように、訓練用入力データを集めた集合（訓練用入力データセット）を$input(Td)$、訓練用正解データを集めた集合（訓練用正解データセット）を$correct(Td)$と表記することにします。

$$input(Td) = \{i \mid < i, c > \in Td\}$$
$$correct(Td) = \{c \mid < i, c > \in Td\}$$

また、訓練用データセットTdに含まれる訓練用入力データiに対応する訓練用正解データを返す関数cdを、次のように定義しておきます。

$$< i, c > \in Td\ \text{について}\quad \text{関数}\ cd(Td, i) = c$$

● 式によるAIモデルの表現

次に、AIモデルを式で表現します。AIモデルとは、「入力データから推論結果を導き出す計算方法」として捉えることができると述べました。そこでここでは、AIモデルを関数であると考えることにします。

また、モデルには学習前に決定するハイパーパラメータと、学習によって決定するパラメータがありました。仮に、入力される可能性のあるすべてのデータの集合をIとします。猫の画像判別AIなら、この世に存在しうるあらゆる画像の集合がIです。実際にはそのような集合は存在しませんが、思考することは可能です。また、ありうるすべての推論結果の集合をO、ありうるハイパーパラメータの値の集合をHP、ありうるパラメータの値の集合をPとします。ここで、ハイパーパラメータ$hp \in HP$、パラメータ$p \in P$を定めると、モデルMは「入力値$i \in I$に対して出力値$o \in O$を返す関数」と言えます。式で表すと、次のように書けます。

モデルMは、パラメータpとハイパーパラメータhpのもとで、入力値iに対して出力値oを決定する関数である

$$M(p, hp, i) = o \quad \text{ただし} \quad p \in P、hp \in HP、i \in I、o \in O$$

● 式による学習の表現

次に、モデルMに対する教師あり学習を式で表現してみます。教師あり学習における訓練とは、AIソフトウェア（推論プログラム）に入力データを与えたときに、その推論結果と訓練用正解データが近づくように、モデルパラメータ調整プログラムがAIモデルのパラメータ値を調整することでした。

さきほどと同様に、モデルに入力される可能性のあるすべてのデータの集合をIとし、ありうるすべての推論結果の集合をOとします。次に、訓練用データセットを用意してこれをTdとします。このとき、Tdに含まれる訓練用入力データセット$input(Td)$はIの部分集合であり、Tdに含まれる訓練用正解データセット$correct(Td)$はOの部分集合（等しい場合もある）です。つまり次の式が成り立ちます。

$$input(Td) \subset I, correct(Td) \subseteq O$$

学習のはじめに、AIモデルのハイパーパラメータhpと初期のパラメータp_0を決めます。これにより、訓練用入力データつまり$input(Td)$の1つの要素i_1に対する、モデルMの推論結果$M(hp, p_0, i_1)$が得られます。また、訓練用入力データi_1には、対応する訓練用正解データ$cd(Td, i_1)$が与えられています。これにより、推論結果と訓練用正解データの差分d_1を求めることができます[2]。

$$d_1 = cd(Td, i_1) - M(hp, p_0, i_1)$$

次に、この差分d_0が少し小さくなるように、パラメータp_0を修正したp_1を定めます。このパラメータの修正方法を決めるのがモデルパラメータ調整プログラムであり、多種多様な調整方法が提案されています。

以後、次の訓練用データi_2について差分d_2を求めます。

$$d_2 = cd(Td, i_2) - M(hp, p_1, i_2)$$

さきほどと同様に、d_2が少し小さくなるように、パラメータp_2を求めます。以下、これをTdのすべての訓練用データ（n個あるとします）について繰り返すと、最終的にパラメータp_nを得ることができます。これが訓練済みモデルとなります。

以上の内容を改めて表現すると、次のようになります。

訓練用データセットTd、ハイパーパラメータhp、初期パラメータp_0が与えられたとき、Tdの入力データの

2　以下の式では簡単にするため差分を引き算で表現したが、実際には引き算であるとは限らない。

集合$input(Td)$の要素に$\{i_0, \dots, i_x, \dots, i_n\}$とすると、機械学習とは、$x = 1$から$n$に対して、
$d_x = cd(Td, i_x)$- $M(hp, p_{x-1}, i_x)$を小さくするようにp_xを帰納的に定める手順である

以上を図示すると次のようになります。

【図1-9】　機械学習における訓練

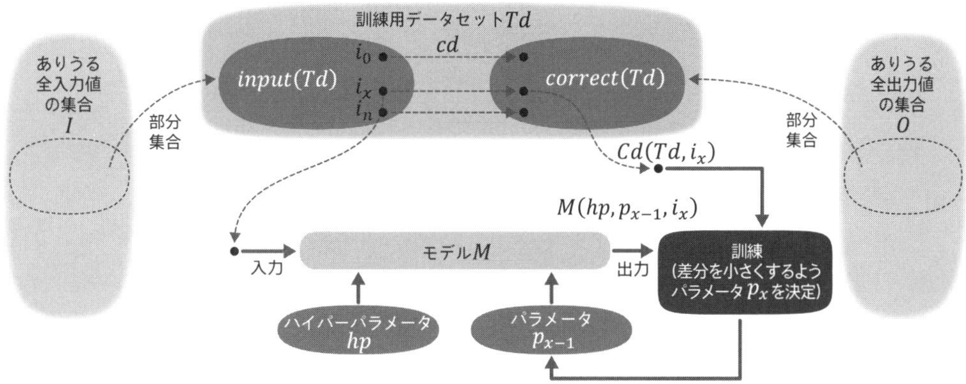

● 評価用データとモデル評価

上述したように、AIソフトウェアを開発する際には、訓練の結果が妥当であるかを評価するための評価用データセットも用意します。評価用データも訓練用データと同様に、評価用入力データと評価用正解データの組み合わせです。

$$評価用データ\ e = < i, c >$$
$$評価用データセットE = \{e \mid eは評価用データ\}$$

評価用データは訓練済みモデルの精度を求めたり、過学習が起こっていないかを確認したりするために使われます。評価用データセットの集合Eに含まれるすべての評価用データe、それを構成する評価用入力データ1件に対する推論結果が、eの評価用正解データと一致するかどうかを調べます。一致すれば推論に成功し、不一致ならば不成功となります。

$$e \in input(E)に対して\ M(hp, p, e) = cd(e)ならば成功$$
$$e \in input(E)に対して\ M(hp, p, e) \neq cd(e)ならば失敗$$

ここで、機械学習の原理上、「あらゆる入力データ対する推論が成功することはありえない」という点に注意が必要です。そこで評価では、すべての推論が成功となることをめざすのではなく、成功する割合が統計的に一定水準を超えることや、偏りがないことをめざします。そして評価結果が芳しくなければ、訓練用データセットやハイパーパラメータ、時にはAIモデルの種類そのものを変更して、再度、訓練と評価を繰り返します。1.2節の冒頭でも述べましたが、本書ではこのように訓練と評価を繰り返すことを「学習」と呼び、学習した結果得

られるモデルを「学習済みモデル」と呼んでいます。

【図1-10】　機械学習における訓練と評価

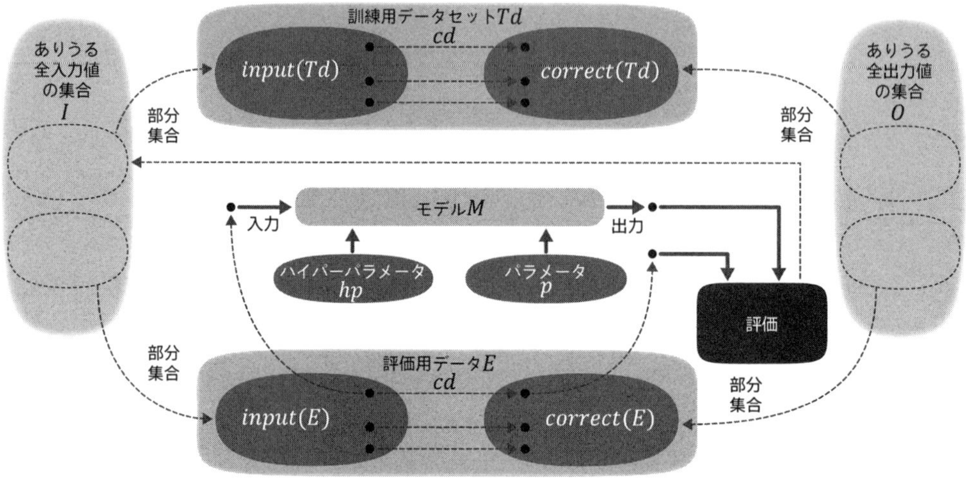

1.4 AIの開発プロセス

1.4.1. 特徴は試行錯誤の反復

AIソフトウェアの特徴の1つに、開発過程において試行錯誤が必要な点が挙げられます。従来型ソフトウェアの開発では、定義された要件を元にソフトウェアの仕様を定め、仕様に基づいてソフトウェアを実装するのが一般的です。この場合、仕様は要件を満たし、実装は仕様を満たすことが期待されます。しかし、AIソフトウェアの開発では、要件も仕様もありません。仕様の代わりに訓練用データがあり、訓練用データを用いた学習によりAIソフトウェアが作られます。

AIソフトウェアの性能は、訓練用データやAIモデルの選択に左右されることがあるため、それらを変更しながら、十分な性能を得られるまで試行錯誤を行います。開発プロセスの観点からは、機械学習に特有の試行錯誤をプロセスに取り込む必要があるのです。

1.2節で述べたように、機械学習のモデルには、ニューラルネットワークやアンサンブルツリーなど様々な種類があります。機械学習で実現したい機能やデータの特性などに合わせて、適切な種類を選択する必要があります。また、ハイパーパラメータの調整も必要です。最近ではモデルの種類やハイパーパラメータを自動で設定する技術も一部実用化していますが、これらを確実に定める汎用的な方法は確立していません。

そのため、期待する結果が得られるまで、モデルの選択とハイパーパラメータの設定、学習（訓練と評価）を何度も繰り返し行い、完成度を上げていきます。また、機械学習は訓練用データの品質により結果が大きく左右されるため、試行錯誤の中でデータの収集や作成をやり直すことも珍しくありません。

図1-11にAIシステムの開発プロセスの例を示します。この例における全体のプロセスは、従来のシステム開発に用いられるV字プロセスに準じています。すなわち、初めにシステムの要件を定義し、その要件を満たすシステムアーキテクチャを設計します。次いで、アーキテクチャに基づいて、AIモデルを含むAIコンポーネントやソフトウェアコンポーネントを実装します。ここで、AIモデルの作成では試行錯誤が行われることに注意してください。それらの実装が完了したのち、コンポーネントを組み合わせて結合し、システム全体として初期の要求を満たしているかを確認するために、妥当性確認を行うプロセスとなります。このように、AIシステムの開発プロセスでは、全体を開発するV字プロセスと、AIモデルを開発する試行錯誤プロセスが共存することが大きな特徴です。

【図1-11】　AIシステム開発プロセスの例

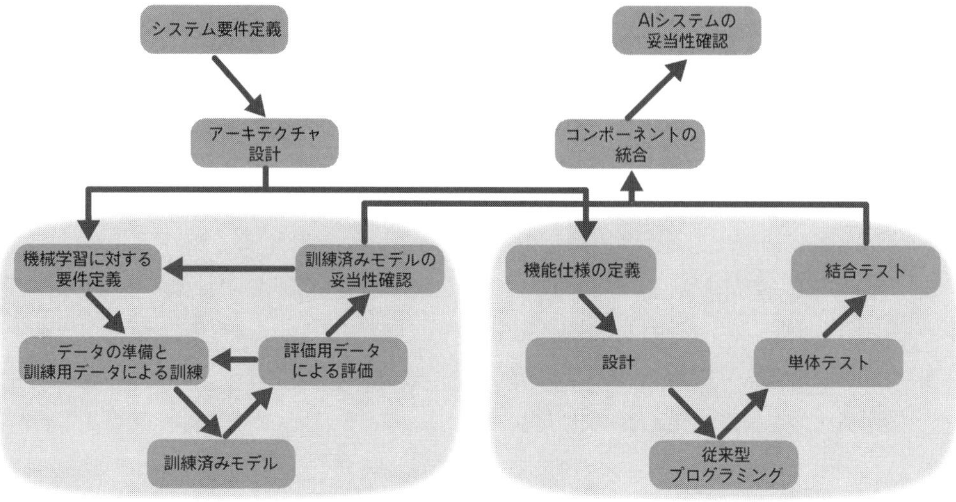

1.4.2.　AIコンポーネントの開発プロセス

一般的なソフトウェアコンポーネントとAIコンポーネントとでは、開発プロセスが異なります。従来型のソフトウェアコンポーネントの開発では、機能仕様の策定、詳細仕様の策定、プログラミング、単体テスト[3]、結合テストが順に行われます[4]。

(1) AIコンポーネントに対する要件定義

AIコンポーネントの開発では、まず、「機械学習を用いて実現したい要件」を定義します。例えば、猫の画像判別AIの場合には、猫をどのように判別したいのかという要求を明確にします。猫か否かを判別すればよいのか、猫の種類を同定したいのか、種はどの程度まで詳細に分別したいのか、対象は国内の猫だけか世界中の猫か、画像は顔写真か体全体の写真か、猫単独の写真なのか飼い主に抱かれている写真なのか、写真に写っているのは1匹だけか複数いるのか等、AIコンポーネントに対する要件を定めます。

学習によって得られるAIモデルの目標精度や処理速度などの要件も定めておきます。ここで、機械学習の原理上、精度が100%にはならないことに鑑みると、AIソフトウェアの利用シーンに合わせた適度な目標を設定することが大切です。「とにかく高い精度」という要件は意味がありません。

3　コンポーネント単位を対象とするテストを「単体テスト」、複数のコンポーネントを結合してできるより大きな単位を対象とするテストを「結合テスト」と呼ぶ。これらの呼び名やコンポーネントや結合の単位の大きさ、プロセスをどう分けるかなどについては様々な考え方があるが、本書の趣意から外れるので割愛する。

4　「該当するのはウォーターフォール開発の場合であって、アジャイル開発では異なる」という意見も想定されるが、ここでは機械学習のプロセスとの違いを明確にするために簡単化した表現を採用している。

(2) 訓練用データセットの準備

AIコンポーネントに対する要件が定まったら、その要件を満たすためのデータセットの設計を行い、その設計を満足するデータを定めます。写真が猫か否かを判別することが要件なら、「これは猫です」とラベル付けされた猫画像と、「猫ではありません」とラベル付けされた画像が必要になります。猫の種類を同定することが要件なら、種類ごとにラベルづけされた猫の写真を準備します。また、同じ種類の猫について、向きや姿勢や背景や明るさなどの異なるバリエーションをカバーします。このとき、別の画像を集めるだけでなく、既存の画像の一部を切り取ったり、明るさを調整したりといった加工を施す場合もあります。珍しい種類の猫を判別するには、人工的に画像を作り出す必要があるかもしれません。

(3) AIコンポーネントの実装

次に、AIコンポーネントの実装を行います。具体的には、機械学習の種類の選択と、ハイパーパラメータの決定をし、準備した訓練用データセットを使った訓練を行います。訓練が完了したら、訓練済みモデルの評価を行います。訓練が適切に行われているかどうかの評価です。訓練用データセットには含まれない未知のデータセットで十分な精度を出せるか、過学習をしていないかなどを評価します。もし評価結果が悪い場合には、選択した機械学習の種類が適していない、ハイパーパラメータが適切でない、充分な数の訓練用データが準備できていないなどの要因が考えられます。それらを再考して訓練をやり直すという試行錯誤が必要となります。

次に、明示的あるいは暗黙の要件を満たしているかどうかのテストを行います。精度以外の観点でのテストも必要です。例えば、猫か否かの判定を99%の精度で行うことができても、スコティッシュフォールド種を正しく判別できないかもしれません。訓練用データセットに耳がピンと立った猫の写真ばかりが含まれていると、耳の寝ているスコティッシュフォールド種を猫だと学習しないことがあります。この場合、スコティッシュフォールドの写真を訓練用データに追加して、再訓練しなければなりません。

1.5　AIモデルの具体例

本節では、AIモデルの例として、ディープニューラルネットワークとアンサンブルツリーを紹介します。

1.5.1.　ディープニューラルネットワーク

ディープニューラルネットワーク（DNN）は、生物の脳の神経細胞、すなわちニューロンの繋がりを模倣したAIモデルです。図1-12に例を示します。

【図1-12】　ディープニューラルネットワークの例

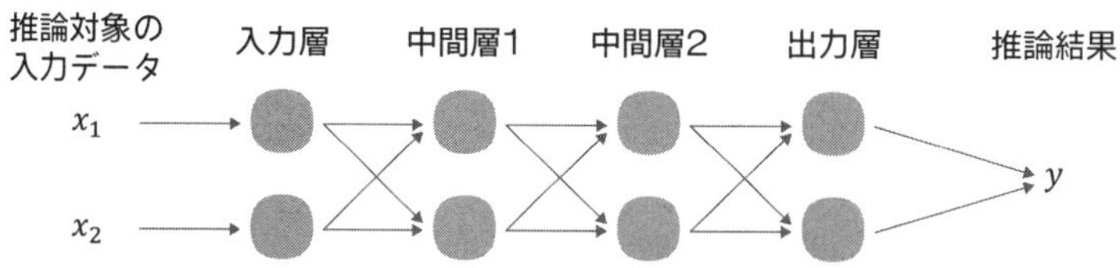

図のDNNモデルは入力層、中間層1、中間層2、および出力層の計4層から構成されていますが、中間層の数を増やすことで、より層の厚い（ディープな）構造にすることも可能です。

入力層、中間層、および出力層は、それぞれが複数のニューロンで構成されます。入力層のニューロンの数は、このDNNモデルの入力となる推論対象のデータに依存します。図1-12の例では、入力となるデータは$\boldsymbol{x_1}$と$\boldsymbol{x_2}$の2つですので、入力層のニューロンの数も2になります。同様に出力層のニューロンの数は、このDNNモデルの出力である推論結果に依存して決定されますが、詳しくは1.5.3項で説明します。

中間層のニューロンの数は、図1-12ではそれぞれ2つずつですが、層ごとに任意に変更可能です。各ニューロンは「数値」を保持しており、前の層のニューロンの値に基づいて、次の層のニューロンの値を計算します。ここでは入力層と中間層1を例に、図1-13を用いて、ニューロンの値を計算する方法を詳細に説明します。

【図1-13】ニューロンの値の計算方法

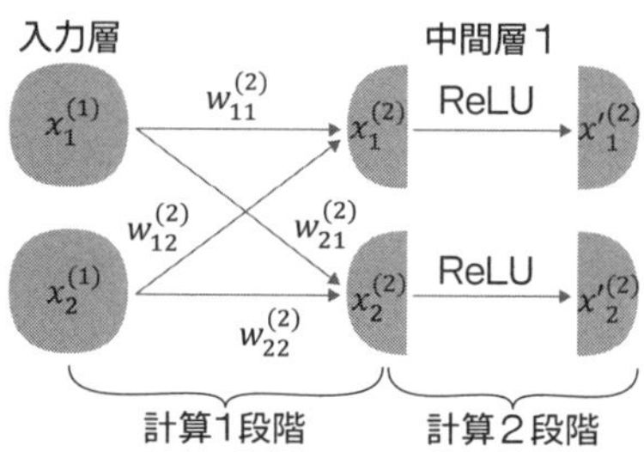

$x_1^{(1)}$および$x_2^{(1)}$は、入力層のニューロンの値を表します。$x_1^{(2)}$および$x_2^{(2)}$は、中間層1のニューロンの一時値です。この一時値を使ってさらに計算を行うことで、中間層のニューロンの最終的な値である$x'^{(2)}_1$および$x'^{(2)}_2$を得ます。図1-13に示すとおり、計算は2段階で行われます。第1段階では、以下の式によって$x_1^{(2)}$の値を計算します。

$$x_1^{(2)} = w_{11}^{(2)} \times x_1^{(1)} + w_{12}^{(2)} \times x_2^{(1)} + b_1^{(2)} \quad \cdots\cdots\cdots (1)$$

$w_{11}^{(2)}$および$w_{12}^{(2)}$は、「重み」と呼ばれるパラメータで、それぞれ$x_1^{(1)}$と$x_2^{(1)}$にかけ合わされます。これにより、$x_1^{(2)}$に対して$x_1^{(1)}$と$x_2^{(1)}$の値をどの程度反映するかを調整しています。そのため$w_{11}^{(2)}$と$w_{12}^{(2)}$は、それぞれ$x_1^{(1)}$から$x_1^{(2)}$への矢印、$x_2^{(1)}$から$x_1^{(2)}$への矢印として図示しています。$b_1^{(2)}$は「バイアス」と呼ばれるパラメータで、$x_1^{(2)}$のベースとなる値を保持します。$x_2^{(2)}$の値も同様に、以下の式で計算されます。

$$x_2^{(2)} = w_{21}^{(2)} \times x_1^{(1)} + w_{22}^{(2)} \times x_2^{(1)} + b_2^{(2)} \quad \cdots\cdots\cdots (2)$$

図1-13にはバイアス$b_1^{(2)}$および$b_2^{(2)}$が示されてされていませんが、バイアスを含めて図1-14のように表記することも可能です。

【図1-14】バイアスを含めた図示方法

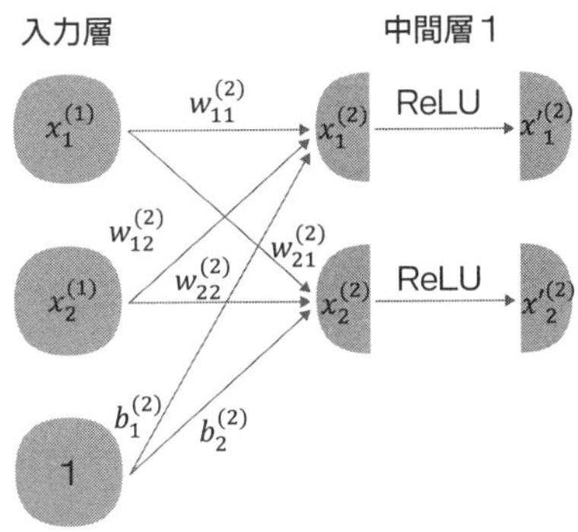

図1-14では、値が1のニューロンが追加されており、このニューロンから$x_1^{(2)}$への重みを$b_1^{(2)}$と表記しています。これにより、重みと同じ方法でバイアスを表記できます。DNNモデルの訓練では、これら重みとバイアスの値が更新されます。

計算の第2段階では、$x_1^{(2)}$および$x_2^{(2)}$にReLU (Rectified Linear Unit) と呼ばれる関数を適用します。ReLU関数のように2段階目の計算で用いられる関数は「活性化関数」と呼ばれており、ReLU関数以外にも様々な活性化関数があります。

活性化関数とは、ニューロンの値を、その後ろの層のニューロンへ、どの程度伝達するかを決定する関数です。そして、活性化関数の出力が一定値以上の場合、「そのニューロンは活性化した」と表現することがあります。

本書では活性化関数の具体例として、近年よく使用されているReLU関数を挙げます。ReLU関数を$\sigma(x)$と表し、そのグラフを図1-15に示します。

【図1-15】ReLU関数のグラフ

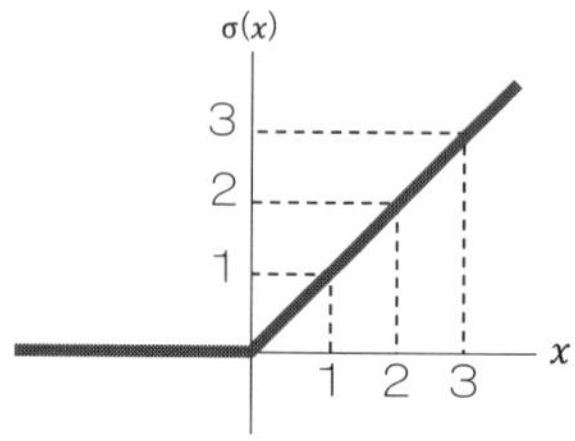

ReLU関数は、xの値が0よりも大きければその値をそのまま戻り値として返し、xの値が0以下であれば0を返す関数です。ReLU関数ではしばしば、その戻り値が0よりも大きい場合に「ニューロンは活性化した」と表現します。つまり、この場合の活性化とは、後ろの層のニューロンに値を伝達することを意味します。

$x_1^{(2)}$にReLU関数を適用することで、$x'^{(2)}_1$の値が計算されます。よって$x'^{(2)}_1$の値は以下の式で表されます。$x'^{(2)}_2$についても同様です。

$$x'^{(2)}_1 = \sigma\left(x_1^{(2)}\right) = \begin{cases} x_1^{(2)} & \left(x_1^{(2)} > 0 \text{ の場合}\right) \\ 0 & \left(x_1^{(2)} \leq 0 \text{ の場合}\right) \end{cases} \quad \cdots\cdots\cdots (3)$$

以上を踏まえると、図1-12のモデルは図1-16のように詳細化できます。図の煩雑化を防ぐため、重みやバイアスは一部のみを表記しています。

【図1-16】図1-12の詳細モデル

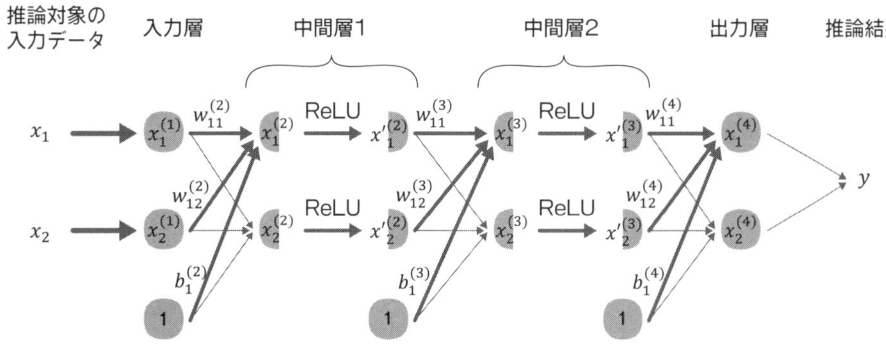

出力層のニューロンの値から、最終的な推論結果を計算する方法は、そのDNNモデルが解く問題の種類に依存します。それについては1.5.3項で詳しく説明します。

1.5.2. アンサンブルツリー

アンサンブルツリーとは、複数の決定木からなるAIモデルです。アンサンブルツリーを紹介する前に、決定木について説明します。決定木とは、図1-17に示すような木構造の計算モデルです。

【図1-17】決定木の例

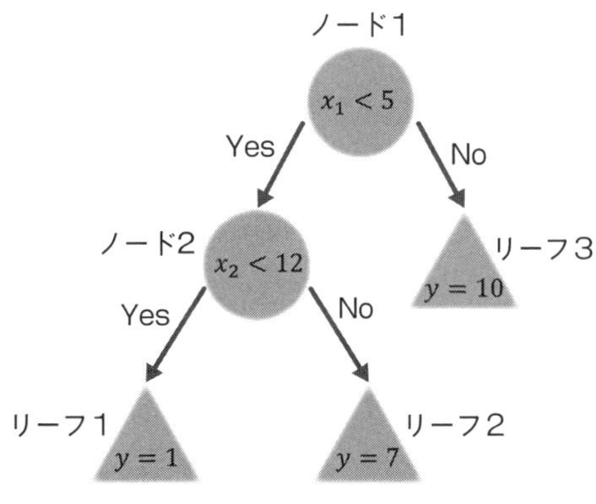

図1-17の決定木において、入力となるデータはx_1とx_2です。また、出力として返されるデータをyで表しています。決定木では、x_1とx_2の値に基づいて、上から下に向かって順に木構造のグラフを辿ることで、yの値を決定します。図中の円形は「ノード」、三角形は「リーフ」と呼ばれます。円から円あるいは三角形を結ぶ矢印は「エッジ」と呼ばれます。この決定木を例にして、x_1とx_2の値からyの値を決定する流れを説明します。

決定木では、最上位のノードから下方向にエッジを辿っていきます。まず、最上位のノード1を参照してください。このノードには条件式$x_1 < 5$が付与されています。そこでノード1では、この条件式$x_1 < 5$が成立するかを評価します。そして、この式が成立する場合はYesのエッジを辿ってノード2へ移動し、成立しない場合はNoのエッジを辿ってリーフ3に移動します。リーフ3には$y = 10$という式が付与されていますので、リーフ3に移動した場合、yの値は10になります。ノード2に移動した場合は、ノード2の条件式である$x_2 < 12$が成立するかを評価します。この式が成立する場合はYesのエッジによってリーフ1へ移動し、$y = 1$によってyの値が決定されます。$x_2 < 12$が成立しない場合はNoのエッジによってリーフ2へ移動し、$y = 7$によってyの値が決定されます。

アンサンブルツリーとは、複数の決定木からなるAIモデルの総称です。アンサンブルツリーが出力として返す値は、各決定木のリーフの値に基づいて計算されますが、その計算方法にいくつかのバリエーションがあります。本書ではアンサンブルツリーの代表例として、XGBoostとランダムフォレストのモデルを紹介します。

● XGBoost

XGBoostモデルの例を図1-18に示します。

【図1-18】XGBoostモデルの例

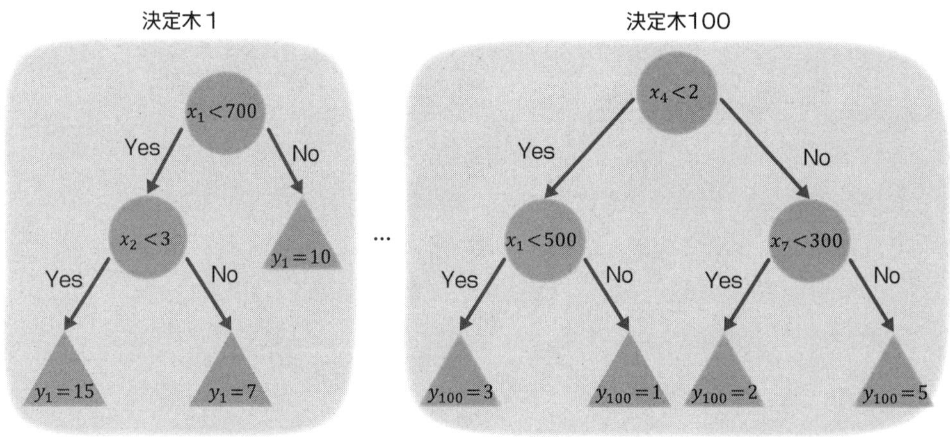

図1-18のXGBoostモデルは、決定木1から決定木100までの、100本の決定木で構成されています。仮に100本としましたが、決定木の本数は任意に変更可能です。

このXGBoostモデルの入力となる推論対象のデータは、$x_1, x_2, \ldots, x_7$の7つのデータで構成されており、各ノードではこれらの値を評価します。各ノードにおいてどの値を評価するかは任意です。また、図1-17の決定木では、出力となるデータyの値をリーフで決定していましたが、図1-18の決定木1のリーフでは、yではなくy_1の値を決定しています。同様に決定木100のリーフでは、y_{100}の値を決定しています。本書では、y_1やy_{100}を「ウェイト」と呼ぶことにします。DNNモデルに現れる「重み」とは別のものですので注意してください[5]。XGBoostモデルの出力となる推論結果yは、決定木1から決定木100で決定されるウェイト$y_1, y_2, \ldots, y_{100}$を用いて、以下の式で計算されます。

$$y = y_1 + y_2 + \cdots + y_{100} \quad \cdots\cdots\cdots (4)$$

このように、XGBoostモデルでは、推論対象のデータ$x_1, x_2, \ldots, x_7$を、決定木の各ノードで評価します。そしてその結果、各決定木においてウェイト$y_1, y_2, \ldots, y_{100}$の値が決定され、それらウェイトの総和$y$が、このXGBoostモデルの推論結果となります。

● ランダムフォレスト

ランダムフォレストのモデルは、XGBoostのモデルとほとんど同じです。唯一の違いは、決定木のウェイトから推論結果を計算するための計算式にあります。モデルの構造はXGBoostモデルと全く同じですので、ここでは図1-18をランダムフォレストモデルの例として参照します。図1-18がランダムフォレストモデルの場合、その出力となる推論結果yは以下の式で計算されます。

$$y = \frac{y_1 + y_2 + \cdots + y_{100}}{100} \quad \cdots\cdots\cdots (5)$$

このように、ランダムフォレストモデルの場合、各決定木のウェイトの平均値が推論結果になります。ちなみに、本書では扱いませんが、ランダムフォレストモデルとXGBoostモデルの「学習方法」は全く異なります。

1.5.3.　分類問題

1.5.1項と1.5.2項では、AIモデルの具体例として、DNNとアンサンブルツリーを紹介しましたが、これらを用いて解く問題は、主に分類問題と回帰問題に分けられます。分類問題と回帰問題については本章1.1節でも簡単に触れましたが、ここでは、分類問題および回帰問題を解くためのDNNとアンサンブルツリーの計算モデルを具体的に説明します。

分類問題とは、推論対象のデータがどのグループ（クラス）に属するかを推論する問題です。グループの種類は予め定義する必要があります。例えば、推論対象の画像データが、犬の画像か猫の画像か、あるいは鳥の画像かを識別する問題は分類問題です。このとき、「犬」「猫」「鳥」というグループは予め定義しておく必要があります。

ここでは例として、図1-19に示すような手書きの数字画像を識別する問題を考えてみましょう。インターネット上には「MNISTデータセット」と呼ばれる手書きの数字画像を集めたデータセットが公開

5　いずれも「weight」を意味するが、本書ではDNNのweightを「重み」と表記し、アンサンブルツリーのweightを「ウェイト」と表記する。

されており、本書ではこれを例題に使います。詳しくは３章で紹介します。

【図1-19】手書きの数字画像の例

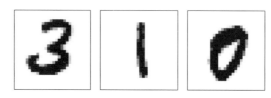

これらを「識別する」ということは、個々の画像データが「0」から「9」のどのグループに属するかを推論することに相当します。つまり「0から9のグループに分ける分類問題」と捉えることができます。この分類問題を解くDNNモデルの例を図1-20に示します。

【図1-20】数字画像データの分類問題を解くDNNモデルの例

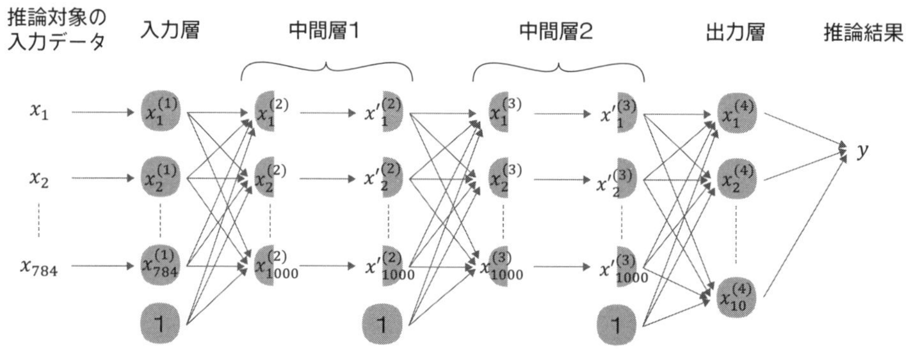

上の図では図1-16と同様に、入力層、出力層と2層の中間層からなるDNNモデルを例示しています。本章1.5.1項で述べたとおり、中間層の数や、中間層のニューロンの数も任意に変更可能です。

一方、入力層のニューロンの数は、推論対象のデータである数字画像データのサイズに基づいて決まります。図1-19に示した数字画像データは28×28ピクセルで構成されており、各ピクセルは0から255までの整数値をとります。0は白を表し、255は黒を表します。これらピクセルの値が推論対象のデータであるため、入力層には28×28＝784のニューロンが必要になります。1番目のピクセルの値を1番目のニューロンが受け取り、2番目のピクセルの値を2番目のニューロンが受け取ります[6]。3番目から784番目までも同様です（図1-21）。

[6] 訓練の効率化のため、各ピクセルの値を255で割ることで、0から1の浮動小数点数値に変換してから使用することが多い。

【図1-21】推論対象のデータと入力層の関係

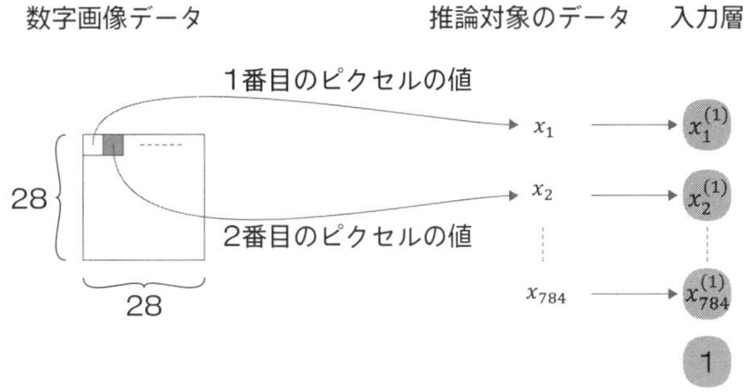

次に出力層を見てみましょう。出力層のニューロンの数は、「推論対象のデータを何種類のグループに分類するか」によって決まります。今回は、数字画像データを「0」から「9」の10グループに分類することが目的です。そのため、出力層のニューロン数は10になります。推論対象のデータが与えられ、1.5.1項に示した計算が入力層、中間層1、中間層2の順に実行されると、最終的に出力層のニューロンに数値が代入されます。

この出力層のニューロンの値は、「推論対象のデータがそれぞれのグループに属する可能性の高さ」を表します。例えば、出力層の1番目のニューロンの値$x_1^{(4)}$は推論対象の画像データが「0」である(0のグループに属する）可能性の高さを表します。同様に、2番目のニューロンの値$x_2^{(4)}$は、画像データが「1」である(1のグループに属する）可能性の高さを表します（図1-22)。

【図1-22】出力層と推論結果の関係

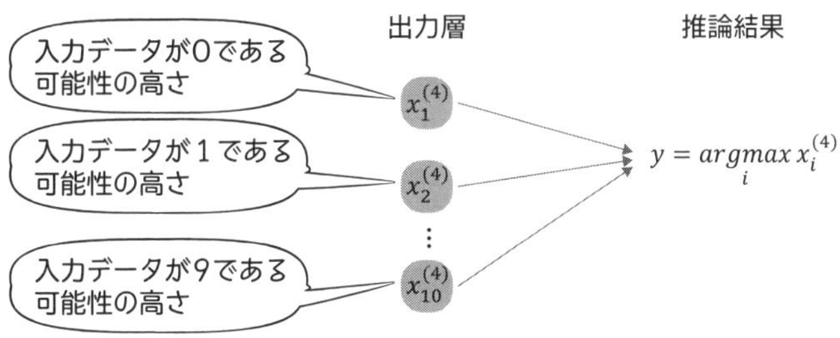

よって、出力層のニューロンのうち最も大きい値を持つニューロンを特定し、そのニューロンに対応付く分類グループを、推論対象のデータが属するグループであると推定します。この「最も大きい値を持つニューロンは何番目のニューロンか」を特定する計算は、以下の式で表されます。

$$y = \underset{i}{argmax}\, x_i^{(4)} \qquad \cdots\cdots\cdots (6)$$

式(6)は、「$x_i^{(4)}$の値が最大となるようなiを、推論結果yにする」という意味です。例えば、出力層の1番目から10番目までのニューロンのうち、2番目のニューロンの値が最も大きいとします。その場合は$y = 2$となります。そしてこの「2番目」のニューロンという情報から、「入力データは1のグループに属する」と推定できます。

ところで、「2番目のニューロンは1のグループに対応する」という関係は、いつの間に定義されたのでしょうか。出力層のニューロンと分類グループとの対応関係は、DNNモデルの学習を行う際に人が定義します。今回の例では、1番目のニューロンを0のグループ、2番目のニューロンを「1」（以降同様）と定義して学習したため、0の画像データを与えた場合には1番目のニューロンの値が大きくなり、1の画像データを与えた場合には2番目のニューロンの値が大きくなるように、学習済みモデルが作られたということです。もし1番目のニューロンを7のグループと定義して学習すると、7が描かれた画像データを与えると1番目のニューロンの値が大きくなるモデルが作られます。

では次に、分類問題を解くアンサンブルツリーのモデルを見てみましょう。上と同じように数字画像データの識別問題を例にして、この分類問題を解くXGBoostモデルを図1-23に例示します。

【図1-23】数字画像データの分類問題を解くXGBoostモデルの例

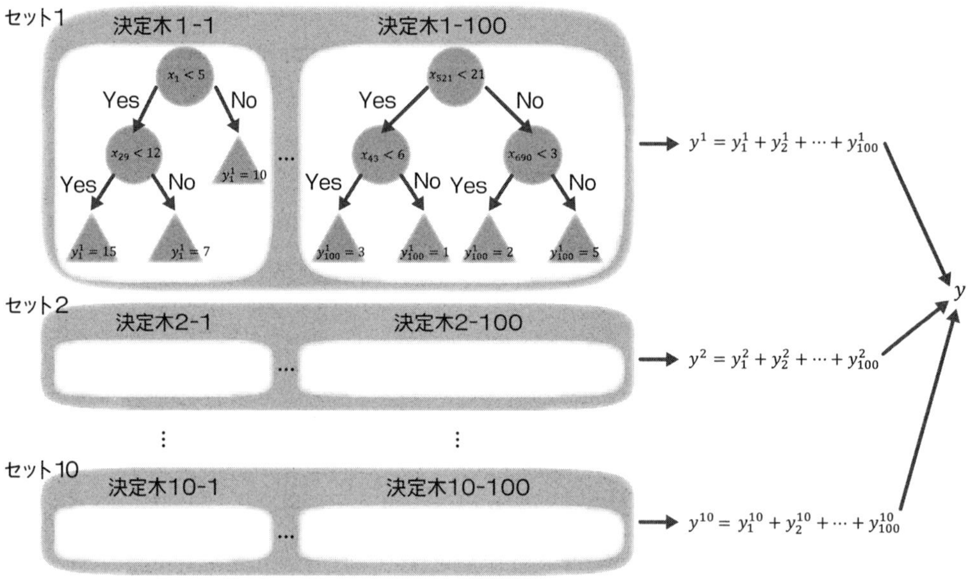

上述のとおり、推論対象の画像データは28×28=784ピクセルで構成されているため、$x_1, x_2, \ldots, x_{784}$と表されます。図1-23に示すように、XGBoostモデルで「0」から「9」の10グループに分類する問題を解くには、図1-18に示した複数の決定木の集まりを10セット用意する必要があります。つまり、分類グループの数と上記セットの数が一致するようにモデルを構成する必要があります。

各々のセットでは、式(5)と同様にウェイトの総和を計算します。図1-23に示すとおり、例えばセット1では以下の計算を行います。

$$y^1 = y_1^1 + y_2^1 + \cdots + y_{100}^1 \quad \cdots\cdots\cdots(7)$$

セット2からセット10についても同様に、$y^2, \ldots,\ y^{10}$を計算します。これらの値は、DNNモデルにおける出力層のニューロンの値と同様に、推論対象のデータがそれぞれのグループに属する可能性の高さを表します。よってDNNモデルと同様に、以下の式で推論結果yを計算します。

$$y = \underset{i}{argmax}\, y^i$$

例えばy^1からy^{10}のうち、y^2の値が最も大きいとします。その場合は$y = 2$となり、推論対象のデータは「2番目のグループに属する」、即ち「1を表す」と推定されます。

図1-23はXGBoostのモデルの例ですが、ランダムフォレストの場合も同様です。複数の決定木の集まりを10セット用意し、それぞれのセットごとにウェイトの**「平均値」**を計算します。そしてその値の最も大きいセットに対応するグループを、推論対象のデータの属するグループであると推定します。

1.5.4. 回帰問題

回帰問題とは、推論対象のデータから、「そのデータに関係する連続した数値」を推論する問題です。例えば、気温と降水確率からその日の電力消費量を予測する問題です。気温が一定より高く（または低く）なれば、エアコンの稼働により電力消費量が増加します。また降水確率が高くなれば外出する人が減り、屋内での電力消費量が増加しそうです。このように、あるデータから別の数値データを推論する問題が回帰問題です。

ここでは例として、居住面積や寝室の数など、住宅に関する7種類のデータ$x_1, x_2, \ldots, x_7$から、その住宅の販売価格を推論する問題を考えます。この住宅に関するデータも、MNISTデータセットと同様にインターネットから取得可能であり、3章で詳しく説明します。この回帰問題を解くDNNモデルの例を図1-24に示します。

【図1-24】住宅価格予測の回帰問題を解くDNNモデルの例

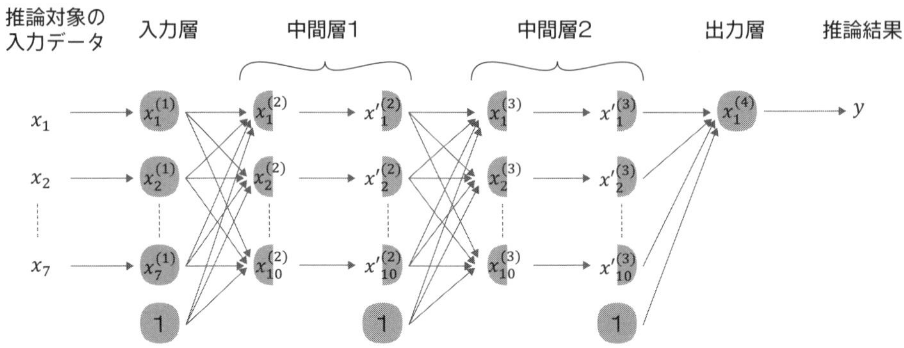

ここでも図1-16と同様に、入力層、出力層と2層の中間層からなるDNNモデルを例示していますが、中間層の数は変更可能です。また中間層のニューロンの数も任意に変更可能です。

入力層では、推論対象のデータ$x_1, x_2, \ldots, x_7$を、それぞれニューロンが受け取ります。そのため入力層のニューロンの数は7になります。出力層はどうでしょうか。回帰問題は、単一の数値データを推論することが目的ですので出力層のニューロンは1つで十分です。出力層のニューロンの値$x_1^{(4)}$が住宅販売価格の予測値であり、この値がそのまま推論結果yとして扱われます。

アンサンブルツリーで回帰問題を解く場合は、どのようなモデルを使えばよいでしょうか。例として、上と同じ回帰問題を解くXGBoostのモデルを図1-25に示します。

【図1-25】住宅価格予測の回帰問題を解くXGBoostモデルの例

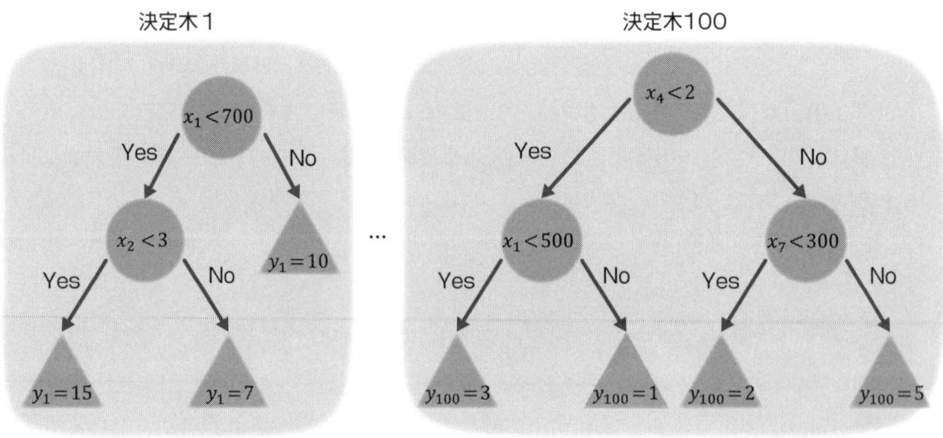

実は図1-25のXGBoostモデルは、図1-18に示したモデルと全く同じです。繰り返しになりますが、回帰問題は単一の数値データを推論する問題ですので、図1-23のように決定木の集まりを複数セッ

ト用意する必要はありません。推論対象のデータ$x_1, x_2, \ldots, x_7$に基づき、各決定木においてウェイト$y_1, y_2, \ldots, y_{100}$の値が決定され、さらに式(4)によって推論結果$y$が計算されます。この$y$の値が、住宅販売価格の予測値となります。ランダムフォレストのモデルの場合も同様です。

1.5.5. 1章のまとめ

本章では、AIソフトウェアと機械学習に関する基本的な知識を説明しました。

まず、機械学習における「学習」とは、学習用データセットの中から、共通する何らかの「特徴」を見つけ出して、それを表現するAIモデル（学習済みモデル）を作成することでした。作成した学習済みモデルを用いると、学習用データセットには含まれていない未知のデータに対して、推論を行うことできます。推論を実現するための、AIモデルを含むソフトウェアを、本書では「AIソフトウェア」と呼ぶことにしました。

AIモデルの構造には、DNNに代表されるニューラルネットワークやXGBoostに代表されるアンサンブルツリーなど様々な種類があり、AIソフトウェアの目的に合わせて、適切に選ぶ必要があります。また、AIモデルには、構造を具体的に定める「ハイパーパラメータ」と、機械学習を通じて調整される「パラメータ」があります。

学習は大きく2つのステップ、「訓練」と「評価」からなります。訓練は、AIモデルによる推論結果が、期待した正解に近くなるようにパラメータ値を自動的に調整するものでした。これが上記の「学習データの特徴を表現すること」に対応しています。評価では、学習用データセットの一部である評価用データセットを使って、訓練済みAIモデルが適切な精度等を持っているかどうかを評価します。機械学習では、学習用データセットを作り直したり、AIモデルの種類を変更したり、ハイパーパラメータを変更したりしながら、訓練と評価を反復することで、AIモデルの完成度を高めていきます。このような反復は、不適切な手戻りではなく、機械学習に必須のプロセスであることを忘れないでください。

本書は学習済みAIモデルに対するテスト技術を紹介します。3章以降で具体的なテスト技術を説明する前に、次の2章では、AIモデルのテストの難しさについて述べていきます。

第2章

AIソフトウェアのテストの難しさ

本章ではAIソフトウェアのテストの難しさを説明します。従来のソフトウェアテストの基本的な考え方を振り返った後、テストの適用を難しくしているAIソフトウェアの特徴について述べていきます。また、そのようなテストが難しいAIソフトウェアをテストする考え方について概説します。

2.1 従来型ソフトウェアとの違い

従来型ソフトウェアの開発とAIソフトウェアの開発との違いを、「演繹」と「帰納」という言葉で表すことがあります。従来型ソフトウェアの開発は演繹的、AIソフトウェアの開発は帰納的とされます。演繹や帰納は哲学や論理学の用語ですが、現代ではより一般的に使われています。

演繹とは「一般的な前提をもとに、より個別的な結論を得る推論」の方法です。「猫は哺乳類である」と「スコティッシュフォールドは猫である」という前提から、「スコティッシュフォールドは哺乳類である」という結論を導き出す三段論法が代表的な演繹推論です。かたや帰納とは、「個別の事例をもとに、一般的な法則を見出そうとする推論」の方法です。1000匹の三毛猫の性別を調べて「三毛猫には雄がいない」という法則を見出すのが帰納推論です（実際には3000匹から3万匹に1匹の雄がいるそうです）。

従来型ソフトウェアの開発では、定義した要件を前提として、それを満たす具体的な仕様を策定します。次に、その仕様を前提として、それを満たすソフトウェアを作成します。このように、与えられた前提に対して、それを満たす具体を作る関係が演繹的と言われます。

AIソフトウェアの開発では、学習用データセットをもとにして、その特徴を表す学習済みモデルを作ります。学習済みモデルは、学習用データセットに含まれない入力に対しても出力を推論できます。つまり、学習用データセットという個別の事例の中から、他のデータにも適用できる一般的な法則を見出しており、帰納的な開発ということになります。

演繹的な開発では、開発作業が正しく行われれば、要件や仕様を満たすソフトウェアが作られることが期待されます。逆に、ソフトウェアが要件や仕様を満たさなければ、開発作業が正しくなかったことがわかります。この特性を利用して、要件や仕様をもとにテスト問題と模範解答を作成し、ソフトウェアがテストに正解すれば合格とするのが、ソフトウェアのテストです。

しかし、帰納的開発では個別の事例を一般化しているため、得られた法則が常に正しいとは限りません。つまり、学習用データセットをもとにして作られた学習済みモデルは、学習用データセット以外

【図2-1】従来型ソフトウェアと機械学習

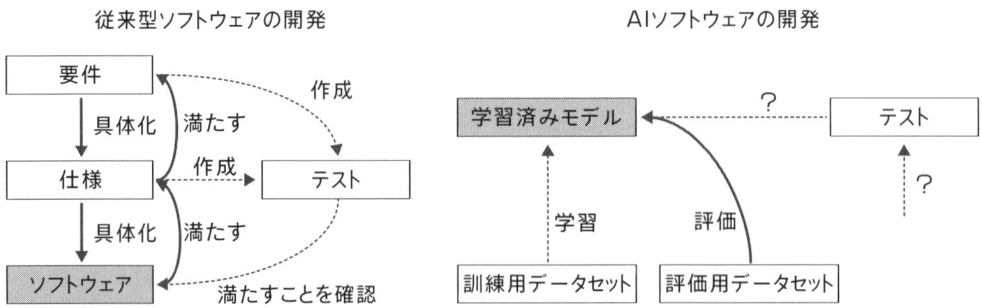

のデータでも正しい推論結果を出力するかどうかわかりません。そもそも、正しい出力が何なのかは誰にもわかりません。本書の序章では、単に「猫とは何か?」を定義することさえ、ほとんど不可能であることを説明しました。帰納的な開発では、演繹的な開発で行うような、正しい前提に基づくテストはできないのです。

以上のことから、AIソフトウェアのテストが難しい理由の1つは、機械学習が帰納的だからという点に求められます。以降ではAIソフトウェアのテストの難しさについて、さらに詳細に見ていきます。

0
1
2
3
4
5
6
7

column　数学的帰納法と科学的アプローチ

「帰納」という言葉を聞いて高校の数学で習った「数学的帰納法」を思い出した読者がいるかもしれません。数学的帰納法は、例えば「すべての自然数nについて、$2^n \geq 2n$が成り立つことを示せ」という問題に対して、$n = 1$のときに成り立つことを示したのち、$n = k$で成り立つと仮定すると$n = k + 1$でも成り立つことを証明する方法です。

この方法では、$n = 1, 2, 3, \ldots$と順に個別の数字を積み上げて証明するかのように見えるため、数学的帰納法と呼ばれます。しかし実際には、個別の事例に基づいて事例以外にも当てはまる一般的な法則を導いているのはでなく、すべてのnについて法則が必ず成り立つことを、数学の公理系を用いて証明しています。したがって、実は数学的帰納法は演繹的推論なのです。つまり、AIソフトウェアの開発は帰納的であるという話と、数学的帰納法は無関係ですので誤解しないようにしましょう。

ところで、AIソフトウェアの開発が帰納的であり「個別の事例を一般化するもの」と聞くと、「非科学的なアプローチなのでは?」と疑問を抱く人もいるでしょう。演繹的な証明が科学的であることに疑問をもつ人は少ないと思いますが、帰納法が科学的であるかは、古代から続く哲学上の大問題でした。

帰納法では、必ずしも常に成り立つわけではない法則を見つけてしまいます。そのため「帰納法は科学的でない」とみなされることもありました。例えば、友達数人の話だけに基づいて、「みんなが言っているから正しい」と主張する小学生の論理の不適切さは誰もが知るところです。

また最近では、仮説を立て、仮説に基づいて結果を予想し、実験をして予測が成り立つことを検証し、仮説の正しさを確認する仮説検証が「科学的アプローチである」と言われることがあります。このような仮説検証において、「仮説に基づいて結果を予想すること」は演繹推論ですが、実験という事例に基づく点は帰納的でもあります。科学とは何かを考える科学哲学の分野では、このような方法を「仮説演繹法」と呼びます。仮説演繹法が定義されて科学的な手法の一つと考えられるようになったのは19世紀であり、それほど古くはありません。

「AIソフトウェアの開発は帰納的である」と述べましたが、それだけでは非科学的な手法と言われてしまうかもしれません。システム要件を満たすAIモデルの仮説を立て、仮説に基づいてデータセットを用意して学習し評価し、評価結果によっては仮説を変更して学習し直すAIソフトウェア開発は、「仮説演繹法を実践する科学的アプローチである」と言うべきかもしれません。

2.2 従来のソフトウェアテストの考え方

先に述べたように、従来型ソフトウェアのテストは、演繹的開発を前提としています。つまり、開発したソフトウェアの振る舞いが、前提となる仕様を満たしていることを確認したら、正しいソフトウェアができたと考えます。

それでは、ソフトウェアの振る舞いが仕様を満たしていることを、どのようにして確認しているのでしょうか。無数に存在する入力のすべてに対して、出力が正しいか確認するのは非現実的です。この点を理解することは、AIソフトウェアのテストの課題を理解することに繋がるため、従来のソフトウェアテストの考え方について少し詳しく見ていきます。

2.2.1. 入場料算定問題の例

簡単な例として、博物館などの入場料を計算するソフトウェアを考えます。表2-1のように来場者の分類に応じて入場料が決まっているとします。入場料算定システムが実現すべき仕様は、生年月日を入力すると、表に示したとおりの入場料が出力されることです。

【表2-1】博物館来場者の入場料

来場者の分類	入場料
6歳未満	無料
6歳以上12歳未満	大人の2割
12歳以上20歳未満	大人の半額
大人(20歳以上)	1000円

入場料算定システムのおおまかな動きは次のとおりです。来場者は生年月日を入力します。ソフトウェアは来場者の生年月日と当日の日付に基づき、来場者の年齢を算出します。来場者がどの分類に属するかを決定し、分類結果に基づき入場料を算定します。

【図2-2】入場料算定システムの仕組み

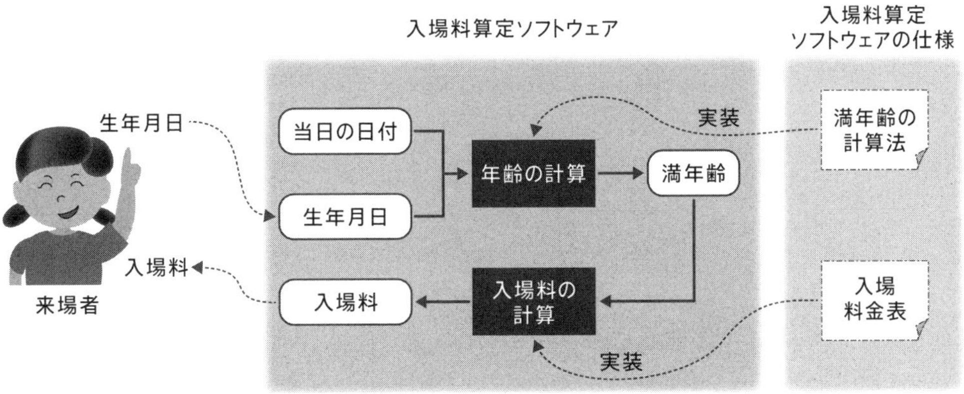

入場料算定システムのテストを考えます。入力される可能性のある誕生日と任意の日付をソフトウェアに入力して、出力が料金表に一致することを確認すればテストは完了します。本書執筆時点での最高齢者は1903年1月2日生まれだそうですので、生年月日はその日以降とします。仮に今後20年間このソフトウェアを使い続けるならば、約140年分（約5万日）の生年月日が入力される可能性があります。当日の日付は20年分(約7000日）です。誕生日と当日の日付の組み合わせは、約3億5000万パターンになります。そのすべてをソフトウェアに入力して出力を確認することは、現実的ではありません。

2.2.2. 同値クラスと境界値を用いたテスト

発生しうる全ての値で試すのは非現実である問題に対して、ソフトウェアテストでよく使われる考え方に「同値分割」があります。同値分割とは、同じ特徴を持つグループに入力値や出力値を分ける方法です。そのようなグループを「同値クラス」と呼びます。入場料算定システムの場合は、来場者の分類枠がそれぞれ同値クラスとなります。

テストでは、同値クラスの代表値を入力して、出力の正しさを確認します。代表値で出力が正しければ、「同値クラスにあるすべての値について正しい」と推測します。この推測が成り立つのは、「同じ同値クラスの入力に対するソフトウェアの処理は同じである」という前提があるからです。例えば、「6歳以上12歳未満であれば大人の料金の2割」を計算する処理を実装していて、代表値で正しく計算されていれば、同値クラスの他の値でも計算は正しいと推測されます。逆に、もし処理の実装が間違っていれば、代表値に対する計算結果が誤ると考えられます。このようにして、すべての入力を試すことなく、代表値のみでテストができるのです。

同値クラスの代表値として、よく使われるのは境界値です。境界値とは、隣接する他の同値クラスに最も近い値のことです。「6歳以上12歳未満」クラスでは、6歳になる当日と12歳になる前日が境界値です。境界値でテストするのは、仕様と実装で同値クラスが食い違う可能性が高くなるのが境界値だからです。仕様では「6歳以上12歳未満」なのに、実装では「6歳未満12歳以下」になっていることが稀にあります。テストに境界値を使えば、このような誤りを発見できます。また、境界値でテストして正しければ、同値クラスの中間の値でも正しいことが期待できます。

【図2-3】同値分割と境界値

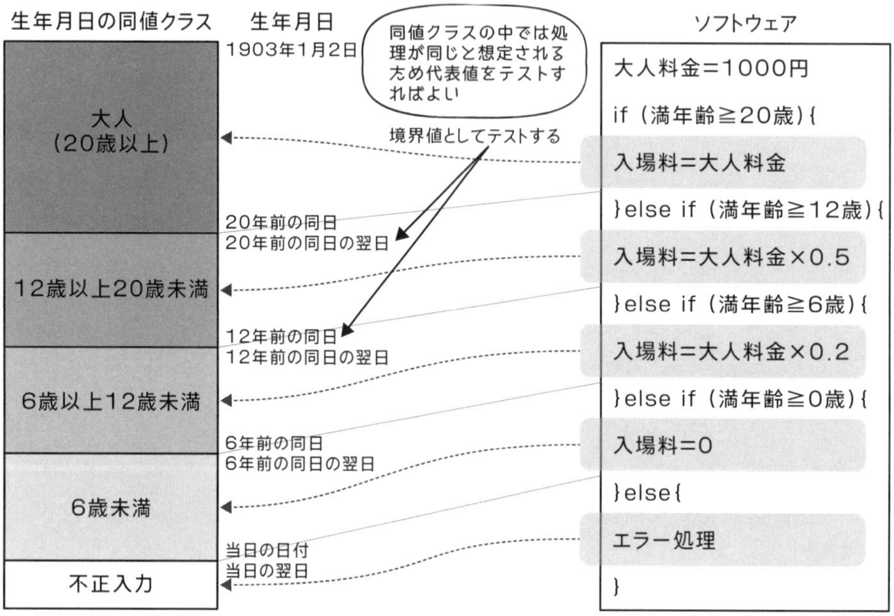

column　誕生日の計算

本文では、誕生日を入力として年齢を計算するソフトウェアを例にしました。満年齢の計算は少しややこしいものです。「年齢計算に関する法律」には、「年齢は出生の日から起算し、年齢の計算は民法第143条を準用する」とあり、その民法第143条には「起算日の応答する日の前日に満了」するとあります。つまり、誕生日の前日が終了する瞬間(24時ちょうど)に年齢が1つ上がります。本文では仕様の「6歳以上」に対して「6歳未満」と誤って実装する例を挙げましたが、開発者が仕様を「6歳以上」と正しく理解していても、誕生日当日の年齢の計算を間違える可能性があるのです。

ところで、学校教育法は「満6才に達した日の翌日以後における最初の学年の初めから」小学校に入れると定めています。学年の始まりは4月1日、終わりは3月31日です。年齢は誕生日の前日(の24時)に1つ上がるので、4月1日生まれの子は、前日の3月31日に6歳に達します。そのため、(4月1日生まれから3月31日生まれでなく)4月2日生まれから次の年の4月1日生まれまでが同じ学年として学ぶことになります。

このように直感に合わない規則が世の中には存在するので、システムを開発するときには直感に頼らず、仕様を明確にすることと、テストをすることが大切ですね。

column 同値クラスと境界値の数学的表現

同値クラスと境界値について、数学的な表現をしておきましょう。1章での機械学習のコラムと同様に、発生しうるすべての入力値の集合をIとし、出力値の集合をOとします。同値クラスは同じ特徴を持つ入力値や出力値のグループでした。ここでは簡単にするために、同じ処理がなされる入力値のグループを同値クラスと定義することにします。

いま、n種類の処理が仕様で決められているとして、それぞれの処理をf_1からf_nという関数で表すことにします。このとき、同値クラスI_1からI_nが存在し、次のような関係が成り立ちます。

$$I_k = \{i \in I \mid i\text{に対応する出力}o\text{について、}o = f_k(i)\} \quad \text{とするとき}$$
$$I = \cup_{k=1}^{n} I_k \ \text{かつ} \ \cap_{k=1}^{n} I_k = \emptyset$$

ここで同値クラスI_kに対応して仕様上の処理f_kを実現するよう開発したソフトウェアの処理を、f'_kと書くことにします。

このとき同値クラスに基づくテストとは、「すべての同値クラスI_kについて、仕様上の処理f_kとソフトウェア上の処理f'_kが一致することを確認する行為である」と言えます。

また、同値クラスI_kに対する代表値$i \in I_k$について、「$f_k(i) = f'_k(i)$が成り立つならば、他の入力値$j \in I_k$についても$f_k(j) = f'_k(j)$が成り立つ」ことを期待するものが、同値クラスの代表値によるテストであると言えます。

ただし、それぞれの同値クラスがずれているときには、ずれた部分で異なる処理が行われることになり、上記の期待が成り立ちません。つまり、値xにおいて仕様上の同値クラスがk、ソフトウェア上の同値クラスが$k+1$だとすると、それぞれの処理の結果が$f_k(i) \neq f'_{k+1}(i)$となります。逆に言えば、同値クラスの境界にずれがないことを確認すれば、同値クラス内の値について仕様とソフトウェアが一致することが期待できるため、代表値として同値クラスの境界を選びます。境界値を入力としたとき、仕様とソフトウェアの間で出力が一致していれば、境界値と境界値の間にある値を入力したときの出力も一致するはずであると考えます。これが境界値テストです。

いま、入力値には順序が決まっているものとし、入力値iの前の値を$prev(i)$、次の値を$next(i)$と表すことにします。同値クラスI_kの境界値とは、次のような条件を満たす入力値です。

$$\text{入力値}\ i \in I_k\text{が境界値であるとは、}prev(i) \in \overline{I_k}\text{または}next(i) \in \overline{I_k} \quad \text{ただし}\overline{I_k} \neq I_k$$

もし、仕様上の同値クラスとソフトウェアの同値クラスに相違があると、I_kの境界値iについて、仕様上の出力は$f_k(i)$だが、ソフトウェアの出力が$f_{k-1}(i)$または$f_{k+1}(i)$となり、誤りに気付くことができます。

【図2-4】同値クラスと境界値

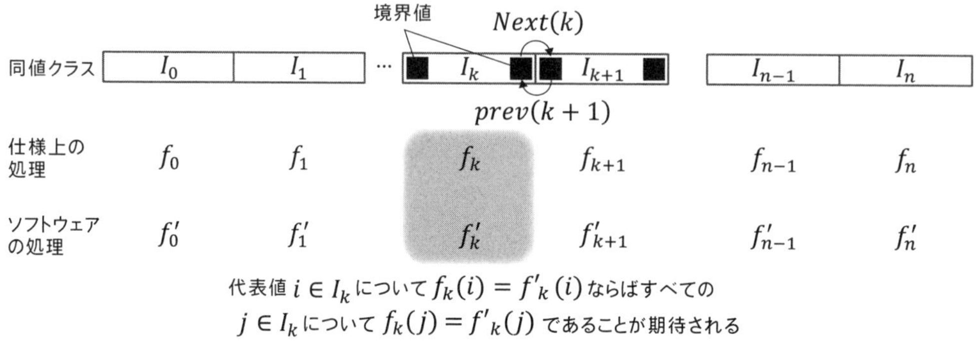

2.3 AIソフトウェアはテストできない！？

2.2節では、従来型ソフトウェアに用いられるテスト技法の代表例として、同値分割と境界値を用いたテストを説明しました。これらの技法をAIソフトウェアに対して適用できるかどうかを考えてみます。

2.3.1. 同値クラスの手法をAIへ適用できるか？

前節と同様に、入場料算定システムの例を考えます。ただし、仕様となる料金表がない状況を考えます。少し無理はありますが、従来型ソフトウェアとして作られた入場料算定システムが破損し、過去に入場した人たちの記録が残されているとします。そこで、機械学習を使って入場料算定システムを再現することにします。

この場合、過去の入場者の記録が学習用データセットとなります。また、学習用データセットには、入力データセットとして入場者の生年月日と入場日、正解データセットとして入場料が記録されているとします。この学習用データセットのうちのいくつかを選定して訓練用データセットとします。これらを用いて訓練を行うことで、生年月日と入場日から入場料を予測するAIソフトウェアを作ることができます。

このようにして作ったAI版入場料算定システムでは、生年月日と入場日が過去の来場者のそれと近い来場者に対しては、おおよその入場料を推定できるでしょうが、あらゆる入場者に対して正確な入場料を推定することはできません。このことは容易に想像できるでしょう。では、そこで生じる入場料の間違いを、従来型ソフトウェアと同様にテストで見つけ出せるでしょうか。

まず、同値分割をしようとしても、仕様上の同値クラスを定義することができません。前提として存在するのは、過去の入場者の記録だけであり、仕様が存在しないためです。したがって、同値クラスにおける代表値を使ったテストもできません。もちろん、境界値を使ったテストもできません。

あえて言うなら、機械学習は「似た入力には似た出力を返す」と学習することで、「同じ入出力関係をもつ実装上の同値クラス（のようなもの）を定義している」とも考えられます。そのため、「この実装上の同値クラスを使ったテストは可能ではないか」という考えもありえます。例えば、機械学習によって作られた実装上の同値クラスの境界値を入力とし、それに対する出力の正しさを何らかの方法で確認できたなら、従来型ソフトウェアと同様に、同値クラス内の他の入力データに対しても「正しい」と言えるのではないかという考え方です。

しかし、この考え方にもいくつかの困難があります。まず、従来型ソフトウェアのテストで利用していた「同じ同値クラスの入力は同じ処理がなされる」という前提が成り立ちません。機械学習で「似たような入力データに対して似たような出力データ」が出たとしても、同じように計算した結果であるかどうかはわからないからです。先に示したように、DNNにせよアンサンブルツリーにせよ、推論結果は非常に複雑な計算により決まります。この計算処理は非常に細かく分割されており、同じ処理をされる入力はほとんど存在しないのです。したがって結果的に似た出力で作られた同値クラスについても、代表値と「同じ処理をするから出力も同様に推定できる」とは言えないのです。

図2-5に、分類問題を解くための機械学習で見つかった同値クラスと、その境界のイメージを示します。イメージしやすいように模式的に描いたものである点はご了承ください。図には機械学習によって見つかった境界が描かれていますが、人が複雑な計算モデルを理解して、この境界が実際にどこにあるかを知ることは困難です。すべての入力データに対する出力データを確認すれば境界を知ることができるかもしれませんが、現実的ではありません。仮に境界を知ることができたとしても、それが正しいかどうかを判断する術がありません。そもそも機械学習では、訓練用データの正解データと、学習済みモデルの出力データ（推論結果）とが一致しないこともあるのです。

より具体的には、図1-16を再度参照してください。出力$\boldsymbol{y}$の値は出力層のニューロン$x_1^{(4)}$と$x_2^{(4)}$から決定しました。$x_1^{(4)}$の値は$w_{11}^{(4)} \times x'^{(3)}_1 + w_{12}^{(4)} \times x'^{(3)}_2 + b_1^{(4)}$で計算されます。さらに、$x'^{(3)}_1$は$\sigma(w_{11}^{(3)} \times x'^{(2)}_1 + w_{12}^{(3)} \times x'^{(2)}_2 + b_1^{(3)})$に展開できます。

さらに……と順に展開していくと、入力x_1とx_2から出力$\boldsymbol{y}$を決定する式がとても複雑になることがわかります。このとき、活性化関数としてReLU関数$\boldsymbol{\sigma}$が含まれており、各ニューロンの活性の有無が同じときに、入力データに対して同じ計算が行われて出力が決まると考えてよいでしょう。図1-16の場合、中間層のニューロンが４つあるため、活性化有無の組み合わせは2^4通りとなります。つまり、ニューロンの数の累乗個の処理のパターンが存在することになります。

実際に用いられるDNNはさらに規模が大きいため、処理のパターンも莫大になります。また、それぞれの処理パターンに対して境界値を考えることは、現実には不可能です。また、繰り返しになりますが、各処理パターンに対する正解値は誰にもわかりません。これでは従来の考え方を踏襲したテスト

【図2-5】機械学習における同値クラス

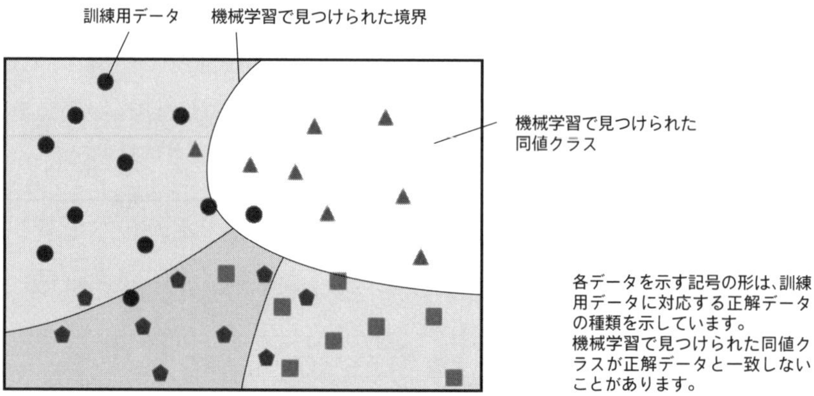
訓練用データ
機械学習で見つけられた境界
機械学習で見つけられた
同値クラス
各データを示す記号の形は、訓練用データに対応する正解データの種類を示しています。
機械学習で見つけられた同値クラスが正解データと一致しないことがあります。

は難しいと、わかると思います。

2.3.2. 機械学習固有の難しさ

ここまで、従来型ソフトウェアの代表的なテスト技法である同値分割と境界値に基づくテストについて、AIソフトウェアへの適用の可能性を検討してきました。機械学習では同値分割を考えることが困難であるため、AIソフトウェアには適用できないことを説明しました。ここでは、AIソフトウェアの品質に関する機械学習固有の難しさについて述べておきます。

機械学習では「内挿」と「外挿」という言葉が使われることがあります。内挿とは学習用データセットの内側を推論すること、外挿とは学習用データセットの外側を推論することを意味します。

例として、気温と降水確率から、その日の電力消費量を予測する問題を考えます。ここで気温0度から30度までの間の学習用データセットが満遍なく存在するとします。このとき、12度や27度など、学習用データセットの範囲内にある気温に対して電力消費量を推論するのが内挿です。ただし、同一の気温が学習用データセットにあるわけではないことに注意してください。繰り返しになりますが、近い値に対して推論ができること、つまり汎化が機械学習を利用するメリットでした。

他方、気温40度やマイナス10度のときの電力消費量に関しては、学習用データセットの範囲にはない入力であり、外挿になります。機械学習にとって外挿は、参考となるデータがないのですから、適切な推論は期待できません。また、内挿の場合には適切に推論できることを期待しがちですが、入力データの変化に対して推論結果が常になめらかに変化するとは限りません。入力データのわずかな違いによって、推論結果が大きく変わってしまうことがあります。その典型的な例として、パンダの画像を正しくパンダと認識するAIソフトウェアに対して、人間には識別できない程度のノイズを加えたパンダ画像を入力すると、テナガザルと誤判定してしまう事例がよく知られています。このような誤判定を起こさせる入力データは「敵対的データ[1]」と呼ばれます。本書では、入力データの微小な変化に対する学習済みモデルのロバスト性（頑健性）のテスト手法を、第6章で紹介します。

さらには、運用時に入力されうる未知のデータをカバーするように、学習用データセットが満遍なく存在していればよい、とは限りません。例えば異常検知を目的とする場合、異常が発生するのは稀なので、異常時のデータを意図的に多くした方が、よい結果が得られることもあります。

それに加えて、「運用時に入力されうるデータ」の範囲を想定することが困難な場合があります。上記の電力消費量の例なら、過去の気象データに基づいて気温の上限と下限を決めれば済みますが、画像判別の場合には、入力の範囲を限定するのは容易ではありません。例えば、交通標識を判別するAIソフトウェアに対して入力されうる世界中の交通標識について、撮影アングルや天候などのあらゆるシチュエーションを想定することは不可能です。想定が不可能ということは、やはり正解データに基

1　英語ではAdversarial Example。日本語訳は確立されておらず、敵対的サンプル、敵対的例などとも呼ばれる。本書ではAIソフトウェアへの入力をデータと呼んでいるため敵対的データとした。

づく従来型のテストは難しいことになります。

仮に、AIソフトウェアの開発時には、現実の運用時に入力されうるデータをカバーした学習ができたとしても、その現実が変化してしまう場合もあります。これを「コンセプトドリフト」と呼びます。コンセプトドリフトが起こると、学習直後にAIソフトウェアの性能がよくても、運用時に劣化していきます。例えば、交通標識を判別するAIソフトウェアの性能がどんなによくても、新しい交通標識が制定されたら、再学習することなく新しい標識を正しく認識できるとは期待できません。「未来の運用時に入力されうるデータ」を想定することは困難であり、コンセプトドリフトが想定される場合のテストも難しい問題です。

従来型のソフトウェアは人間が作成し、人間がプログラムを理解してレビューすることができました。しかし、学習済みモデルは機械学習によって生成された“データ”であり、人間が内容を理解することは困難です。また、従来型のソフトウェアでは、テストなどで不具合が見つかると、再度実行するなどしてプログラム上の原因箇所を特定し修正します。これに対し学習済みモデルでは、人間が内部を調べて不具合原因を特定することも、手を入れて修正することも困難です。そこで、学習用データセットを修正して再学習させるのが一般的ですが、どのように修正すれば不具合を除けるのかは不透明です。

さらに機械学習には、学習用データセットの一部を変更しても、再学習によって学習済みモデル全体のふるまいが変わってしまう、CASE (Changing Anything Changes Everything) と呼ばれる特性があります。このため、学習データの変更と再学習により特定の不具合を修正できたとしても、修正前に正しく行われていた推論が修正後には正しくなくなる「デグレード[2]」が発生する可能性があり、再テストが必要になります。

以上のような特性があるため、AIソフトウェアには、従来のテスト手法の適用が困難だということがわかります。以降では、そのようなAIソフトウェアに対して適用できるテスト手法について説明していきます。

[2] ソフトウェアの変更により新たな不具合が生じることを日本国内では「デグレード」と呼ぶことが多く、わかりやすさのためデグレードと記載したが、正しくは「リグレッション」。

2.4 AIソフトウェアのテストアプローチ

ここまで、AIソフトウェアのテストがなぜ難しいのか、理由を説明してきました。それは主に、機械学習が帰納的であるために、同値分割のような従来の手法を用いてテストを作ることが難しいことにありました。

しかし、序章で述べたように、安全性の毀損や経済的損害を招く恐れのあるAIシステムの開発では、そのようなリスクを低減するためのテストが不可欠です。AIシステムを運用する前に、AIソフトウェアが間違う可能性を見つけて修正することが強く望まれます。ここからは、AIソフトウェアに対するテストのアプローチについて述べていきます。

2.4.1. メタモルフィックテスティングの概要

繰り返しになりますがAIソフトウェアのテストが難しい理由の1つは、同値分割などの入出力の関係を示す仕様に基づく方法では、テストデータを作れないことでした。そこで、入出力関係に基づく方法とは違う方法で、テストデータを作ることを考えてみましょう。

最初の方法は、「入力に対する出力」という関係ではない、別の“関係性”を利用するものです。「入力に対する出力の正解値はわからないけれど、入力が変化したときに出力がどう変化するかはわかっている」という場合があります。先に例示した入場料算定システムの場合、7歳の正確な入場料はわからないとしても、「同じ年齢であれば生年月日が違っても入場料は同じである」ことはわかります。猫

【図2-6】メタモルフィックテスティングの概略

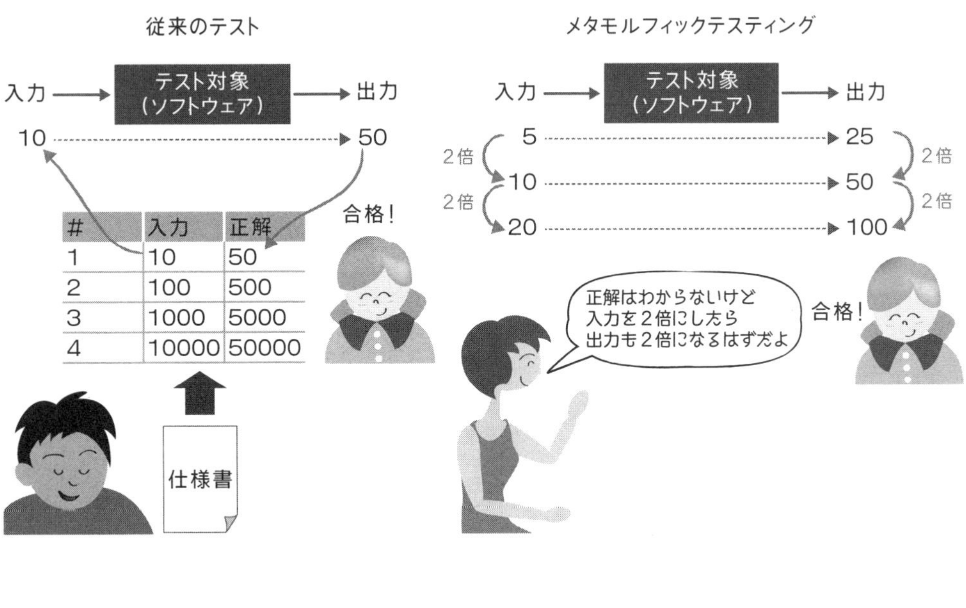

の画像判別AIの場合には、どの写真が猫であるかはわからないとしても、「猫と判別された写真の明るさを変化させても、その写真は猫と判別されるはず」ということはわかります。

このように、「入力データの変化によって、推論結果がどう変化するか（しないか）」という“関係性”に基づくテスト方法があり、「メタモルフィックテスティング」と呼ばれます。メタモルフィックテスティングはAIソフトウェアのために考案されたテスト技術ではありませんが、正しい答えがわからないソフトウェアに対して有効なテスト技術として提案され、AIソフトウェアにも有効であることが知られてきています。詳細は4章で説明します。

2.4.2. ニューロンカバレッジの概要

次の方法は、学習済みモデルを使ってテストデータを作る方法です。「モデルから作ったデータでモデルをテストする」と言うと奇妙に思えますが、従来型ソフトウェアのテストにも「ブラックボックステスト」と「ホワイトボックステスト」という考え方があります。

ブラックボックステストでは、ソフトウェアの中身を見ないで、ソフトウェアが仕様を満たしているか否かをテストします。先に述べた同値分割によるテストは、その一例です。他方、ホワイトボックステストは、ソフトウェアの中身（プログラムコード）を見たうえで、その実行状況に基づいてテストします。例えば、プログラム内のすべての命令が、1度は必ず実行されるようにテストデータを作成する方法が該当します。このテストにより、1度でも実行したら必ず発生するような問題を見つけることができます。

「すべての命令」以外に「すべての分岐」や「すべての条件」「すべての実行経路」などバリエーションがあります。このように何かしらの意味で「すべて」を実行するテストデータを作るには、あるテストデータを使ってテストを行ったときに、ソフトウェアのどれだけの範囲を網羅したかを測定して、足りないテストデータを追加していきます。この「どれだけの範囲を網羅したか」という指標は「カバレッジ」

【図2-7】ニューロンカバレジの概略

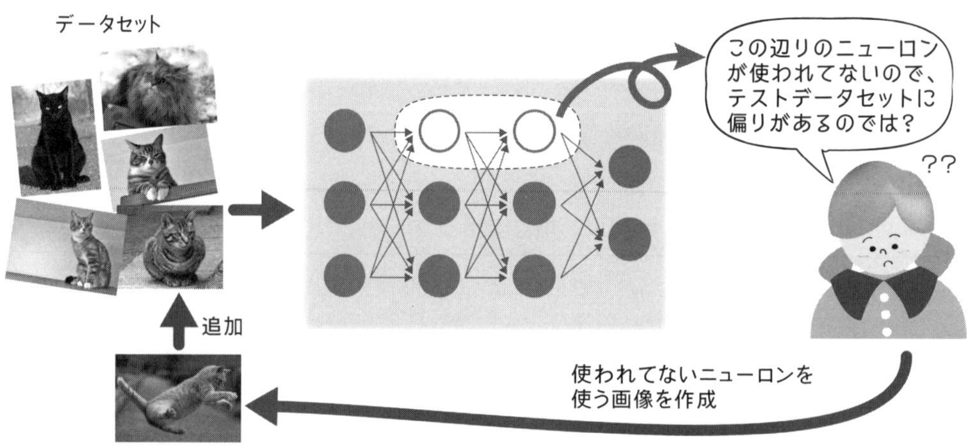

と呼ばれ、カバレッジが上がるようテストデータを作るテスト方法を「カバレッジテスト」と呼びます。

５章では、ニューラルネットワークに対するカバレッジテストを考えます。テストデータセットによって、ニューラルネットワーク中のニューロンがどれだけ活性化したかを計測し、活性化していないニューロンを活性化するようなテストデータを追加していきます。この方法を「ニューロンカバレッジテスティング」と呼ぶことにします。

2.4.3. 最大安全半径の概要

続いて、「最大安全半径」という考え方を説明します。

機械学習の特徴は、汎化により、学習用データセット（より正確には訓練用入力データセット）にない未知の入力に対して、ある程度妥当な推論結果を出力できることでした。その一方で、学習用データから離れた入力データに対しては、適切な推論ができません。さらには、学習用データから「どのくらい離れた範囲まで、妥当な推論結果を得られるのか」もわからないという課題があります。

そこで、妥当な推論結果が得られる正確な範囲はわからないものの、「少なくともこの範囲であれば妥当な値が得られる」という範囲を求める考え方があります。この範囲を「最大安全半径」と呼びます。

最大安全半径を求めることができれば、「最大安全半径が大きいAIソフトウェアほど、入力データが変化しても妥当な出力を得られる良いAIソフトウェアだ」と言えます。最大安全半径については6章で詳しく説明します。

【図2-8】最大安全半径の概略

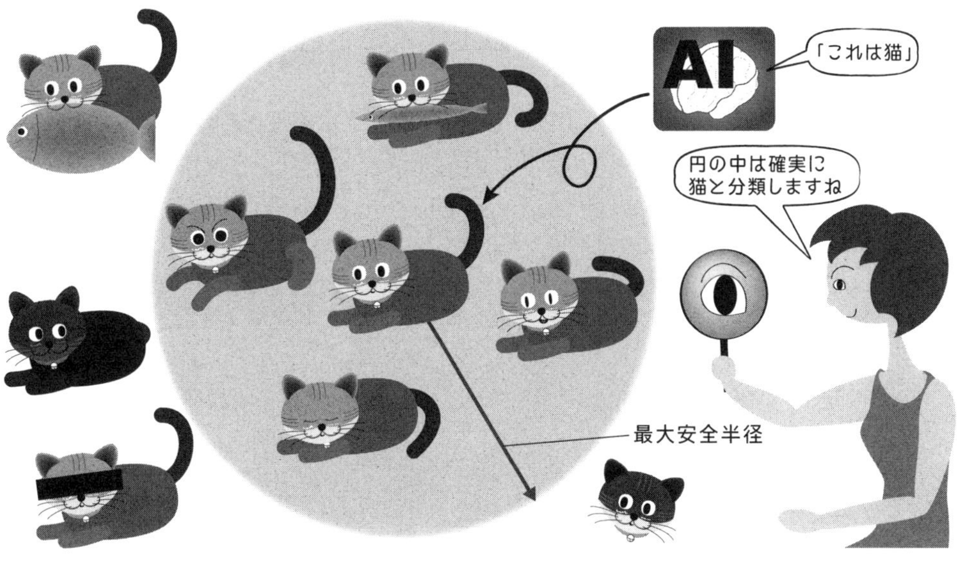

2.4.4. 網羅検証の概要

最後に、たとえ正解データがわからない機械学習とはいえ、これだけは必ず守っておきたい条件がある場合があります。入場料算定システムであれば、「いくらなんでも入場料が10万円を超えるはずがない」とか、猫判別AIであれば「何も映っていない写真を猫であると答えるのはやめてほしい」とか、自動運転AIであれば「道路ではないところを走ろうとするな」とか「時速500kmで走ろうとするな」とかです。

このように絶対に守って欲しい条件については、「どのような入力データでも、事前に与えられた条件を出力データが逸脱することはない」ことを検証する方法があります。この方法を「網羅検証」と呼びます。網羅検証については7章で詳しく説明します。

【図2-9】網羅検証の概略

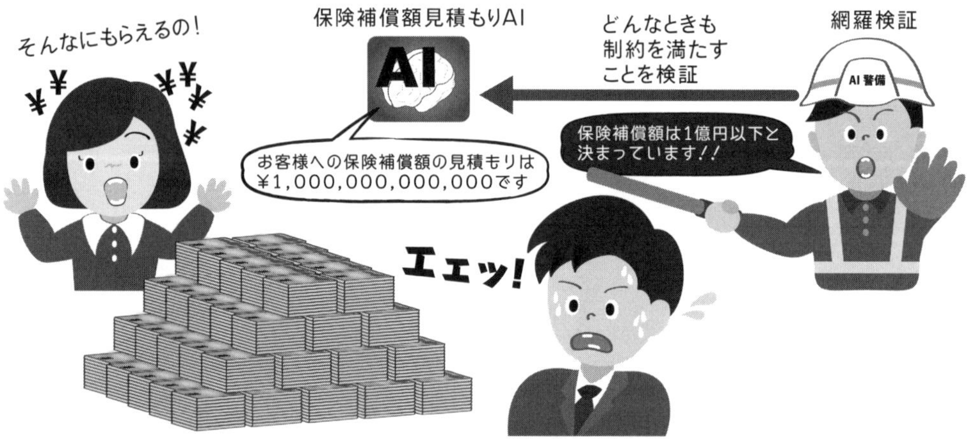

以上、本書で説明するテスト技術を下の表にまとめておきます。

【表2-2】本書で説明するAIソフトウェアのテスト技術

章番号	技術名	AIソフトウェアの課題	アプローチの概要
4章	メタモルフィックテスティング	入力に対する出力の正解データがわからないため、テストが作れない	入力の変化に対して予測される出力の変化に基づいてテストを作る
5章	ニューロンカバレッジテスティング	十分なデータセットでテストできているかどうかがわからない	なるべく多くのニューロンが活性化するようにテストデータを作る
6章	最大安全半径	入力データの微小な変化に対して出力データが大きく変化してしまうことがある	少なくともこの範囲ならば大きな変化はしないという範囲を求める
7章	網羅検証	絶対に守りたい条件がある	絶対に守りたい条件についてはすべての入力で満たすことを検証する

column　AIの品質に関する話題

AIシステムの品質に関しては、本書のテーマであるテストのほかにも、幅広く検討されています。ここでは日本国内の取り組みを紹介します。

● QA4AIガイドライン

まず、AIプロダクト品質保証コンソーシアム（通称、QA4AIコンソーシアム）による「AIプロダクト品質保証ガイドライン」（QA4AIガイドライン）があります。QA4AIコンソーシアムは2018年に産学が連携して発足した団体であり、ソフトウェア工学の研究者や品質保証の専門家、AIシステムの開発者などが参加しています。QA4AIガイドラインは、同コンソーシアムの検討結果をまとめたものであり、AIプロダクトの品質保証の考え方やチェックリスト、技術カタログ、5つの製品分野における事例検討で構成されています。

同ガイドラインは品質保証の考え方について、以下の5つの軸を定義していることが特徴的です。

- Data Integrity：**学習データの質と量**
- Model Robustness：**モデルの頑健性**
- System Quality：**AIシステム全体の品質**
- Process Agility：**開発プロセスの機動性**
- Customer Expectation：**顧客の期待の高さ**

QA4AIガイドラインでは、単にこれらが高いほどよいというものではなく、「適切なバランスをとることが大切である」としていることも他にはない特徴です。AIシステムの開発に携わる研究者や技術者にとって、課題や解決アプローチを具体的に理解し実践する上で参考になるでしょう。

【図2-10】QA4AIガイドラインの5つの軸[3]

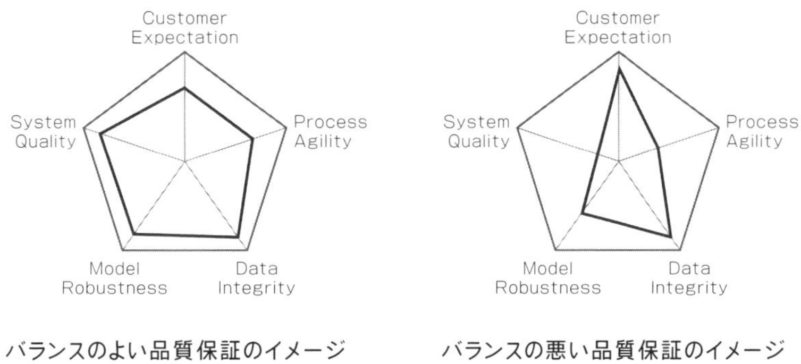

● 機械学習品質マネジメントガイドライン

国立研究開発法人産業技術総合研究所（産総研）は「機械学習品質マネジメントガイドライン」を公開しています。これは、産総研が企業・大学・国立研究機関などの有識者委員とともに構成した「機械学習品質マネ

3　「AI プロダクト品質保証ガイドライン 2020.08 版」(http://www.qa4ai.jp/download/) を元に作図

ジメント検討委員会」でとりまとめたもので、AIシステムのライフサイクル全体にわたる品質マネジメントを扱っています。

同ガイドラインは、機械学習を利用したAIシステムの品質を、AIシステムの利用時に必要な「利用時品質」、AIシステムの中で機械学習要素に求められる「外部品質」、機械学習要素そのものが持つ「内部品質」に分けて議論していることが特徴です。さらに、外部品質と内部品質を構成するそれぞれの品質項目を、次のように特定・整理しています。

- 外部品質：リスク回避性、AIパフォーマンス、公平性
- 内部品質：要求分析の十分性、データ設計の十分性、データセットの被覆性、データセットの均一性、機械学習モデルの正確性、機械学習モデルの安定性、プログラムの健全性、運用時品質の維持性

このガイドラインには、機械学習を用いたAIシステムの品質に関する概念が体系的に整理されています（図2-11参照）。そうした概念を包括的に理解し、組織での品質管理体制を構築する際に参考になるでしょう。

【図2-11】機械学習品質マネジメントガイドラインにおける品質実現の全体構造[4]

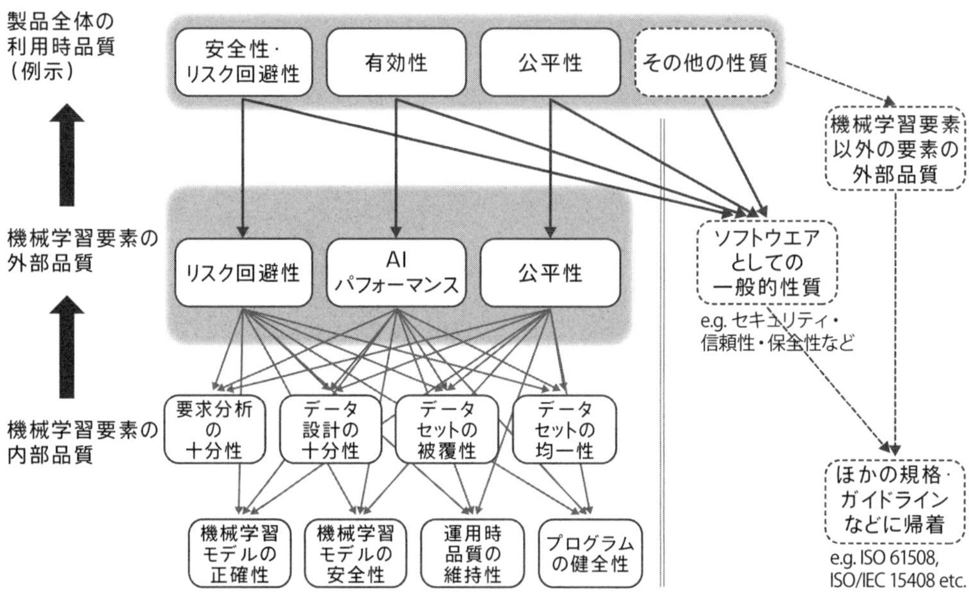

ここで紹介した以外にも、国内外で様々な議論がなされています。AIシステムの品質という観点で考えるべき範囲はとても広く、それぞれが特徴的な検討を行っています。例えば、ソフトウェアに対して定義されている品質特性が機械学習を導入することでどう変わるか、機械学習を含むシステムの安全性の基準をどう定義するか、AIの倫理性をどう考えるか、AIのセキュリティをどう担保するかといった検討です。また現時点では、確立した考え方は存在せず、紹介した内容も今後変化していくと考えられます。随時最新の情報を参照して、AIシステムの品質について検討していきましょう。

4　「機械学習品質マネジメントガイドライン 第1版」(https://www.cpsec.aist.go.jp/achievements/aiqm/) を元に作図

第3章

チュートリアルの準備

4章から7章では、AIモデル向けの4種類のテスト手法を紹介します。各章ではテスト手法のアイデアや方式だけでなく、それらテスト手法を実装したツールの実行方法も示します。

本章では、読者の皆さんの手元のPCでそれらのツールを実行するための環境をセットアップしていきましょう。はじめにPythonなどの前提ソフトウェアをインストールし、次にテスト対象となるAIモデルを機械学習によって作成します。最後に4章から7章で紹介するテスト手法のツールをインストールします。

3.1 実行環境のセットアップ

3.1.1. Pythonのインストール

本書で使用するツールは、Pythonで記述されています。Pythonのソースコードを実行するには、Pythonインタプリタをインストールする必要があります。Pythonインタプリタは、指定されたソースコードを解釈し、記述された命令のとおりに処理を実行します。

では早速、下記サイトからPythonインタプリタのインストーラをダウンロードしましょう。

[https://www.python.org/downloads/]

PythonにはPython2系とPython3系の2種があり、互換性がないため、2系で書いたソースコードの実行には2系のPythonインタプリタ、3系で書いたソースコードの実行には3系のPythonインタプリタがそれぞれ必要になります。本書で扱うツールは全て3系で記述しているため、ここでは3系のPythonインタプリタをダウンロードしましょう。特に、筆者らはPython3.6.8で動作確認していますので、Python3.6.8のインストーラを推奨します。

皆さんのPCがWindowsかMacかによって、インストーラは異なります。また、Windowsの場合、複数のインストーラが見つかると思いますが、32bit版と64bit版とでインストーラが異なりますのでご注意ください。ファイル名に「executable」が含まれるものを使うと簡単にインストールを実行できるのでお薦めです。以降、Windowsのインストーラを例に説明します。

ダウンロードしたファイルを実行するとインストールが始まります。まず次のような画面が表示されますので、ここでは「Customize installation」を選択してください。

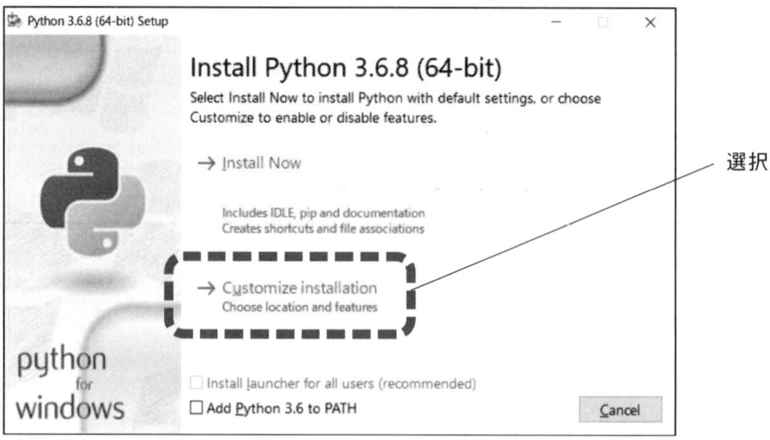

次に、Optional Featuresなどの画面が表示されますが、基本的にはそのままの設定で「Next」ボタンを押してください。その後、下のようなAdvanced Optionsの設定画面が表示された場合は、「Add Python to environment variables」にチェックを入れてください。これにより環境変数にPythonインタプリタのパスが追加され、任意のフォルダからPythonインタプリタを実行できるようになります。

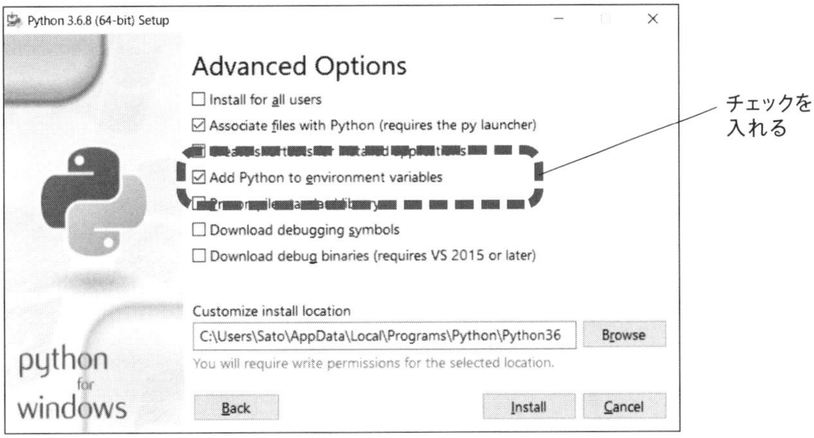

インストールが完了したら、Pythonインタプリタが動作することを確認してみましょう。Windowsの場合はコマンドプロンプトを、Macの場合はターミナルを起動してください。以降、本書ではコマンドプロンプトのことも含めて「ターミナル」と総称します。

Windowsの場合は、起動したターミナルに、「python」と入力してみてください。以下の文字列がターミナルに表示されたら、Pythonインタプリタは正しく動作しています。Macの場合は「python3」と入力してください。以降本書では、pythonコマンドの実行例を示すときは「python」を使用します。Macの場合は適宜「python3」に置き換えてください。

```
>python
Python 3.6.8 (tags/v3.6.8:3c6b436a57, Dec 24 2018, 00:16:47) [MSC v.1916 64 bit (AMD64)] on win32
Type "help", "copyright", "credits" or "license" for more information.
>>>
```

Pythonインタプリタを終了させるには、「>>>」の後ろに「exit()」というコマンドを入力して実行してください。

3.1.2. 外部ライブラリのインストール

次にPythonの外部ライブラリをインストールしましょう。ライブラリは、他のプログラムから呼び出して使用する、まとまりのある手続きの集まりです。まとまりのある手続きは「関数」や「メソッド」とも呼ばれます。Pythonには標準ライブラリと外部ライブラリがあり、標準ライブラリはPythonインタプリタと一緒にインストール済みです。外部ライブラリを使用するには、pipコマンドを使って別途インストールする必要があります。本書では以下の外部ライブラリを使用します。

＜pipコマンドでインストールする外部ライブラリとそのバージョン＞

- ・tensorflow==1.12.3
- ・keras==2.2.5
- ・xgboost==1.2.0
- ・scikit-learn==0.23.2
- ・z3-solver==4.8.6
- ・pandas==1.1.2
- ・matplotlib==3.3.2
- ・numba==0.51.2
- ・mmdnn==0.3.1
- ・numpy==1.16.6
- ・h5py==2.8.0

これらの外部ライブラリについて簡単に説明しておきます。

tensorflowは主にディープニューラルネットワーク（DNN）のAIモデルを定義し、学習するためのライブラリです。本書執筆時点で既にTensorFlow 2系が公開されていますが、6章で使用するOSSツールがTensorFlow 1系のみに対応しているため、本書では1系を使用します。

kerasは、TensorFlowによるソースコードの記述を簡単にするライブラリです。Kerasの提供する手続きの内部ではTensorFlowの手続きを呼び出しています。ちなみにTensorFlowの２系では、Kerasを用いたソースコード記述方法が標準になっています。

xgboostは、XGBoostのモデルを定義し、学習するためのライブラリです。

scikit-learnは、機械学習に必要な様々な手続きを提供する汎用ライブラリです。本書では、AIモデルの精度を計算する場合などに使用します。

z3-solverは「SMT（Satisfiability Modulo Theories）ソルバ」と呼ばれるツールの一種で、論理式の評価を行います。本書では、７章で使用します。

pandasは、データ解析のための手続きを提供するライブラリです。本書では主に、データ読み込みの際に使用します。

matplotlibはグラフなどを描画するためのライブラリです。本書では、数字画像データの描画に使用します。

numbaはPythonのソースコードの実行速度を高速化するためのライブラリです。本書では、6章で使うツールで使用します。

mmdnnは、DNNモデルの形式を変換するためのライブラリです。本書では、TensorFlowのモデルを、Kerasのモデルに変換する目的で使用します。

numpyは、多次元配列などの計算を効率的に行うためのライブラリです。

h5pyは、AIモデルなどのデータをファイルに保存し、読み込むのためのライブラリです。

これらのライブラリをインストールするため、以下のpipコマンドを実行します。システムの環境変数にpipのパスが追加されていない場合は、「pip」を「python -m pip」に置き換えてみてください。また、Windowsの場合は「pip」でpipコマンドを実行できますが、Macの場合は「pip3」ですので注意してください。以降本書では、pipコマンドの実行例を示すときは「pip」を使用します。Macの場合は、適宜「pip3」に置き換えてください。

```
>pip install tensorflow==1.12.3 keras==2.2.5 xgboost==1.2.0 scikit-learn==0.23.2 z3-solver==4.8.6
pandas==1.1.2 matplotlib==3.3.2 numba==0.51.2 mmdnn==0.3.1 numpy==1.16.6 h5py==2.8.0
```

column　pipによる外部ライブラリの導入

上で挙げた外部ライブラリのうちいくつかは、他の外部ライブラリを必要とします。例えばscikit-learnは、数値計算ライブラリのscipyを必要とします。このように外部ライブラリ同士の間に依存関係がある場合、pipコマンドは必要なライブラリを自動で認識し、追加でインストールしてくれます。

ただし、pipコマンドは、追加するライブラリのバージョンまで自動的に決定してしまいます。そのため、読者の皆さんの環境や、インストールを行う時期によっては、実際にインストールされる外部ライブラリのバージョンと、本書の期待するバージョンが合致せず、ツールを実行できない可能性があります。

そこで、3.2.1項でダウンロードするファイルには、必要な全ての外部ライブラリの名前とバージョン情報を記載したrequirements.txtというファイルを含めています。このファイルを使用して以下のコマンドを実行することにより、全ての外部ライブラリを動作確認済みのバージョンで一括インストールすることができます。

```
>pip install -r location/tools/requirements.txt
```

上記の「tools」は、3.2.1項でダウンロードすると得られるフォルダの名前です。「location」はtoolsフォルダを置いた場所を表しています。詳しくは3.2.1項を参照してください。

また、OSの管理者権限を持つアカウントしかアクセスできない領域にPythonをインストールした場合は、アクセス権限のエラーにより、これら外部ライブラリのインストールに失敗する場合があります。その場合は、以下のように「--user」というオプションを付けてインストールを実行してください。「--user」オプションを付けると、外部ライブラリは管理者権限なしでアクセスできる領域にインストールされます。

```
>pip install --user -r location/tools/requirements.txt
```

pipコマンドを実行すると、インターネットを介して外部サイトからデータをダウンロードします。社内や学校内などのPCからpipコマンドを実行した場合、プロキシサーバの認証でエラーになる可能性があります。そのときは以下のように「--proxy」オプションを使用してください[1]。

```
>pip install tensorflow==1.12.3 keras==2.2.5 xgboost==1.2.0 scikit-learn==0.23.2 z3-solver==4.8.6 pandas==1.1.2 matplotlib==3.3.2 numba==0.51.2 mmdnn==0.3.1 numpy==1.16.6 h5py==2.8.0  --proxy http://username:passwd@proxy.co.jp:8080
```

usernameとpasswdはそれぞれ、皆さんの会社や学校で使っているプロキシサーバ認証のアカウント名とパスワードに置き換えてください。同様にproxy.co.jpと8080は、プロキシサーバのサーバ名（あるいはIPアドレス）とポート番号に置き換えてください。

外部ライブラリのインストールが完了したら、正しくインストールされたか確認しましょう。先ほどと同様にターミナルから「python」と入力した後、>>>の後ろに「import libraryname」と入力します。「libraryname」のところは、例えばtensorflowなどのライブラリ名に置き換えてください。複数の名前をカンマで区切って記述することも可能です。

```
>>> import tensorflow
>>>
```

このように次の行に>>>が表示されれば、その外部ライブラリは正しくインストールされています。そうでない場合は、以下のようなエラーメッセージが表示されます。

1　この目的、方法でプロキシサーバにアクセスしてよいか、会社のルールを確認すること。

```
>>> import tensorflow
Traceback (most recent call last):
  File "<stdin>", line 1, in <module>
ModuleNotFoundError: No module named 'tensorflow'
>>>
```

Note

７章で使うXGBoostライブラリをMac環境で実行するためには、並列計算のためのOpenMPというライブラリが必要になります。OpenMPのインストールには、Mac用のライブラリ管理システムHomebrewを使うと簡単です。2021年１月現在、ターミナルから以下のコマンドを実行することで、Homebrewをインストールできます。

```
>/bin/bash -c "$(curl -fsSL https://raw.githubusercontent.com/Homebrew/install/HEAD/install.sh)"
```

Homebrewをインストールするコマンドの最新版は、以下の公式サイトから取得してください。

[https://brew.sh/]

Homebrewをインストールしたら、以下のコマンドでOpenMPをインストールします。

```
>brew install libomp
```

OpenMPのインストールがうまくいかない場合は、Homebrewに問題がある可能性があります。ターミナルから「brew doctor」というコマンドを実行すればHomebrewを診断できますので、もし診断の結果、問題が検出された場合は、一緒に出力された指示に従って問題を解決してください。

3.2 テストツールのダウンロード

3.2.1. 本書リファレンスファイルのダウンロード

本書では、４章から７章で使用するツールとデータを、出版社のサイトから提供しています。詳細は本書冒頭部「各種ご案内」のページを参照してください。

このサイトからtools.zipファイルをダウンロードし、展開してください。そして得られたフォルダ「tools」を、任意の場所に置いてください。以降、toolsを置いた場所のパスを「location」と表すことにします。例えばWindows環境でC:¥Users¥user¥Desktopの下にtoolsを置いた場合は、locationをC:¥Users¥user¥Desktopに置き換えてください。同様にMac環境で/Users/user/Desktopの下にtoolsを置いた場合は、locationを/Users/user/Desktopに置き換えてください。また以降本書では、ディレクトリセパレータを「/」で表しますので、Windows環境の場合は「¥」に置き換えてください。

フォルダtoolsをlocationの下に置くと、図3-1のようなフォルダ構成になるはずです。

【図3-1】本書リファレンスファイルのフォルダ構成

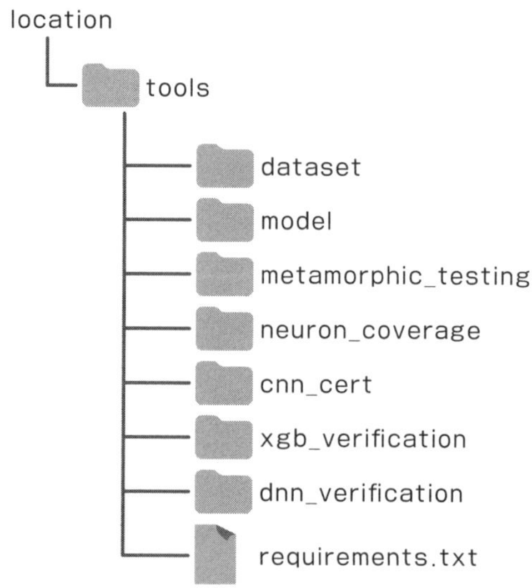

3.2.2. その他のファイルのダウンロード

・ CNN-Certのダウンロード

６章では最大安全半径を紹介しますが、そのチュートリアルでは最大安全半径を計算するために「CNN-Cert」[2]を使用します。以下のサイトからCNN-Certをダウンロードしましょう。

[https://github.com/IBM/CNN-Cert]

下記のような画面が表示されたら､「Download ZIP」を選択して､zip形式でソースコードをダウンロードしてください。

[2] IBM CorporationがApache License Version 2.0の下で公開。

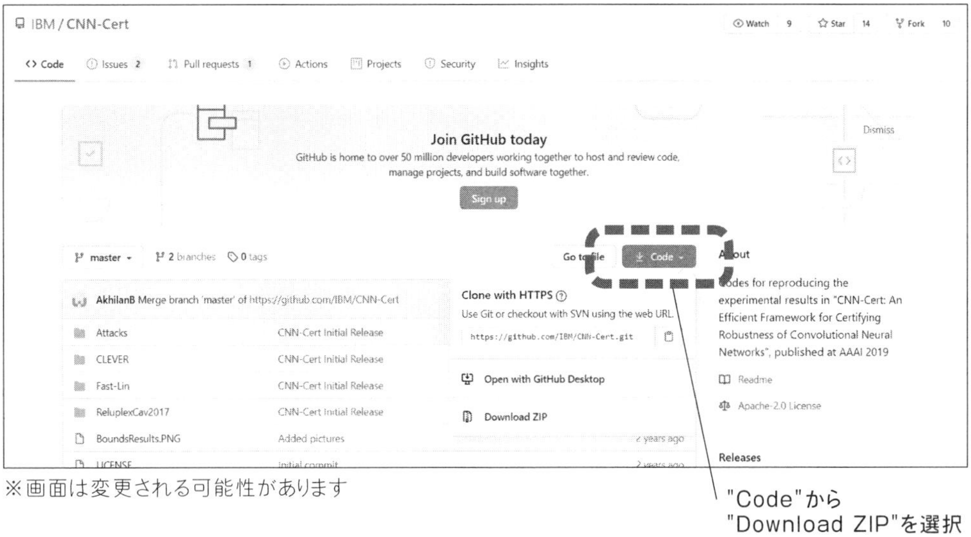

※画面は変更される可能性があります

zipファイルを解凍すると、CNN-Cert-masterという名前のフォルダが作られます。そのフォルダ内のファイルとフォルダを全て、3.2.1項でダウンロードしたファイルの中にある「cnn_cert」というフォルダへ、コピーまたは移動してください。その結果、次のようなフォルダ構成になるはずです。

【図3-2】cnn_certのフォルダ構成

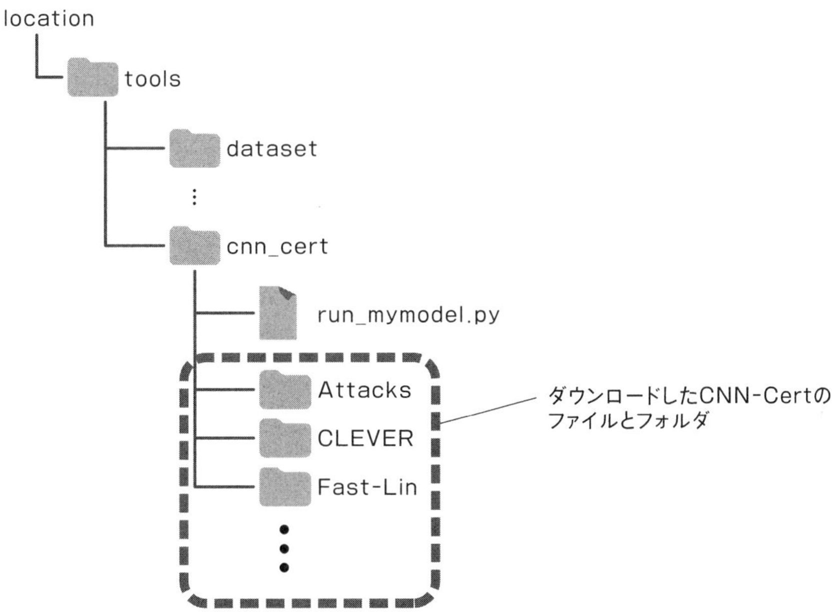

3.3 学習に使用するデータセット

3.2.1項でダウンロードしたzipファイルには、MNISTとHouse Sales in King County, USAのデータセットが含まれています。これらは以下のサイトからも取得できます。

・MNIST:　[http://yann.lecun.com/exdb/mnist/]

・House Sales in King County, USA
[https://www.kaggle.com/harlfoxem/housesalesprediction]

本書ではそれぞれ、「MNISTデータセット」、「HouseSalesデータセット」と呼ぶことにします。これらのデータセットを使って、テスト対象となるDNNモデルやXGBoostモデルの学習を行います。実際に学習を行う前に、それぞれのデータセットの概要と、学習データの構成について説明します。

3.3.1. MNISTデータセット

MNISTデータセットは、手書きの数字画像を集めたデータセットです。MNISTデータセットに含まれる画像データの例を図3-3に示します。

【図3-3】 MNISTデータセットに含まれる画像データの例

各々の画像データのサイズは28×28ピクセルです。各ピクセルは0から255までの値をとり、0は白を255は黒を表します。画像データにはそれぞれ、正解データが付与されています。MNISTの正解データは、その画像データが「0から9のどの数字を表すか」の定義です。例えば図3-3の画像データには、左から順に「8、5、9」という正解データが付与されています。

MNISTデータセットには、このような画像データとそれに対応する正解データの組が7万組（計14万件）含まれています。内訳は訓練用データセットとして6万組、評価用データセットとして1万組という構成です。

3.3.2. HouseSalesデータセット

HouseSalesデータセットは、米国ワシントン州のキング郡において、2014年5月から2015年5月の間に販売された住宅物件の記録です。各データは21の属性で構成されますが、そのうち本書では、以下の8つの属性を使用します。

<本書で使用するHouseSalesデータセットの属性>

- 販売価格
- 居住面積
- 寝室の数
- 土地面積
- 建物の状態
- 構造とデザインのグレード
- 地上階の面積
- 地下室の面積

販売価格は米ドル表示です。居住や土地等の面積の単位は平方フィートです。建物の状態は1から5のランクで表され、5が最もよい状態です。構造とデザインのグレードは1から13のランクで表され、13が最高グレードです。HouseSalesデータセットにはこのような住宅のデータが2万1613件含まれています。本書ではこのうち、7割にあたる1万5129件を訓練用データセットとし、残りの6484件を評価用データセットとして使います。

3.4 AIモデルの学習

４章から７章のチュートリアルでは、機械学習によって作成した学習済みモデルをテスト対象として用います。そのため本節では、3.1節で構築した環境、および3.3節で説明したデータセットを使って、AIモデルの学習を行います。3.2節でダウンロードしたzipファイルには、AIモデルの学習を行うためのソースコードが含まれていますので、それらを利用します。

ちなみに、同じzipファイルには学習済みのAIモデルも含まれていますので、本節で学習を実行しなくても、４章から７章のチュートリアルを実施できます。

3.4.1. MNISTデータセットによるDNNモデルの学習

それではAIモデルの学習を行いましょう。まずMNISTデータセットを使って、DNNモデルの学習を実施します。対象となるDNNモデルの構造を図3-4に示します。

【図3-4】　学習を行うDNNモデルの構造

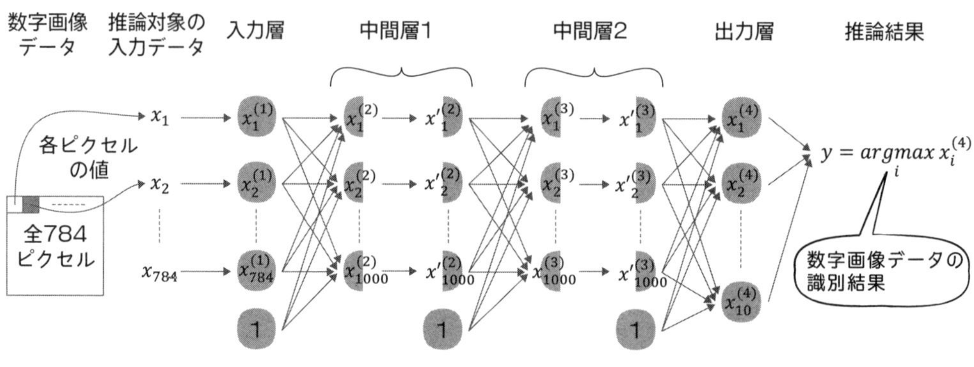

この構造は、１章1.5.3項の図1-20に示したDNNモデルと同じです。MNISTデータセットを用いてこのDNNモデルの学習を行うと、手書きの数字画像を推論対象のデータとして受け付け、その数字画像が「0」から「9」のどのグループに属するかを識別するという分類問題を解けるようになります。

このDNNモデルは入力層、中間層1、中間層2、出力層で構成されており、入力層のニューロンは、画像を構成する28×28=784個のピクセルの値を保持します。中間層1および中間層2のニューロンの数は、それぞれ1000です。また、中間層の活性化関数には、ReLU関数を使用しています。出力層のニューロンの数は10で、ニューロンの値$\boldsymbol{x_1^{(4)}, x_2^{(4)}, \ldots, x_{10}^{(4)}}$はそれぞれ、画像が「0」である可能性の高さ、「1」である可能性の高さ、…「9」である可能性の高さを表します。詳細は、1.5.3項と1.5.4項（分類問題と回帰問題の説明）を参照してください。このDNNモデルにとって入力となる推論対象のデータと、その出力である推論結果についてまとめておきます。

<数字画像識別DNNモデルの入力および出力となるデータ>

- 入力となるデータ（推論対象）：数字画像データを構成する784ピクセルの値
- 出力となるデータ（推論結果）：数字画像データの識別結果（「0」から「9」のいずれかの値）

DNNモデルの学習には、機械学習ライブラリの一つであるTensorFlowを使用します。学習を行うことにより、DNNモデルのパラメータである重みとバイアスの値が決定されます。学習を実行するソースコードはtrain_mnist_tensorflow.pyです。ソースコードの実行はターミナルから行います。まずターミナルから以下のコマンドを実行して、train_mnist_tensorflow.pyのあるフォルダに移動します。

```
>cd location/tools/model/mnist/tensorflow
```

3.2.1項で述べたとおり、locationはフォルダtoolsを置いたパスを表しています。例えばtoolsフォルダを/Users/user/Desktopに置いた場合は、locationを/Users/user/Desktopに置き換えてください。次に以下のコマンドでtrain_mnist_tensorflow.pyを実行します。Macの場合は、「python」を「python3」に置き換えることを忘れないでください。

```
>python train_mnist_tensorflow.py
```

train_mnist_tensorflow.pyを実行すると、学習が行われ、同じフォルダに学習済みのDNNモデルが保存されます。DNNモデルは以下の5ファイルに分割されて保存されます。

<DNNモデルが保存されるファイル>

- model_mnist_tensorflow.ckpt.meta
- model_mnist_tensorflow.ckpt.index
- model_mnist_tensorflow.ckpt.data-00000-of-00001
- checkpoint
- model_mnist_tensorflow.ckpt_name.json

最初のmodel_mnist_tensorflow.ckpt.metaには、DNNモデルのネットワーク構造が保存されます。次のmodel_mnist_tensorflow.ckpt.indexには、DNNモデルの重みやバイアスを保持する変数の名前が保存されます。model_mnist_tensorflow.ckpt.data-00000-of-00001には、上記変数の値が保存されます。model_mnist_tensorflow.ckpt_name.jsonには、入力層、中間層、および出力層を識別するための情報が保存されます。そしてcheckpointには、これらファイルの保存場所を表すパスが記録されます。これらのファイルを読み込むことで、学習済みのDNNモデルを復元できます。４章、５章、および6章では、このDNNモデルをテスト対象として使用します。

column　DNNモデルの保存方法

TensorFlowでは、DNNのモデルをグラフ構造[3]で表します。参考として、図3-4のDNNモデルを、TensorFlowの付属ツールTensorBoardで可視化した結果を図3-5に示します。

DNNモデルの入力層･中間層･出力層は、それぞれグラフのノードとして表されます。各々のノードに付けられた「ノード名」が各層の識別子となります。

本書で使用しているTensorFlow 1系では、Saverクラスのsaveメソッドを使うことで、DNNモデルを表すグラフ構造のデータをファイルに保存できます。その際作成されるファイルは、上の例におけるmodel_mnist_tensorflow.ckpt.meta、model_mnist_tensorflow.ckpt.index、model_mnist_tensorflow.ckpt.data-00000-of-00001、およびcheckpointの4ファイルです。そしてrestoreメソッドによって、これらのファイルからグラフ構造のデータを読み込み、DNNモデルを復元します。

ただし、読み込んだグラフ構造のデータをDNNモデルとして使用するには、グラフのどのノードが入力層で、どのノードが出力層かを識別する必要があります。入力層や出力層を識別できなければ、DNNモデルにとって入力となる推論対象のデー

【図3-5】TensorBoardによるDNNモデルの可視化

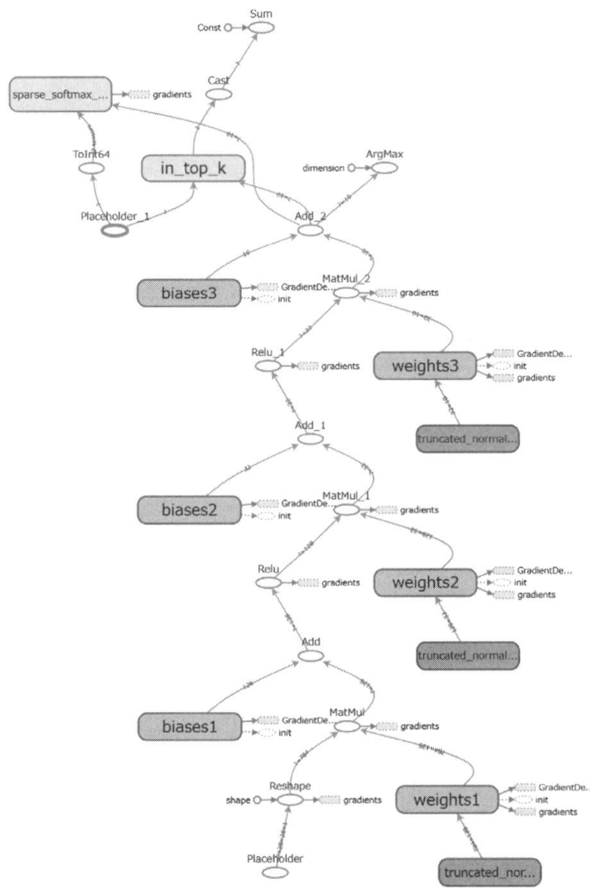

3　グラフ構造とは、複数のノード（節）とそれらを繋ぐエッジ（枝）からなる構造である。ノードは点を表し、エッジは点と点を繋ぐ線を表す。例えば鉄道の路線図は、駅をノードで、線路をエッジで表すことにより、グラフ構造で表現できる。

タを与えたり、出力となる推論結果を取得したりできないからです。よって、saveメソッドによる保存、およびrestoreメソッドによる復元を行う場合は、入力層および出力層のノード名を別途記憶しておく必要があります。

また、本書で紹介するAIモデル向けテスト手法では、中間層のニューロン値を直接参照する場合があるので、中間層のノード名も記憶しておく必要があります。

そこでtrain_mnist_tensorflow.pyでは、Saverクラスのsaveメソッドに加えて、structutil.pyの74行目から記述されている_save_structというメソッドを実行しています。このメソッドは、フォルダlocation/tools/model/mnist/tensorflow内に、DNNの入力層・中間層・出力層のノード名を保持するmodel_tensorflow.ckpt_name.jsonというファイルを作成します。このファイルを参照することで、各層のノード名を特定できるようになります。model_tensorflow.ckpt_name.jsonに保存されるデータの例を以下に示します。

```
{
  "input_placeholder": {
    "name": "Placeholder:0",
    "shape": "(?, 28, 28, 1)"
  },
  "intermediate_node": [
    {
      "name": "Relu:0",
      "shape": "(784, 1000)",
      "weight": "weights1:0",
      "bias": "biases1:0"
    },
    {
      "name": "Relu_1:0",
      "shape": "(1000, 1000)",
      "weight": "weights2:0",
      "bias": "biases2:0"
    }
  ],
  "output_node": {
    "name": "ArgMax:0",
    "shape": "(?,)"
  }
}
```

例えば、キー input_placeholderは入力層を表しており、その後に記載されている属性nameは、入力層のノード名を表しています。同様に、属性shapeは入力層の構造（型）を表しています。

このmodel_tensorflow.ckpt_name.jsonを作成するには、_save_structメソッドを実行する前に、どのノードが入力層、中間層、あるいは出力層かを定義しておく必要があります。そのため、train_mnist_tensorflow.pyの90行目から93行目では、set_input、set_intermediate、およびset_outputというメソッドを実行しています。これらのメソッドでは、引数に与えたノードが入力層か、中間層か、あるいは出力層かを定義しています。

例えば90行目のset_inputメソッドは､x_placeholderは入力層であることを定義しています。これにより、x_placeholderのノード名であるPlaceholder:0が、input_placeholderの属性であるnameの値として登録されます[4]。同様にset_intermediateメソッドでは中間層のノード名が、set_outputメソッドでは出力層のノード名が登録されます。

このようにして登録した情報を、_save_structメソッドでmodel_tensorflow.ckpt_name.jsonに書き出しています。

3.4.2. HouseSalesデータセットによるDNNモデルの学習

次にHouseSalesデータセットを用いてDNNモデルの学習を行います。3.3.2項では、本書で使用するHouseSalesデータセットの属性として８つの属性を示しましたが、このうち販売価格以外の7属性を、訓練用入力データとし、販売価格を正解データとして学習を行います。対象となるDNNモデルの構造を図3-6に図示します。

【図3-6】住宅価格予測DNNモデルの構造

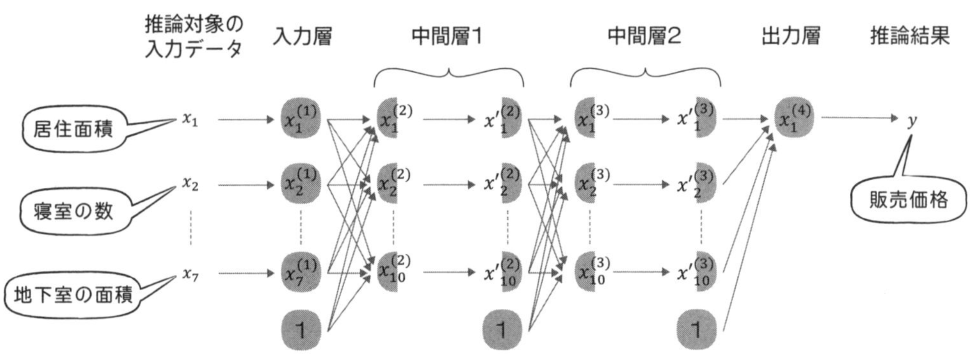

この構造は、図1-24に示したモデルと同じです。学習済みのモデルは、住宅に関する7つの属性からなる推論対象のデータから、その住宅の販売価格を推論するという回帰問題を解きます。

このDNNモデルは入力層、中間層1、中間層2、出力層で構成されており、入力層のニューロンは、販売価格以外の7属性の値を保持します。中間層1および中間層2のニューロンの数はそれぞれ10で、活性化関数にはReLU関数を使用しています。回帰問題を解くモデルなので、出力層のニューロン数

4　厳密にはPlaceholderまでがノード名で、コロンの後に続く0は当該ノードから出力されるデータの識別子を表す。

は1です。この出力層のニューロンが保持する値が住宅販売価格の予測値であり、推論結果を表します。このDNNモデルにとって入力となる推論対象のデータと、その出力である推論結果についてまとめておきます。

<住宅価格予測DNNモデルの入力および出力となるデータ>

- 入力となるデータ（推論対象）：居住面積、寝室の数、土地面積、建物の状態、構造とデザインのグレード、地上階の面積、地下室の面積
- 出力となるデータ（推論結果）：販売価格

このモデルに対する学習手続きは、train_housesales_tensorflow.pyに実装しています。まず、ターミナルから以下のコマンドを実行して、train_housesales_tensorflow.pyのあるフォルダに移動します。

```
>cd location/tools/model/housesales/tensorflow
```

次に、以下のコマンドでtrain_housesales_tensorflow.pyを実行します。

```
>python train_housesales_tensorflow.py
```

実行が完了すると、train_housesales_tensorflow.pyと同じフォルダ内に、学習済みのDNNモデルが保存されます。3.4.1項と同様に、DNNモデルは以下の5ファイルに保存されます。このDNNモデルは7章の7.4節で使用します。

<DNNモデルの保存ファイル>

- checkpoint
- model_housesales_tensorflow.ckpt.data-00000-of-00001
- model_housesales_tensorflow.ckpt.index
- model_housesales_tensorflow.ckpt.meta
- model_housesales_tensorflow.ckpt_name.json

3.4.3. HouseSalesデータセットによるXGBoostモデルの学習

HouseSalesデータセットを使って、XGBoostモデルの学習を実施します。学習データは3.4.2項と同様で、販売価格以外の7属性を訓練用入力データとし、販売価格を正解データとして学習を行います。これにより、住宅に関する7属性からなる推論対象のデータから、その住宅の販売価格を推論するXGBoostモデルを作成します。

XGBoostモデルの構造は学習時に決まりますが、決定木の本数や、決定木の最大の深さ（最上位のノードからリーフに到達するまでに通るエッジの数）は、学習前に定めておく必要があります（学習手続きの引数として指定します）。今回は、決定木の本数を100、最大の深さを3に設定します。

XGBoostモデルの学習手続きは、train_housesales_xgboost.pyに実装しています。前項と同様に、まずこのソースコードのあるフォルダに移動します。

```
>cd location/tools/model/housesales/xgboost
```

そして、以下のコマンドでtrain_housesales_xgboost.pyを実行します。

```
>python train_housesales_xgboost.py
```

train_housesales_xgboost.pyによって学習を行うことで、決定木の構造やノードおよびリーフの式が決まり、モデルが形成されます。作成されたXGBoostモデルの様子を図3-7に示します。

【図3-7】住宅価格予測XGBoostモデルの構成

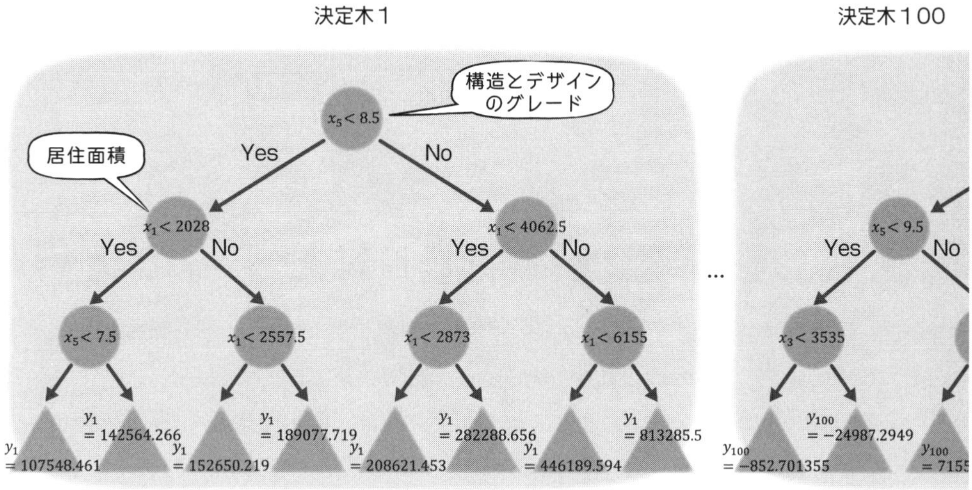

$$y = y_1 + y_2 + \cdots + y_{100}$$

学習前に設定したとおり、モデルを構成する決定木の本数は100です。また、各決定木の深さも最大3になっています。推論対象のデータ$x_1, x_2, \ldots, x_7$が与えられると、決定木ごとにウェイト$y_1, y_2, \ldots, y_{100}$の値が決まります。そして、それらウェイトの値の総和yが、住宅販売価格の予測値として出力されます。このXGBoostモデルにとって入力となる推論対象のデータと、出力である推論結果についてまとめておきます。

<住宅価格予測XGBoostモデルの入力および出力となるデータ>

・入力となるデータ（推論対象）：居住面積、寝室の数、土地面積、建物の状態、構造とデザインのグレード、地上階の面積、地下室の面積
・出力となるデータ（推論結果）：販売価格

出来上がったXGBoostモデルは、train_housesales_xgboost.pyと同じフォルダ内に以下のファイル名で保存されます。このXGBoostモデルは7章で使用します。

<XGBoostモデルの保存ファイル>

・model_housesales_xgboost.pkl

3.5 学習済みモデルの実行確認

本節では、3.4節で作成した学習済みモデルのテスト実行を行います。DNNとXGBoostそれぞれの学習済みモデルを推論プログラムで読み込み、テスト用入力データを与えて実行します。

3.5.1. 数字画像識別DNNモデルの実行確認

3.4節3.4.1項で作成したDNNモデルの実行確認を行いましょう。実行のための推論プログラムは、predict_mnist_tensorflow.pyというソースコードに実装しています。

predict_mnist_tensorflow.pyでは、まず3.2.1項で作成したDNNモデルを読み込みます。次に、MNISTデータセットからランダムに画像データを1つ取得して、テスト用入力データとします。取得した画像データはファイルとして出力していますので、このファイルを開くことで、どのような画像データが選択されたかを確認できます。同時に、選択した画像データに対応付けられた正解データを標準出力します。

このようにして取得した画像データを、学習済みのDNNモデルに対しテスト用入力データとして与え、推論を実行します。最後に、DNNモデルの推論結果を標準出力します。

それではpredict_mnist_tensorflow.pyを実行してみましょう。ターミナルを起動し、このソースコードが置いてあるフォルダに移動します。

```
>cd location/tools/model/mnist/tensorflow
```

続いて以下のコマンドを実行します。

```
>python predict_mnist_tensorflow.py
```

その結果、以下のようなメッセージが表示されれば実行は成功です。

```
>python predict_mnist_tensorflow.py

                    (中略)

Input image is saved as model/mnist/tensorflow/20200818193421_test_input.png
```

```
Expected output value is 6
Predicted output value is 6
Process finished.
```


20200818193421_test_input.jpgは、MNISTデータセットからランダムに取得した数字画像データをpng形式で保存したファイルです。接頭の数字列は、ファイルを作成した年月日時分秒を表しています。このファイルは、「location/tools/model/mnist/tensorflow/」というフォルダに保存されています。画像表示アプリケーションで開くと、図3-6のような数字の画像であることを確認できるはずです。

Expected output valueは入力データに対応付けられた正解データを指します。上の例では、正解データは「6」です。一方、Predicted output valueは、取得したテスト用入力データをDNNモデルに与えた場合の推論結果を表します。上の例では、このDNNモデルは入力データを「6」と識別したことを表しています。

3.5.2. 住宅価格予測DNNモデルの実行確認

3.4.2項で作成したDNNモデルのテストを実行します。実行のための推論プログラムは、predict_housesales_tensorflow.pyというソースコードに実装しています。

このソースコードの手続きの流れは、3.5.1項で説明したpredict_mnist_tensorflow.pyと同様です。はじめに3.4.2項で学習したDNNモデルを読み込みます。次にHouseSalesデータセットからランダムにデータを1つ取得します。HouseSalesデータセットのデータはもともと21の属性で構成されていますが、このうち3.4.2項で採用した7つの属性の値を抽出し、テスト用入力データとします。同様に販売価格の値を取得して、正解データとします。これらのデータを標準出力した後、7つの属性の値からなるテスト用入力データをDNNモデルに与え、推論を実行します。そして推論結果である販売価格を標準出力します。

それではpredict_housesales_tensorflow.pyを実行してみましょう。3.5.1項と同様に、まず、このソースコードが置いてあるフォルダに移動します。

```
>cd location/tools/model/housesales/tensorflow
```

続いて以下のコマンドを実行します。

```
>python predict_housesales_tensorflow.py
```

その結果、以下のようなメッセージが表示されるはずです。

```
Input value is:
  sqft_living : 1430
  bedrooms : 2
  sqft_lot : 7921
  condition : 3
  grade : 7
  sqft_above : 1430
  sqft_basement : 0

Expected output value is 350000.0
Predicted output value is 345598.46875
Process finished.
```

Input valueはテスト用入力データを指しています。sqft_living、bedroomsなどの項目はテスト用入力データを構成する属性値を表しており、上から順に、居住面積、寝室の数、土地面積、建物の状態、構造とデザインのグレード、地上階の面積、地下室の面積を表します。Expected output valueは入力データに対応付けられた正解データ、即ち実際の販売価格を表しています。上の例では、35万ドルとなっています。Predicted output valueは、テスト用入力データについて、このDNNモデルが推論した販売価格です。上の例では、約34万5598ドルと予測しています。

3.5.3. 住宅価格予測XGBoostモデルの実行確認

3.4.3項で作成したXGBoostモデルのテストを実行しましょう。推論プログラムは、predict_housesales_xgboost.pyというソースコードに実装しています。手続きの流れは3.5.2項に示したpredict_housesales_tensorflow.pyと同じですので、説明は省略します。

それではpredict_housesales_xgboost.pyを実行してみましょう。これまでと同様に、まずこのソースコードが置いてあるフォルダに移動します。

```
>cd location/tools/model/housesales/xgboost
```

続いてpredict_housesales_xgboost.pyを実行します。

```
>python predict_housesales_xgboost.py
```

3.5.2項に示したDNNモデルの場合と同様のメッセージが表示されると思います。メッセージの読み方は3.5.2項と同じですので、説明は省略します。

以上、4章から7章で行うチュートリアルの準備として、MNISTデータセットによるDNNモデルの学習と推論（数字画像識別）、HouseSalesデータセットによるDNNモデルとXGBoostモデルの学習と推論（住宅価格予測）を実行してみました。次章からはいよいよ、各種テスト手法の解説と実例に入っていきます。

第4章

メタモルフィック テスティング

本章では、AIソフトウェア向けテスト手法のひとつとして注目されているメタモルフィックテスティングを紹介します。メタモルフィックテスティングは、もともとはテストオラクル問題に対して有効なテスト手法として提案されました。そこでまずはテストオラクル問題について説明し、その後にメタモルフィックテスティングの具体的な手順を示すことにします。

4.1 メタモルフィックテスティングとは？

4.1.1. テストオラクル問題を巡って

「メタモルフィックテスティング[1]」は、AIソフトウェア向けに提案された新しい手法ではありません。従前より、「テストオラクル問題」に有効な手法として活用されています。テストオラクル[2]とは、「テストの結果が成功か失敗か」を判断するための方法を意味します。テストオラクル問題とは何かを理解するため、ここで一旦、従来型ソフトウェアのテスト手順を振り返ってみたいと思います。

従来型テストにおけるテストオラクル問題

従来型ソフトウェアのテスト（以降、従来型テストとも呼びます）では、テスト対象のソフトウェアに、何らかのテスト用入力データを与えて実行します。その結果、期待どおりの正しい出力データが得られれば、そのテストは「成功」です。逆に期待とは異なる間違った出力データを得た場合、そのテストは「失敗」ということになります。そしてテストの失敗は、対象のソフトウェアに何か誤りがあることを意味します。

このとき、「出力データが期待どおりか、そうでないかを判定する方法」がテストオラクルです。そしてテストオラクル問題とは、その判定を行う**方法がない**、あるいは、そのような**方法が見つからない**という問題です。出力データが期待どおりかを判定できなければ、テストの結果が成功か失敗かも分かりません。そして、テスト対象のソフトウェアに誤りがあったとしても、その誤りを検出できません。

テストオラクル問題の例として、三角関数の一つであるsin関数の値を計算する従来型ソフトウェアを考えます。つまり$y = sin(x)$とした場合、xの値を引数として受け付け、yの値を戻り値として返すソフトウェアです。

例えば$x = 30°$の場合、$y = 0.5$であることはよく知られています。同様に$x = 90°$の場合は、$y = 1$であることも知られています。では、$x = 68.9°$の場合はどうでしょうか。sin関数の近似値を求める式は知られていますが、その式で求められる値はあくまで近似値であり、本当に正しい値かどうかは分かりません。したがってこの場合は、「テストの成功／失敗を判定する方法は明らかでない」ということになります。

1　【参考文献】Tsong Yueh Chen, Fei-Ching Kuo, Huai Liu, Pak-Lok Poon, Dave Towey, T. H. Tse, Zhiquan Zhou, and Zhi Quan Zhou: Metamorphic Testing: A Review of Challenges and Opportunities, ACM Computing Surveys, vol.51, no.1, Article No.4, pp.1-27, 2018.

2　【参考文献】Tsong Yueh Chen, Shing Chi Cheung, and Siu Ming Yiu: Metamorphic testing: A New Approach for Generating Next Test Cases, Technical Report HKUST-CS98-01, Department of Computer Science, The Hong Kong University of Science and Technology, 1998.

メタモルフィックテスティングの手順

このように、テストオラクル問題のあるソフトウェアをテストするために考案された手法が、メタモルフィックテスティングです。この手法は、次の4ステップで構成されています（図4-1）。

〈メタモルフィックテスティングの手順〉

(1) テスト用入力データxを用意する（本章ではこれ以降、「**ソース入力データ**」と呼ぶ）。

(2) ソース入力データxを加工することで、テスト用入力データx'を作成する（本章ではこれ以降、「**フォローアップ入力データ**」と呼ぶ）。

(3) ソース入力データxとフォローアップ入力データx'を、テスト対象のソフトウェアに入力し、実行することで、それぞれ出力データyおよびy'を得る。（本書ではそれぞれ、「**ソース出力データ**」および「**フォローアップ出力データ**」と呼ぶ）。

(4) ソース出力データyとフォローアップ出力データy'の**関係を評価**して、テストの成功あるいは失敗を判定する。

【図4-1】メタモルフィックテスティングの手順

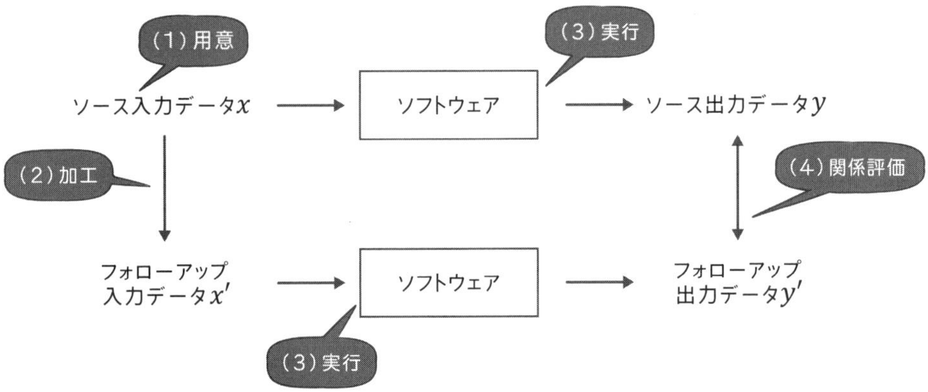

上記４ステップの手順を、sin関数計算ソフトウェアの例を使って具体的に説明します。

まず、ステップ(1)ではxの値を決定します。ここでは$x = 68.9^\circ$とします。

ステップ(2)ではxを加工してx'を作成します。加工方法は、テスト対象のAIソフトウェアが「どのような入力データを受け付けるか」の想定に基づいて決定します。例えば手書きの数字画像を識別するAIソフトウェアであれば、画像が数字かどうか分からなくなるほどの加工は望ましくありません。今回の例では、xに対して180°加算するという加工方法を採用します。即ち、$x' = x + 180^\circ = 248.9^\circ$です。

ステップ(3)では、xとx'を対象ソフトウェアに入力して計算させることで、yおよびy'を取得します。ここで、$sin(x) = -sin(x + 180^\circ)$という公式があることを思い出してください。$sin(x)$は$y$であり、$sin(x+180°)$は$y'$であることから、$y=-y'$という関係が成り立つはずです。

そこでステップ(4)では、$y=-y'$が成立する場合に「テスト成功」とします。逆に$y=-y'$が成立しない場合には、「テスト失敗」と判定します。テスト失敗の場合、少なくとも$x=68.9°$のときには、$sin(x)=-sin(x+180°)$という公式が成立しないことになりますので、テスト対象ソフトウェアに誤りがあることは明らかです。

一方で、テスト成功の場合はどうでしょうか。テストに成功したということは、$x=68.9°$のときには、$sin(x)=-sin(x+180°)$という公式が成立するといえるでしょう。ところが困ったことに、テスト対象のソフトウェアが計算する$sin(68.9°)$の値が正しいかどうかは、結局分かりません。つまり、メタモルフィックテスティングにより誤りを検出することは可能ですが、**誤りがないことの証明にはならない**のです。この点には注意が必要です。

また、上の例では、ステップ(2)でxに180°を加算してx'を作成し、ステップ(4)では「$y=-y'$という関係が成立するか」を評価しました。これらの手順は、$sin(x)=-sin(x+180°)$という関係式を予め知っていたから設計できたといえます。このように、ソース入力データxとフォローアップ入力データx'の間に一定の関係があるときに、それらに対応するソース出力データyとフォローアップ出力データy'の間に成立するはずの関係式を「メタモルフィック関係」と呼びます。この関係は、メタモルフィックテスティングにおいて誤りを検出できるかどうかを左右する重要な要素です。次の4.1.2項では、このメタモルフィック関係について詳しく説明します。

メタモルフィックテスティングの自動化

メタモルフィックテスティングの利点の一つは、ステップ(1)のソース入力データが用意されており、かつ、メタモルフィック関係が明確に定義されていれば、テスト作業を自動化できることです。ステップ(2)におけるデータの加工も、メタモルフィック関係に従って自動化可能です。またステップ(3)の作業は、テスト対象ソフトウェアの実行であり、もちろん自動化可能です。さらにステップ(4)におけるソース出力データとフォローアップ出力データの評価も、メタモルフィック関係に従って自動化できます。

4.1.2. メタモルフィック関係

メタモルフィック関係は、「ソース入力データxとフォローアップ入力データx'の関係」、および「ソース出力データyおよびフォローアップ出力データy'の関係」の２つの関係で構成されます(図4-２)。

つまり、メタモルフィック関係を定義することは、前項に示したメタモルフィックテスティングの手順のうち、ステップ(2)におけるソース入力データxの加工方法、およびステップ(4)におけるソース出力データyとフォローアップ出力データy'の評価方法を決定することに相当します。前項のsin関数の例では、「xに180°を加算してx'を作成した場合に、yはy'に−1を掛けた値になる」がメタモルフィック関係です。そしてこの関係を式で表すと、$sin(x)=-sin(x+180°)$となります。

ソース出力データyとフォローアップ出力データy'の関係は、等式である必要はありません。例えばsin関数の例では、xが0°以上、90°以下の場合、xの増加に伴って$sin(x)$の値も増加します。よって、以下のメタモルフィック関係が成立します。

$$sin(x) < sin(x + 1°) \quad (0° \leq x \leq 90°\text{の場合})$$

このメタモルフィック関係を使って、メタモルフィックテスティングを実行する場合は、ステップ(2)においてxに1°を加算し、ステップ(4)においてyとy'の大小関係を評価します。yがy'よりも小さい場合はテスト成功、逆にyがy'以上の場合はテスト失敗となります。

【図4-2】メタモルフィック関係

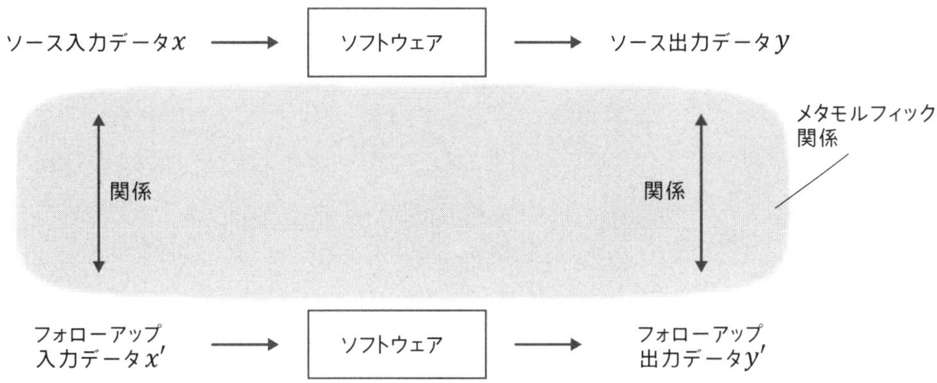

column　数式によるメタモルフィックテスティングの定義

ここでは数式を使って、もう少し厳密にメタモルフィックテスティングを定義します[3]。

まず、AIソフトウェアの仕様を定義します。ここで言う「仕様」とは、AIソフトウェアの実際の振る舞いではなく、そのAIソフトウェアに「期待する」振る舞いのことです。

AIソフトウェアは、入力データを受け付け、その入力データに基づいて何らかの処理を行い、その結果として出力データを返します。このように、何らかの入力を受け付けて出力を返す振る舞いは、関数と捉えることができます。そこでAIソフトウェアの仕様を「関数f」で表すことにします。例えば、数字画像を識別するAIソフトウェアの場合、関数fは、あらゆる数字画像を人の期待どおりに正しく識別して結果を返す、理想的な関数を意味します。

[3] 【参考文献】Tsong Yueh Chen, Fei-Ching Kuo, Huai Liu, Pak-Lok Poon, Dave Towey, T. H. Tse, Zhiquan Zhou, and Zhi Quan Zhou: Metamorphic Testing: A Review of Challenges and Opportunities, ACM Computing Surveys, vol.51, no.1, Article No.4, pp.1-27, 2018.

ここで、任意の2つの入力データxおよびx'を用いて、「メタモルフィック関係R」の式を記述してみます。

$$R\left(x, x', f(x), f(x')\right) \qquad \cdots\cdots\cdots (1)$$

メタモルフィック関係Rは、$x, x', f(x),$および$f(x')$の間に成立する、**ある特定の関係**です。xおよびx'にどのような値を代入しても、式(1)は成立します。ここでは、関係Rを具体化せずに話を進めたいと思います。

次に、AIソフトウェアの実装を「関数P」で表すことにします。上ではAIソフトウェアの仕様を関数fと定義しましたが、この関数fをめざして実装したAIソフトウェアの振る舞いがPです。例えば、DNNモデルを用いるAIソフトウェアの場合、学習済みのDNNモデルを読み込んで実行する推論プログラムの振る舞いが関数Pに対応します。この関数Pを使って、式(1)を式(2)に書き換えます。

$$R\left(x, x', P(x), P(x')\right) \qquad \cdots\cdots\cdots (2)$$

この式(2)が成立するかどうかを確認することが、メタモルフィックテスティングに相当します。式(2)が成立すればテスト成功、成立しなければテスト失敗となります。

では、式(2)が成立するか否かを調べるには、どうすればよいでしょうか。さきほどは関係Rについて、「$x, x', f(x),$および$f(x')$の間に成立する、ある特定の関係」と説明しました。この「ある特定の関係」が抽象的なままでは、実際に式(2)が成立するかを調べることはできません。そこでここからは、fをsin関数と仮定した上で、関係Rを具体的に定義していきます。

$x, x', f(x),$および$f(x')$のうち、xと$f(x)$、およびx'と$f(x')$の関係は、既にfによって定義されています。よって、関係が未定義であるxとx'、および$f(x)$と$f(x')$の関係を定義すれば、$x, x', f(x),$ および$f(x')$の間の関係が決まりそうです(図4-3)。この場合、xと$f(x')$およびx'と$f(x)$の関係は、xとx'および$f(x)$と$f(x')$の関係を定義することで一意に決まるため、定義する必要はありません[4]。

【図4-3】関係Rの未定義部分

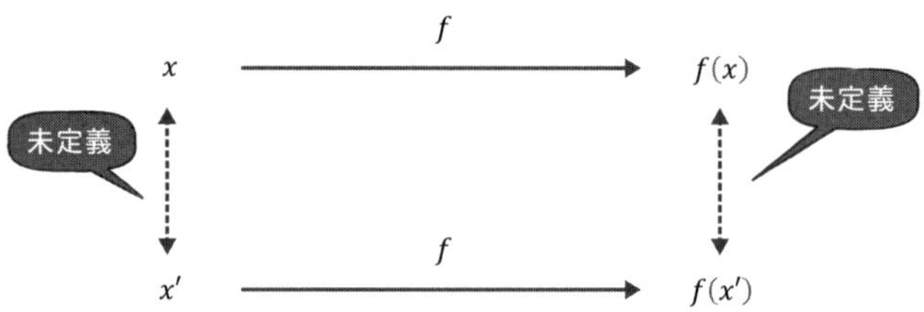

まず、xとx'との関係を、「関数T」を用いて式(3)のとおり表します。

$$x' = T(x) \qquad \cdots\cdots\cdots (3)$$

関数Tはxを受け取って、x'を返します。ここでxをソース入力データとすると、関数Tは、「ソース入力データxを加工して、フォローアップ入力データx'を作成する手続き」と捉えることができます。ここでは式(4)に示す

4　$x, f(x),$ およびx'の3者の関係と、$f(x)$と$f(x')$の関係を定義するなど、別の方法で関係Rを決定することも可能。

とおり、xに対して180°を加算した結果を返す関数をTと定義することにします。

$$T(x) = x + 180 \quad \cdots\cdots\cdots (4)$$

続いて、$f(x)$と$f(x')$との関係を、「関係E」を用いて式(5)のとおり表します。

$$E\big(f(x), f(x')\big) \quad \cdots\cdots\cdots (5)$$

fはsin関数であり、またxに対して180°を加算した結果をx'と定義しました(式(4))。よって、$f(x')$に−1を掛けた結果は、$f(x)$になると期待されます。つまり、上記関係Eは、式(6)のとおり定義されます。

$$E\big(f(x), f(x')\big) = \begin{cases} True & (f(x) = -f(x')\text{の場合}) \\ False & (\text{それ以外の場合}) \end{cases} \quad \cdots\cdots\cdots (6)$$

これでxとx'、および$f(x)$と$f(x')$の関係を具体的に定義できました。これらの定義に基づくと、結局、式(1)は以下の式(7)に具体化できます。

$$E(f(x), f(T(x))) = \begin{cases} True & (f(x) = -f(T(x))\text{の場合}) \\ False & (\text{それ以外の場合}) \end{cases} \quad \cdots\cdots\cdots (7)$$

続けて、同じように式(2)を具体化してみましょう。式(2)を具体化すると、以下の式(8)になります。

$$E(P(x), P(T(x))) = \begin{cases} True & (P(x) = -P(T(x))\text{の場合}) \\ False & (\text{それ以外の場合}) \end{cases} \quad \cdots\cdots\cdots (8)$$

式(8)を評価するためには、$P(x) = -P(T(x))$が成立するかどうかを調べればよさそうです。

関数Pは、AIソフトウェアの実装に対応しますので、そのAIソフトウェアを実際に実行することで、左辺である$P(x)$の値を計算できます。また、$T(x)$の値も式(4)に基づいて実際に計算可能ですので、右辺の$-P(T(x))$の値も得られます。よって、これらの計算を行うことで、式(8)を評価できるようになります。上では、「式(2)を評価することがメタモルフィックテスティングに相当する」と述べましたが、式(8)に具体化したことで、この式の評価がメタモルフィックテスティングに相当することがより明らかになったと思います。

メタモルフィックテスティングの手順ステップ(1)ではxを用意し、ステップ(2)では$T(x)$を計算しています。さらにステップ(3)では、$P(x)$と$P(T(x))$を計算しています。そしてステップ(4)では、それらの計算結果を用いて関係Eを評価しているわけです。

4.1.3. AIソフトウェアへの適用

前述のとおり、メタモルフィックテスティングはもともと、テストオラクル問題のあるソフトウェア向けに提案されました。それが近年では、AIソフトウェアに有効なテスト手法として注目されています。

ソフトウェアのテストでは、テスト用入力データを対象のソフトウェアに与え、その結果得た出力データが、別途定義した正解データと一致しているか、あるいはどの程度類似しているかを評価します。よって、テスト実行のためには、各々のテスト用入力データに対して正解データを定義する必要があります。

２章の2.3節で述べたとおり、AIソフトウェアでは「似たような入力データには、同じ計算処理が実行される」とは限りません。そのため、「ある入力データについてテスト成功すれば、似たような入力データについてもテスト成功する」という推定は成り立ちません。よって、AIソフトウェアの品質を確保するには、より多くのテスト用入力データについてテストを実行することが求められます。そしてそのためには、テスト用入力データに対する正解データを定義する必要があります。

この正解データは、予め定義されていることもありますが、そうでない場合、基本的には人手で定義することになります[5]。テスト用入力データが1件なら、正解データの定義にさほどの手間はかからないかもしれませんが、テスト用入力データが数千、数万件の場合は簡単ではありません。あるいは、「正解データはテスト用入力データに10を加えた値」というように、まとめて定義できれば簡単ですが、そのように簡単に正解を得られるなら、そもそも機械学習を適用する必要はなく、従来型のソフトウェアとして手軽に実装できるはずです。つまり、AIソフトウェアをテストするためには、テスト用入力データに対して１件ずつ人手で正解データを定義する必要があり、その件数によっては多大な労力を要すると言えます。

これに対してメタモルフィックテスティングでは、「テスト用入力データごとに正解データを定義する必要がない」という利点があります。出力データと正解データを比較評価しないからです。その代わりに、ソース入力データとフォローアップ入力データ、およびそれぞれに対応するソース出力データ、フォローアップ出力データに対して、メタモルフィック関係が成立するかどうかを検査します。

ここで、テストオラクル問題を思い出してください。出力データが期待どおりかを「判定する方法がない、または分からない」という問題でした。その点、AIソフトウェアでは、出力データ（推論結果）が期待どおりかを判定することは可能ですので、テストオラクル問題があるという訳ではありません。しかし上で述べたとおり、多数の出力データに対して判定を実施するのは困難という問題があります（図4-4）。つまりAIソフトウェアには、テストオラクル問題と類似の問題があるといえそうです。このように考えると、テストオラクル問題に有効なメタモルフィックテスティングは、AIソフトウェアにも有効であると納得できます。

別の理由もあります。4.1.1項でも述べたとおり、メタモルフィックテスティングのテスト作業は自動化可能です。そのため、テスト用入力データが何件あろうとも、メタモルフィック関係さえ定義してしまえば、手間をかけずにテストを実施できるという利点もあるのです。

5　テスト対象のAIソフトウェアは、与えられた入力データに対してその正解データを機械的に推定することを目標に開発されている。もし、AIソフトウェアとは別の方法で正解データを推定できるのなら、そもそもAIソフトウェアを開発する必要がない。

【図4-4】 テストオラクル問題とAIソフトウェアのテスト

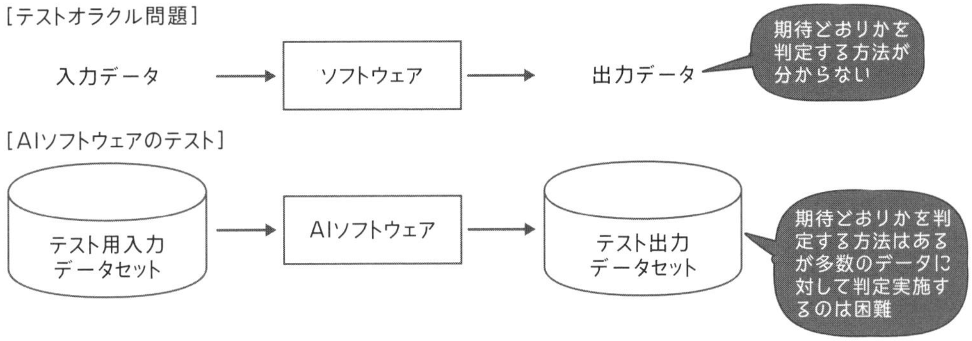

4.1.4. メタモルフィックテスティングで分かること

メタモルフィックテスティングを適用することで、AIソフトウェアの誤りを検出できる可能性があります。この「誤り」とは、AIソフトウェアが、期待とは異なる間違った出力データ（推論結果）を返すことを指しています。しかしAIソフトウェアが行うのはあくまで推論ですから、従来型ソフトウェアとは異なり、一定の確率で間違った出力データを返すのは当たり前です。そのため読者の皆さんの中には、そのことを「誤り」と呼ぶことに抵抗を感じる方がいるかもしれません。しかし、本書のテーマであるソフトウェアテストが炙り出すべきものは、テスト対象がAIソフトウェアでも従来型ソフトウェアでも同じですから、一括りにして「誤り」と呼ぶことにします。

フォローアップ入力データを作成して出力データを比較する

本項では、4.2節のチュートリアルでも使用する数字画像識別AIソフトウェアを例題にして、メタモルフィックテスティングの具体例を見ていきたいと思います。

今回の例では、「数字画像を右に10°回転しても、AIソフトウェアによる識別結果は変わらない」という関係をメタモルフィック関係として定義します。まず、ステップ(1)で、ソース入力データとして数字画像を用意します。ここでは図4-5に示すような「6」と書いた画像を使用します。次にステップ(2)で、この画像を10°右に回転させることでフォローアップ入力データを作成します。回転によって空いた隙間は背景色で埋めます。

ステップ(3)では、(1)と(2)の入力データをAIソフトウェアに入力し、それぞれの出力データを得ます。このときメタモルフィックテスティングでは、従来型テストとは異なり、各々の出力データが期待どおりか否かを評価しない点が特徴です。つまり、数字画像の識別結果が「6」であるか否かは評価しません。その代わりにステップ(4)で、ソース出力データとフォローアップ出力データの示す識別結果が一致するかを評価します。そして識別結果が一致していればテスト成功、不一致であればテスト失敗になります。

【図4-5】メタモルフィックテスティングの例

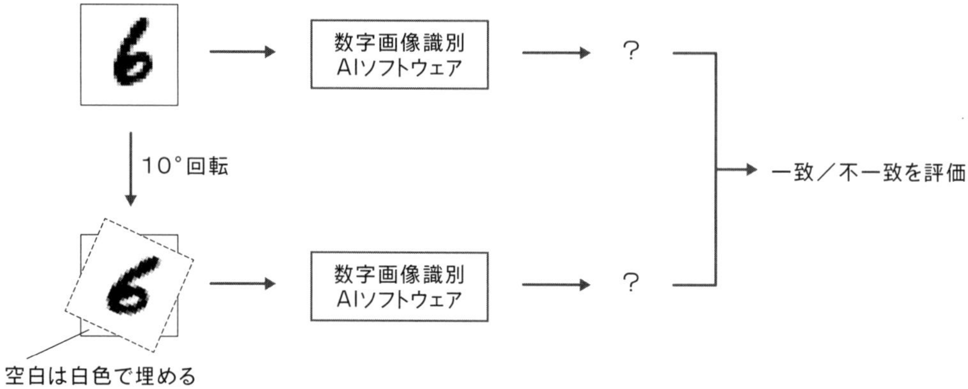

テスト失敗だった場合

メタモルフィックテスティングの結果はテスト失敗だったとします。これは「ソース入力データの数字画像を右に10°回転するだけで、AIソフトウェアの識別結果が変わってしまう」ということです。ただし、右に10°回転することによって、正しい識別結果（6）から間違った結果（例えば7）に変わるのか、間違った結果（例えば7）から正しい結果（6）に変わるのか、あるいは間違った結果（例えば7）から別の間違った結果（例えば8）に変わるのかは判別できません。

この場合に分かることは、「ソース入力データあるいはフォローアップ入力データのいずれか、あるいは双方について、AIソフトウェアは間違った出力データを返す」ということのみです。つまり、メタモルフィックテスティングでテスト失敗になった場合は、AIソフトウェアに誤りがあることは確実ですが、その詳細までは分からないことになります。間違った出力データを返すのは、ソース入力データに対してか、フォローアップ入力データに対してか、あるいは双方に対してかは、メタモルフィックテスティングだけでは判別できません。

これを判別するためには、従来型のテストを実行する必要があります。即ち、ソース入力データとフォローアップ入力データに対して各々正解データを定義し、出力データと一致するかを確認する必要があります。

テスト成功だった場合

では次に、メタモルフィックテスティングの結果がテスト成功となった場合について考えます。テスト成功が意味することは、「数字画像を10°右に回転しても、AIソフトウェアによる識別結果は変わらない」ということです。ただし、正しい識別結果（6）が右に10°回転しても変わらないのか、あるいは、間違った識別結果（例えば7）が右に10°回転しても変わらないのかは判別できません。

つまりテスト成功の場合は、「AIソフトウェアはソース入力データおよびフォローアップ入力データの双方について間違った出力データを返すか、あるいは双方について正しい出力データを返す」ということが分かります。どちらに該当するかを判別するには、テスト失敗の場合と同様に、従来型のテストを実行する必要があります。結局、メタモルフィックテスティングでテスト成功になったとしても、「ソース入力データやフォローアップ入力データが正しく識別されるとは言い切れない」ということになります。

何が分かり、何が分からないか？

ここまででの結論をまとめます。

〈メタモルフィックテスティングで分かること／分からないこと〉

- 結果がテスト失敗の場合、ソース入力データおよびフォローアップ入力データの少なくとも片方について、AIソフトウェアは間違った出力データを返すことが分かる。即ち、AIソフトウェアに誤りがあると分かる。
- 結果がテスト成功の場合、AIソフトウェアはソース入力データおよびフォローアップ入力データの双方について間違った出力データを返すか、あるいは双方について正しい出力データを返すことが分かる。即ち、AIソフトウェアに誤りがあるとも、ないともいえない。

column　テスト成功の場合に分かること

メタモルフィックテスティングの結果がテスト成功の場合について、上の表現は実は正確ではありません。上の表現では、ソース入力データかフォローアップ入力データのいずれかについて、もし「AIソフトウェアが正しい出力データを返す」と確認できれば、もう片方についても正しい出力データを返すことになります。しかしこれは、必ずしもそうとは限りません。

4.1.2項のsin関数計算ソフトウェアを使って、具体例を示します。

sin関数は、xが0°以上、90°以下の場合、xの増加に伴って$sin(x)$の値も増加します。そこで、$sin(x) < sin(x+1°)$というメタモルフィック関係を定義し、ソース入力データ$x = 30°$について、メタモルフィックテスティングを実行したとします。そしてその結果、テスト成功になったと仮定します。

また、$sin(30°)$の計算結果として、$y = 0.5$という正しいソース出力データが得られたとします。この場合、フォローアップ入力データ$x' = 31°$についても、正しいフォローアップ出力データy'が得られるといえるでしょうか。残念ながらこのメタモルフィックテスティングの結果からいえるのは、「$0.5 < y'$が成立する」ということに過ぎません。つまり、$x' = 31°$の場合でも正しい出力データが得られるとは限りません。

次に別の例として、$sin(x) = -sin(x + 180°)$というメタモルフィック関係について考えてみましょう。上と同様にソース入力データ$x = 30°$についてメタモルフィックテスティングを実行し、その結果、テスト成功になったとします。また$sin(30°)$の計算結果も、$y = 0.5$という正しいソース出力データが得られたとします。この場合、メタモルフィックテスティングの結果から$0.5 = -y'$が成立しますので、フォローアップ入力データ$x' = 210°$についても正しいフォローアップ出力データ$y' = -0.5$が得られることが分かります。

これらの例から、AIソフトウェアがソース入力データかフォローアップ入力データのいずれかについて正しい出力データを返すとき、もう片方についても正しい出力データを返すといえるかどうかは、メタモルフィック関係に依存するということが分かります。これを踏まえると、以下のように表現するのが適切と考えられます。

- **結果がテスト成功の場合、AIソフトウェアはソース入力データおよびフォローアップ入力データの双方について間違った出力データを返すか、あるいは双方について「問題のない」出力データを返すことが分かる。**

ここでの「問題のない」とは、「正しい」ことの必要条件であり、「間違いと確認されてはいないが、正しいとも限らない」という意味です。

メタモルフィックテスティングの複数回実行

ここまでは1度のメタモルフィックテスティングで分かることについて述べてきましたが、複数回実行することで分かることもあります。

例えば図4-6のように、ソース入力データとして100件の数字画像を用意し、メタモルフィックテスティングを実行した結果、90%がテスト失敗になったとします。使用しているAIモデルは十分に学習済みであり、ソース入力データを正しく識別する確率の方が高いとしましょう。

このとき、「画像を右に10°回転させる前は90%の確率で間違って識別されており、右に10°回転させた結果、それら全てが正しく識別されるようになった」などとは考えにくいです。つまり、「もともと正しく識別されていた画像を、右に10°回転させたことによって、間違って識別されるようになった」と考えるのが自然です。このように、テスト失敗の確率が高い場合、テスト対象のAIソフトウェアは「右に10°回転させるという変化に弱い」という傾向を推測できます。

【図4-6】メタモルフィックテスティングを複数回実行する例

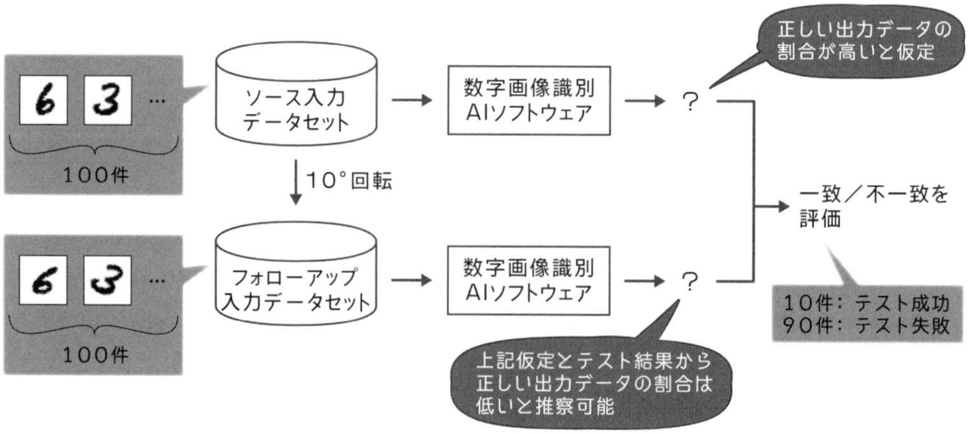

逆に、90%がテスト成功となった場合はどうでしょうか。上述のとおりテスト成功の場合は、「画像を右に10°回転させても正しい識別結果（6）のまま」であるか、あるいは、「もともと間違っていた識別結果（例えば7）が、右に10°回転させても間違ったまま（7のまま）」であるかのいずれかです。そして、使用しているAIモデルが十分に学習済みであり、ソース入力データを正しく識別する確率の方が高いのであれば、「画像を右に10°回転させても正しい識別結果（6）のままである」と考えるのが自然です。よって、テスト成功の確率が高い場合、対象のAIソフトウェアは「右10°の回転に強い」という推測が成り立ちます。

また、「テスト失敗の確率が高い場合には、右10°の回転に弱いという推測が成り立つ」と述べましたが、10°に限らず、右回転全般に弱い可能性も大いにあります。さらには右回転だけでなく、左回転にも弱い可能性もあります。これらの可能性を確認するためには、例えば「数字画像を右に5°回転させても、AIソフトウェアによる識別結果は変わらない」というような別のメタモルフィック関係を定義し、メタモルフィックテスティングを実行します。その結果、高い確率でテスト失敗になるようであれば、右回転全般に弱い可能性が高いと考えられます。同様に、左回転に関するメタモルフィック関係を定義し、メタモルフィックテスティングを実行することで、回転そのものに弱いのかを確認することができます。このように、メタモルフィックテスティングを複数回実行することにより、AIソフトウェアの弱点を発見できる可能性があります。

テスト対象に誤りがある場合

ここで少し見方を変えて、テスト対象のAIソフトウェアに誤りがある場合と、ない場合に分けて考えてみたいと思います。

まず、テスト対象のAIソフトウェアに誤りがある、即ち、ある特定のテスト用入力データに対して、AIソフトウェアは間違った出力データを返す場合を考えてみましょう。

このAIソフトウェアにメタモルフィックテスティングを適用した結果、テスト失敗になったとします。これは、ソース入力データおよびフォローアップ入力データの少なくとも片方について、AIソフトウェアは間違った出力データを返すことを意味します。ソース入力データとフォローアップ入力データのどちらについて間違った出力データを返すか、別途絞り込みが必要ですが、「メタモルフィックテスティングによって誤りを検知できた」といえるでしょう。

その一方で、ソース入力データの選び方やメタモルフィック関係の定義によっては、誤りがあるにもかかわらず、テスト成功になってしまうこともあります。その場合は当然、誤りを検知できません。

以上のことから、「AIソフトウェアに誤りがある場合は、メタモルフィックテスティングによってその誤りを検知できる場合も、できない場合もある」と言えます。

テスト対象に誤りがない場合

次に、テスト対象のAIソフトウェアに、誤りがない場合を考えてみましょう。この場合、メタモルフィックテスティングの結果は必ずテスト成功となります。しかし、誤りがある場合でもテスト成功となる可能性があることを思い出してください。テスト実施者は誤りの有無を知らないため、誤りがないからテスト成功となったのか、誤りがあるのにテスト成功となったのかを判定できません。つまり、AIソフトウェアに誤りがない場合でも、「メタモルフィックテスティングでは、誤りがないことを示せない」ということになります。

読者の皆さんの中には、この結果から、「なんだ、メタモルフィックテスティングはあまり使えないな」と思った方がいるかもしれません。しかし、メタモルフィックテスティングに限らず、従来型のテストでも、対象のAIソフトウェアに誤りがないことを示すのは困難です。次項で詳しく説明したいと思います。

4.1.5. 従来型テストとの違い

本項では、従来型テストとの比較を通じて、メタモルフィックテスティングの特徴を明らかにしたいと思います。まずは、メタモルフィックテスティングと同様に、従来型テストで分かることを整理します。

〈従来型テストで分かること／分からないこと〉

- 結果がテスト失敗の場合、AIソフトウェアは、テスト用入力データに対して間違った出力データを返すことが分かる。即ち、AIソフトウェアに誤りがあると分かる。
- 結果がテスト成功の場合、AIソフトウェアは、テスト用入力データに対して正しい出力データを返すことが分かる。

テスト失敗の場合と成功の場合

ではまず、テスト結果が失敗の場合について比較しましょう。従来型テストで失敗となった場合、AIソフトウェアはそのテスト用入力データに対して間違った出力データを返すことが分かります。これに対してメタモルフィックテスティングの場合は、ソース入力データおよびフォローアップ入力データの少なくとも片方について、間違った出力データを返すことが分かります。しかし、どちらの入力データを与えた場合に間違った出力データを返すのかは、メタモルフィックテスティングでは絞り込めません。

次に、テスト結果が成功の場合について比較します。従来型テストとメタモルフィックテスティングに共通する性質として、あるテスト用入力データについてテストが成功しても、他のテスト用入力データに対して正しい出力データを返すとは限りません。即ち、従来型テストでもメタモルフィックテスティングでも、テストの結果から「誤りがない」とまでは言い切れません[6]。

---

[6] ありうる全てのテスト用入力データを用意してテスト実行する場合を除く。

テスト対象に誤りがある場合

4.1.4項と同様に、テスト対象のAIソフトウェアに誤りがある場合と、ない場合の観点でも比較してみましょう。

まず、AIソフトウェアに誤りがある場合、従来型テストでは、「AIソフトウェアが間違った出力データを返すようなテスト用入力データを選択できれば」誤りを検出できるといえるでしょう。通常、テストに割ける時間は限られているため、AIソフトウェアに入力される可能性のあるデータの中から、その一部をテスト用入力データとして選択します。その中に、間違った出力データを導く入力データが含まれているかどうかに依存するということです。

メタモルフィックテスティングの場合はどうでしょうか。やはり、ソース入力データを適切に選択できれば、誤りを検知できるでしょうか。残念ながら答えはノーです。そのソース入力データは間違った出力データを導くとしても、メタモルフィックテスティングの結果は成功になる可能性があります。4.1.4項で示した数字画像識別AIソフトウェアの例で言うと、6の数字画像をソース入力データとし、それを右に10°回転した画像をフォローアップ入力データとした場合に、識別結果がともに7になるケースです。この場合、メタモルフィックテスティングの結果は成功となるため、誤りを検知できません。このように、従来型テストで誤りを検出できるデータを使ったとしても、メタモルフィックテスティングでは誤りを検知できない可能性があります。

テスト対象に誤りがない場合

次に、AIソフトウェアに誤りがない場合について考えてみましょう。この場合、従来型テストでも、メタモルフィックテスティングでも、テスト結果は成功となります。従来型テストでは、少なくともテスト用入力データに関して、AIソフトウェアが正しい出力データを返すことが分かります。

メタモルフィックテスティングの場合はどうでしょうか。4.1.4項で述べたとおり、AIソフトウェアに誤りがあるのに、テスト成功となる可能性があります。上述した「6の数字のソース入力データとフォローアップ入力データが、ともに7に識別されるケース」がそうです。そのため、テスト成功の場合でも、AIソフトウェアが正しい出力データを返すのか間違った出力データを返すのか分かりません。

以上のように、「テスト結果から何が分かるか」という観点では、従来型テストの方が優れているように見えます。ただし、4.1.3項で述べたとおり、メタモルフィックテスティングには、テスト用入力データごとに正解データを定義する必要がない(即ちテストオラクル問題のあるソフトウェアにも適用できる)という利点があります。また、ソース入力データからフォローアップ入力データを作成するので、その分、テスト用入力データを追加できるという利点もありそうです。これらの利点に基づき、次項ではメタモルフィックテスティングの活用方法を考えてみたいと思います。

4.1.6. メタモルフィックテスティングの活用

前項では従来型テストとの比較から、メタモルフィックテスティングの利点として、以下の2つを挙げました。

〈メタモルフィックテスティングの利点〉

①テスト用入力データごとに正解データを定義する必要がない。

②ソース入力データからフォローアップ入力データを作成することにより、テスト用入力データを追加できる。

これらの利点に基づき、メタモルフィックテスティングの活用方法を考えてみたいと思います。

正解データを用意できないケース

まず利点①から、テスト用入力データに対して正解データが定義されていない場合の活用を考えてみましょう。

テスト用入力データに対して正解データが定義されているかどうかは、主にテスト用入力データの収集状況に依存します。手書き数字の識別問題を例に、具体的な状況を考えてみましょう。

まず、MNISTデータセットの一部をテスト用入力データとして使用する場合、MNISTデータセットには正解データも含まれていますので、当然、正解データは定義済みです。また、既存の業務を自動化する目的で数字画像識別AIソフトウェアを開発している場合、現行システムから正解データを取得できる場合もあります。従来、人の目で数字を識別してきたのであれば、過去に扱った数字画像（入力データ）に対する人の識別結果（正解データ）がどこかに保存されているはずです。そうでなくても、過去の業務の記録から正解データを取得できる可能性があります。

このように正解データとセットになっているテスト用入力データを使う場合は、従来型のテストを適用できますので、メタモルフィックテスティングの出番はなさそうです。しかし2.3節で述べたとおり、AIソフトウェアでは、「ある入力データについてテスト成功すれば、似たような入力データについてもテストは成功する」という推定が成り立ちません。よってAIソフトウェアの品質確保のためには、より多くの入力データについてテストを実行することが望まれます。

この考え方に基づき、「正解データが付与されていないテスト用入力データを新たに取得した場合」を考えます。例えば、全く別の目的で保存していた手書き文書ファイルから数字を切り出して使うなどです。そうした場合、各々のテスト用入力データに対して、人手で正解データを付与しなければなりません。数千件程度であれば、テスト工程の期間内になんとかできるかもしれませんが、件数が増えると困難でしょう。このように、時間的制約から正解データを付与できない場合でも、メタモルフィックテスティングは適用可能です。4.1.4項で例示した「右に10°回転させても識別結果は変わらない」というようなメタモルフィック関係を定義すれば、正解データがなくてもテストを実行できます。

テスト用入力データの収集が不十分なケース

次に利点②に着目してみましょう。利点②は、テスト用入力データ（ソース入力データ）から、別のテスト用入力データ（フォローアップ入力データ）を自動で作成するので、テスト用入力データを追加できることでした。この点は、テスト用入力データを十分に収集できていない場合に有効と考えられます。

例えば数字画像の場合、MNISTデータセットには傾いた画像や崩れた文字など多様な数字が含まれていますが、実用に向けては、より多くの可能性を考慮しておく必要があります。文字が枠をはみ出して途切れていたり、下線が引かれていたりするかもしれません。そうした画像はMNISTデータセットには含まれていないので、別途用意することが望まれます。

このように、テスト用入力データが不十分な場合に、メタモルフィックテスティングは有効です。既存の画像をソース入力データとし、「枠の外側まで文字をずらしても識別結果は変わらない」あるいは「文字に下線を引いても識別結果は変わらない」というメタモルフィック関係に基づいて、メタモルフィックテスティングを適用します。そうすれば、フォローアップ入力データとして、罫線の外側まで文字をずらした画像や下線を追加した画像が得られます。そして、それらを入力した場合でも、AIソフトウェアによる識別結果は加工前のデータ（ソース入力データ）と変わらないことを確認できます。

従来型テストに成功済みだった場合

ここでさらに、ソース入力データについて従来型テストを実施済みであり、AIソフトウェアが正しい出力データを返すことを確認済みだったと仮定します。その場合、メタモルフィックテスティングの結果から分かることは次のとおりです。

まず、メタモルフィックテスティングの結果が失敗の場合は、4.1.4項に示したとおり、ソース入力データとフォローアップ入力データの少なくとも片方について、AIソフトウェアは間違った出力データを返すことが分かります。しかし今回は、ソース入力データを与えた場合は正しい出力データを返すことを従来型テストで確認済みです。よって、「AIソフトウェアが間違った出力データを返すのは、フォローアップ入力データを与えた場合である」と特定できます。

次に、メタモルフィックテスティングの結果が成功の場合について考えます。この場合、AIソフトウェアはソース入力データおよびフォローアップ入力データの双方について間違った出力データを返すか、あるいは、双方について正しい出力データを返すことが分かります。しかし今回は、ソース入力データに対しては正しい出力データを返すことを確認済みですので、ソース入力データおよびフォローアップ入力データの双方について間違った出力データを返す可能性を除外でき、「双方について正しい出力データを返す」と特定できます。

このように、ソース入力データに対して従来型テストを実施してからメタモルフィックテスティングを適用することで、フォローアップ入力データに対しても正しい出力データを返すのか、それとも間違った出力データを返すのかを特定できるわけです（図4-7）。

【図4-7】メタモルフィックテスティングと従来型テストの併用

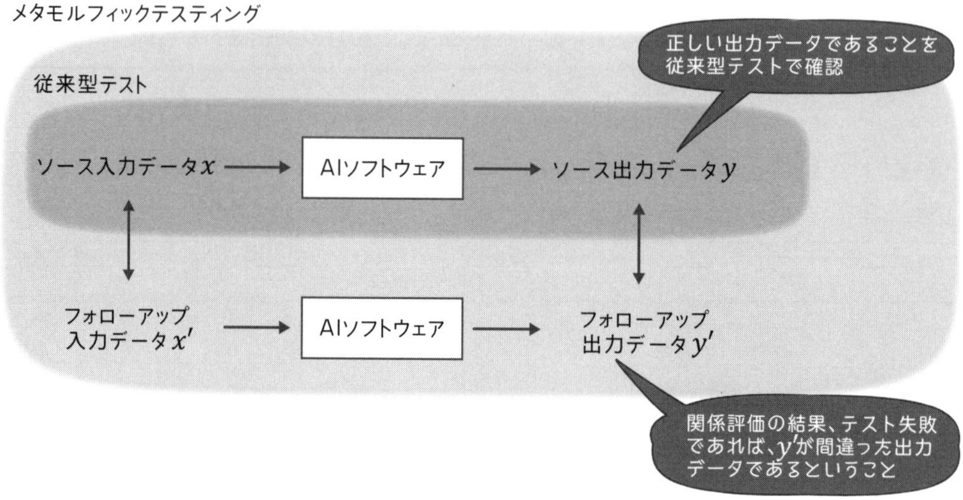

column　テスト成功の場合に分かること・その2

メタモルフィックテスティングの結果がテスト成功だった場合を考えます。さらにそのソース入力データに対して従来型テストを実行したところ、AIソフトウェアは正しい出力データを返すことを確認できたとします。その場合でも、厳密には、「フォローアップ入力データに対しても正しい出力データを返す」とは言い切れない場合があるので注意が必要です。

1.4節のコラムでも述べたように、これはメタモルフィック関係に依存します。4.1.4項で示したsin関数計算ソフトウェアの例を再掲します。

まず、$x = 30°$について従来型テストを実行し、正しい出力データ$y = 0.5$が得られることを確認できたとします。そしてこのxをソース入力データとして、$sin(x) < sin(x + 1°)$というメタモルフィック関係についてメタモルフィックテスティングを実行し、その結果テスト成功になったと仮定します。

この場合、フォローアップ出力データy'についていえるのは、「$0.5 < y'$が成立する」ということのみです。つまり、フォローアップ入力データ$x' = 31°$をAIソフトウェアに入力した場合、正しいフォローアップ出力データy'が得られる可能性もありますし、そうでない可能性もあります。

このように、ソース入力データに対して正しいソース出力データを返すことを確認できた場合でも、メタモルフィック関係次第では、「フォローアップ入力データに対して正しいフォローアップ出力データを返す」とは言い切れない場合があるため注意が必要です。

メタモルフィックテスティングが有効となる条件

メタモルフィックテスティングが有効となる条件をまとめます。まず利点①から、以下の場合にメタモルフィックテスティングを有効活用できそうです。

〈メタモルフィックテスティングを有効活用できる条件・その1〉

・正解データが付与されていないテスト用入力データが多数ある。

また利点②からは、以下の３条件が挙げられます。

〈メタモルフィックテスティングを有効活用できる条件・その2〉

・特定の特徴を持つテスト用入力データの数が不足している。
・既存のテスト用入力データを加工することで、その特徴を持つテスト用入力データを生成できる。
・既存のテスト用入力データに対して、AIソフトウェアが正しい出力データを返すことを、従来型テストによって確認済みである。

次項ではツールを使って、実際にメタモルフィックテスティングを実行してみましょう。

4.2 チュートリアル

３章でセットアップしたツールを使って、メタモルフィックテスティングを実行してみましょう。テスト対象のAIソフトウェアは、3.4.1項で作成したDNNモデルと、それを読み込んで実行する推論プログラムで構成されています。以降、4.1.1項に示したメタモルフィックテスティングの手順との対応関係を示しながら、ツール操作の手続きを説明します。4.1.1項で示した手順は以下のとおりでした。

〈メタモルフィックテスティングの手順（再掲）〉

(1) ソース入力データxを用意する。

(2) ソース入力データxを加工することで、フォローアップ入力データx'を作成する。

(3) ソース入力データxとフォローアップ入力データx'を、テスト対象のソフトウェアに入力し、実行することで、それぞれソース出力データyおよびフォローアップ出力データy'を得る。

(4) ソース出力データyとフォローアップ出力データy'の関係を評価して、テストの成功あるいは失敗を判定する。

4.2.1. メタモルフィックテスティングの実行

(1) ソース入力データxを用意する

ステップ(1)では、ソース入力データを用意します。今回テスト対象とするAIソフトウェアは、MNISTデータセットによって学習済みのDNNモデルに基づいて推論を行います。このDNNモデルは、入力データとして受け付けた手書きの数字画像が「0」から「9」のどのグループに属するかという分類問題を解くための計算モデルです。そこで今回は、MNISTデータセットから10件の画像データをランダムに取得し、ソース入力データとして使用します。

(2) フォローアップ入力データx'を作成する

ステップ(2)ではソース入力データの加工を行います。今回は、ソース入力データの画像を左に5°回転させます。本ツールでは、metamorphic_relation.pyというソースコードに含まれるTという関数に、ソース入力データの加工方法を実装します。metamorphic_relation.pyは図4-8に示す場所にあります。

【図4-8】metamorphic_relation.pyの場所

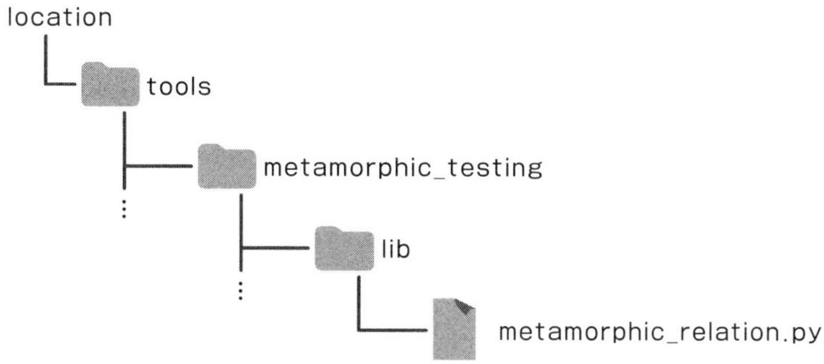

metamorphic_relation.pyを開くと、7行目から13行目に、関数Tを定義する以下の記述が見つかると思います。

```
def T(dset):
    new_dset = []
    rotate = 5
    for d in dset:
        new_d = ndimage.rotate(d, rotate, reshape=False)
        new_dset.append(new_d)
    return np.array(new_dset)
```

この関数Tは、加工対象となる画像データのリストを引数dsetとして受け付けます。そして、dsetからその要素である画像データdを順番に取り出し、ndimage.rotateというメソッドを使って左に5°回転させることで、新たな画像データnew_dを作成します。さらに、作成したnew_dをnew_dsetというリストに格納します。dsetに含まれる全ての画像データdについてこれらの手続きを実行した後、new_dsetを戻り値として返します。

この関数Tにおける画像データdが、ソース入力データ$\boldsymbol{x}$に相当します。また加工後の画像データnew_dは、フォローアップ入力データ$\boldsymbol{x}'$に相当します。つまり関数Tは、ソース入力データ$\boldsymbol{x}$を加工してフォローアップ入力データ$\boldsymbol{x}'$を作成する手続きを、複数のソース入力データに対してまとめて実行します。今回はステップ(1)で10件のソース入力データを用意しましたので、それに対応する10件のフォローアップ入力データを作成します。

この関数Tの手続きを変更することで、ソース入力データからフォローアップ入力データを作成するためのデータ加工方法を自由に変更することができます。後の4.2.2項で、実際に加工方法を変更してみたいと思います。

(3) ソース出力データyとフォローアップ出力データy'を得る

ステップ(3)では、ステップ(1)で用意した10件のソース入力データと、ステップ(2)で作成した10件のフォローアップ入力データを入力にして、AIソフトウェアを実行します。その結果、それぞれのソース入力データに対するソース出力データが得られます。同様に、それぞれのフォローアップ入力データから、フォローアップ出力データが得られます。

3.5.1項では、MNISTデータセットからランダムに取得した画像データを入力にしてAIソフトウェアを実行し、その画像が表す数字を推論しました。それと同様のことを、10件のソース入力データと、10件のフォローアップ入力データに対して実行するということです。

(4) テストの成功／失敗を判定する

ステップ(4)では、ステップ(3)で得られたソース出力データと、対応するフォローアップ出力データとを対比して、両者の関係を評価します。ステップ(2)では、ソース入力データの画像を左に5°回転させました。この加工後の入力データ、即ちフォローアップ入力データをAIソフトウェアに入力した場合、どのようなフォローアップ出力データが返されると期待すべきでしょうか。

左に5°回転するというのは、数字画像にとっては些細な変化であり、数字の意味まで変わってしまうような変化ではありません。つまり、加工の前後で、AIソフトウェアによる識別結果は変わらないことが期待されます。そこで今回は、ソース出力データと、それに対応するフォローアップ出力データが一致する場合にテスト成功とし、一致しない場合にテスト失敗と判定することにします。

本ツールでは、metamorphic_relation.pyに含まれるEという関数に、ソース出力データとフォローアップ出力データの関係に対する評価方法を実装する仕組みになっています。metamorphic_relation.pyの23行目から30行目に、関数Eを定義する以下の記述が見つかると思います。

```
def E(source_y, follow_y):
    result = []
    for s, f in zip(source_y, follow_y):
        if s == f:
            result.append(True)
        else:
            result.append(False)
    return result
```

この関数Eは、ソース出力データのリストであるsource_yと、対応するフォローアップ出力データのリストであるfollow_yを引数として受け付けます。そして、source_yの要素sとfollow_yの要素fをそれぞれ順番に取り出し、その値が一致するかを評価します。一致する場合はTrueを、一致しない場合はFalseをresultというリストに追加します。この手続きをsource_yとfollow_yに含まれる全ての要素について実行した後、resultを戻り値として返します。

この関数Eにおけるsource_yの要素sが、ソース出力データ$\boldsymbol{y}$に対応します。同様にfollow_yの要素fが、フォローアップ出力データ$\boldsymbol{y'}$に対応します。つまり関数Eは、複数のソース出力データ$\boldsymbol{y}$と、対応するフォローアップ出力データ$\boldsymbol{y'}$の関係の評価をまとめて実行しています。ステップ(3)では、10件のソース出力データと、10件のフォローアップ出力データを取得しました。よって関数Eは、これら10組の出力データについて、それぞれが一致するか否かを評価します。

ここで、4.1.2項で説明したメタモルフィック関係について思い出してください。メタモルフィック関係は、「ソース入力データ$\boldsymbol{x}$とフォローアップ入力データ$\boldsymbol{x'}$の関係」、および「ソース出力データ$\boldsymbol{y}$およびフォローアップ出力データ$\boldsymbol{y'}$の関係」の２つの関係で構成されます。そして、ステップ(2)におけるソース入力データ$\boldsymbol{x}$の加工方法、およびステップ(4)におけるソース出力データ$\boldsymbol{y}$とフォローアップ出力データ$\boldsymbol{y'}$の評価方法を決定することは、メタモルフィック関係を定義することと同じです。このうち、ステップ(2)におけるソース入力データ$\boldsymbol{x}$の加工方法は、上述の関数Tに記述しました。同様に、ステップ(4)におけるソース出力データとフォローアップ出力データの評価方法は、上述の関数Eに記述しました。つまり、関数Tおよび関数Eは、メタモルフィック関係の実装と言えます。

以上、ステップ(1)から(4)までのメタモルフィックテスティングの手順は、３章でセットアップしたツールを使用することで、自動実行できます。しかも本ツールは、ステップ(1)から(4)までの手順を1度実行するだけでなく、規定回数繰り返すようになっています。この繰り返し実行について詳しく説明します。

繰り返し実行

メタモルフィックテスティングの上記４ステップを1度実行すると、ソース入力データ$\boldsymbol{x}$、フォローアップ入力データ$\boldsymbol{x'}$、ソース出力データ$\boldsymbol{y}$、フォローアップ出力データ$\boldsymbol{y'}$、および$\boldsymbol{y}$と$\boldsymbol{y'}$の関係を評価した結果が得られます。今回使用する10件のソース入力データを、それぞれ$x_1{}^1, x_2{}^1, \ldots, x_{10}{}^1$と表すことにします。同様に、フォローアップ入力データを$x'_1{}^1, x'_2{}^1, \ldots, x'_{10}{}^1$と表します。さらに、ソース出力データとフォローアップ出力データを、それぞれ$y_1{}^1, y_2{}^1, \ldots, y_{10}{}^1$、および$y'_1{}^1, y'_2{}^1, \ldots, y'_{10}{}^1$と表すことにします。例えば、$x_1{}^1$のフォローアップ入力データが$x'_1{}^1$であり、$x_1{}^1$と$x'_1{}^1$に対応する出力データが、それぞれ$y_1{}^1$と$y'_1{}^1$です。

本ツールを実行すると、まず、メタモルフィックテスティングを1度実行します。その結果、$x_1{}^1, x_2{}^1, \ldots, x_{10}{}^1$、$x'_1{}^1, x'_2{}^1, \ldots, x'_{10}{}^1$、$y_1{}^1, y_2{}^1, \ldots, y_{10}{}^1$、および$y'_1{}^1, y'_2{}^1, \ldots, y'_{10}{}^1$が得られます。本ツールはさらにその後、$x'_1{}^1, x'_2{}^1, \ldots, x'_{10}{}^1$をソース入力データとして、2回目のメタモルフィックテスティングを行います。ソース入力データの加工方法や、ソース出力データとフォローアップ出力データの関係評価方法（即ちメタモルフィック関係）は1回目と同じです。

ここで、2回目のソース入力データを$x_1{}^2, x_2{}^2, \ldots, x_{10}{}^2$と表すことにします。つまり、$x'_1{}^1 = x_1{}^2$かつ$x'_2{}^1 = x_2{}^2$かつ …かつ$x'_{10}{}^1 = x_{10}{}^2$です。2回目のメタモルフィックテスティングを実行することで、フォローアップ入力データ$x'_1{}^2, x'_2{}^2, \ldots, x'_{10}{}^2$が作成されます。同様にソース出力データ$y_1{}^2, y_2{}^2, \ldots, y_{10}{}^2$と、フォローアップ出力データ$y'_1{}^2, y'_2{}^2, \ldots, y'_{10}{}^2$が得られます。続けて、$x'_1{}^2, x'_2{}^2, \ldots, x'_{10}{}^2$をソース入力データ$x_1{}^3, x_2{}^3, \ldots, x_{10}{}^3$として、３回目のメタモルフィックテスティングを実行します。本ツールでは、このようなメタモルフィックテスティングの繰り返しを、規定回数まで実行するようになっています。繰り返し回数の初期値は10回に設定されています。

今回の例では、ソース入力データの加工方法として、もとの数字画像を左に5°回転させました。そのため、２回目のメタモルフィックテスティングにおけるフォローアップ入力データは、（無加工のデータと比較して）左に10°回転した画像になります。このように5°ずつ傾きが増加して、10回目におけるフォローアップ入力データは、左に50°回転した画像になります。

ツールの実行

それでは実際にツールを実行してみましょう。ターミナルを開き、以下のコマンドを実行してフォルダlocation/tools/metamorphic_testing/example/mnistに移動します。

```
>cd location/tools/metamorphic_testing/example/mnist
```

そしてこのフォルダから、以下のコマンドを実行します。

```
>python run_mnist.py
```

これにより、上述のステップ(1)から(4)の一連の手続きが、ソース入力データ１件につき10回繰り返し実行されます。実行が終わると、ターミナルには以下のようなメッセージが表示されると思います。

```
Input ID: Result
1       : [T, T, T, T, F, F, F, F, F, F]
2       : [T, T, F, F, F, F, F, F, F, F]
3       : [T, T, T, T, T, T, T, T, F, F]
4       : [T, F, F, F, F, F, F, F, F, F]
5       : [T, T, T, T, T, T, T, T, T, T]
6       : [T, T, T, T, F, F, F, F, F, F]
7       : [T, T, T, T, T, F, F, F, F, F]
8       : [T, T, T, T, T, T, T, F, F, F]
9       : [T, T, T, T, T, T, T, T, F, F]
10      : [T, T, T, T, T, T, F, F, F, T]
```

Input IDは、ソース入力データの識別番号を表しています。MNISTデータセットから取得した10件のデータに対して、順に1から10までの番号を振っています。

Resultは、メタモルフィックテスティングの実行結果を表しています。TはTrueの略でテスト成功を表します。即ち、ソース出力データとフォローアップ出力データが一致したことを意味します。FはFalseの略でテスト失敗、即ち、ソース出力データとフォローアップ出力データは一致しなかったということです。Resultには、TあるいはFが10個並んでいますが、一番左は1回目の実行結果、一番右は10回目のメタモルフィックテスティングの実行結果を表しています。

例として、IDが「1」のソース入力データについてResultを見てみましょう。1回目の実行結果はTですのでテスト成功です。つまり、ソース入力データ$x_1{}^1$についてメタモルフィックテスティングを実行した結果、ソース出力データ$y_1{}^1$とフォローアップ出力データ$y'_1{}^1$が一致したことになります。2回目から4回目までもTですが、5回目からFに変わっています。これは、「画像$x_1{}^1$に対して左に5°回転するという加工を4回実施しても、AIソフトウェアによる識別結果は変わらないが、5回以上実施すると識別結果が変わってしまう」ことを意味しています。

画像データを確認してみる

実際に加工前の画像データ$x_1{}^1$と、加工後の画像データである$x'_1{}^1, x'_1{}^2, \ldots, x'_1{}^{10}$の一部を見てみましょう。これらの画像データは、以下のフォルダに保存されています。

```
location/tools/metamorphic_testing/example/mnist/
```

このフォルダ内には、「20201112175854」というような数字列のフォルダがあると思います。これは、run_mnist.pyを実行した年月日時分秒を表しています。さらに、この年月日時分秒のフォルダの下には、「ID_1」、「ID_2」、…「ID_10」というようにソース入力データのIDごとにフォルダが作成されており、これらのフォルダに加工前の画像データと、加工後の画像データが保存されています。

各々の画像データには、例えば「#0_prediction_5.png」や「#1_prediction_5.png」という名前が付けられています。このうち#0は、加工前の画像データであることを表しています。「ID_1」のフォルダに含まれる#0の画像は、$x_1{}^1$に対応する画像データということになります。#1は、関数Tによる加工を1回行ったデータであることを意味します。即ち、$x'_1{}^1$に対応する画像データです。#2から#10についても同様です。またpredictionは、AIソフトウェアによる識別結果を表しています。「prediction_5」の場合は、その画像データをテスト対象のAIソフトウェアに入力したところ、「5」と識別されたということです。

それでは実際に、$x_1{}^1$に相当する画像データである「ID_1/#0_prediction_5.png」を開いてみましょう。図4-9のような画像を確認できると思います。

【図4-9】加工前の数字画像データ$x_1{}^1$

次に、1回目のメタモルフィックテスティングで作成されたフォローアップ入力データ$x'_1{}^1$を見てみましょう。$x'_1{}^1$に相当する「ID_1/#1_prediction_5.png」を開くと、図4-10のような画像を確認できると思います。

【図4-10】1回目のメタモルフィックテスティングで作成したフォローアップ入力データ$x'_1{}^1$

$x_1{}^1$を表す「#0_prediction_5.png」と比較すると、$x'_1{}^1$である「#1_prediction_5.png」は左に少しだけ（5°だけ）回転していることが分かると思います。1回目のメタモルフィックテスティングの結果はT、つまりテスト成功ですので、$x'_1{}^1$をAIソフトウェアに入力すると、$x_1{}^1$と同じ出力データが得られるということです。実際にこれらのファイルの名前に含まれる「prediction_5」という文字列から、$x_1{}^1$と$x'_1{}^1$のいずれの場合もAIソフトウェアは「5」と識別したことが分かります。では続いて、4回目のメタモルフィックテスティングで作成したフォローアップ入力データ$x'_1{}^4$を見てみましょう。$x'_1{}^4$に相当する「ID_1/#4_prediction_5.png」を図4-11に示します。

【図4-11】4回目のメタモルフィックテスティングで作成したフォローアップ入力データ$x'_1{}^4$

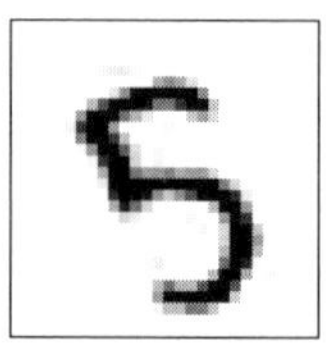

「#0_prediction_5.png」と比較すると、左に大きく（20°）回転していることが分かります。ただし、4回目の結果もテスト成功ですので、$x'_1{}^4$も$x_1{}^1$と同様に「5」と識別されます。続けて、5回目のメタモルフィックテスティングで作成したフォローアップ入力データ$x'_1{}^5$を見てみましょう。$x'_1{}^5$に相当する「ID_1/#5_prediction_9.png」を図4-12に示します。

【図4-12】5回目のメタモルフィックテスティングで作成したフォローアップ入力データx'^{5}_{1}

図4-11の「ID_1/#4_prediction_5.png」と同様に、左に大きく(25°)回転していることが見て取れると思います。ただし、4回目とは異なり、5回目の結果はテスト失敗でした。つまり、x'^{5}_{1}をAIソフトウェアに入力すると、「5」とは異なる識別結果が出力されるということです。実際にx'^{5}_{1}のファイル名には「prediction_9」が含まれることから、識別結果は「5」ではなく「9」であると分かります。

テスト結果から言えること

このように5回目のメタモルフィックテスティングでテスト失敗になるということは、何を意味しているでしょうか。4回目までの結果はテスト成功でした。つまり、加工前の画像データx^{1}_{1}を左に20°まで回転させても、テスト対象のAIソフトウェアは正しく識別できるという意味です。しかし、5回目になるとテスト失敗ですから、25°まで回転させてしまうと、AIソフトウェアは画像を正しく識別できなくなるということです。つまり、正しく識別する場合と間違って識別する場合の境界が、20°と25°の間にあることになります。もちろんこれは左回転に関しての話ですので、右回転を試すと、また違う結果になるかもしれません。

では、メタモルフィックテスティングによってこのような結果が得られた場合、テスト対象のAIソフトウェアには「問題がある」と考えるべきでしょうか、それとも「問題ない」といえるでしょうか。一連のメタモルフィックテスティングの結果からいえることは、「数字画像データを25°程度左に回転させると、AIソフトウェアは正しく識別できなくなる」ということです。

25°という数値が「小さすぎる」という意見があるかもしれませんが、画像を回転させていくと徐々に識別が難しくなっていくのは当然です。なぜなら、テスト対象のAIソフトウェアでは、MNISTデータセットをそのまま学習したDNNモデルを使用しており、回転した数字画像の学習はほとんど行っていないからです。ただし、MNISTデータセットの中には、はじめから少し傾いた数字画像も含まれますので、多少の回転であれば正しく識別できるはずです。以上の考察から、このAIソフトウェアの「多少回転させても正しく識別可能だが、ある限界を超えると正しく識別できなくなる」という性質は、多くの場合想定内であり「問題ない」と判断されるのではないでしょうか。

より複雑な結果となった場合

ここで仮に、Resultが[T,T,T,T,F,T,T,F,F,F]になった場合について考えてみましょう。このケースでは、5回目のメタモルフィックテスティングでテスト失敗になるも、その後の6回目ではテスト成功に逆戻りしています。さらに、8回目から再度テスト失敗になります。この結果を解釈すると、画像を左に25°回転させるとAIソフトウェアは識別に失敗するが、5°加えて30°回転させると正しく識別できるようになり、さらに40°まで回転させると再度識別に失敗するということです。この結果について、読者の皆さんの多くは、何か違和感を覚えるのではないかと思います。

上述のとおり、テスト対象のAIソフトウェアは回転に対する学習が不十分ですので、入力データの画像を回転させていくと識別が難しくなり、ある限界を超えると正しく識別できなくなると想定されます。前の例では、識別成否の境界が20°から25°の間の1カ所にあり、それ以上回転させると識別に失敗するという結果でした。これは上記想定と一致しており、納得できる結果です。一方、今回の例では、25°回転させると識別に失敗し、その後30°まで回転させると成功となり、さらに40°まで回転させると再度失敗するようになります。これは「明確な識別成否の境界が存在しない」ということであり、上記の「画像を回転させていくと識別が難しくなり、ある限界を超えると正しく識別できなくなる」という想定と整合しません。

つまり、このメタモルフィックテスティングの結果は、「使用しているDNNモデルが想定どおりに学習されていない」可能性を示唆しています。このように、メタモルフィックテスティングを繰り返し適用し、一連の結果を観察することによって、学習済みモデルの誤りに気づくこともあります。

4.2.2. データ加工方法の変更

メタモルフィックテスティングの手順ステップ(2)では、ソース入力データを加工してフォローアップ入力データを作成します。4.2.1項で述べたとおり、本ツールでは、ソース入力データの加工方法を関数Tとして実装します。本項ではこの関数Tの内容を変更してみたいと思います。

関数Tは図4-8に示したmetamorphic_relation.pyに記述されています。metamorphic_relation.pyを開くと、7行目から13行目に関数Tが記述されています。

```
def T(dset):
    new_dset = []
    rotate = 5
    for d in dset:
        new_d = ndimage.rotate(d, rotate, reshape=False)
        new_dset.append(new_d)
    return np.array(new_dset)
```

現状の関数Tは、ソース入力データを5°左に回転することでフォローアップ入力データを作成します。本項ではこの関数Tを、“ぼかし”を入れる手続きに書き換えます。具体的には、以下のとおりに書き換えます。

```
def T(dset):
    new_dset = []
    sigma = 1
    for d in dset:
        new_d = ndimage.gaussian_filter(d, sigma)
        new_dset.append(new_d)
    return np.array(new_dset)
```

手続きの流れは、書き換え前とほとんど変わりません。まず、加工対象となる画像データのリストを、引数dsetとして受け付けます。そしてdsetから、その要素である画像データdを順番に取り出します。書き換え前は、データdに対してndimage.rotateというメソッドを使用していましたが、今回はndimage.gaussian_filterというメソッドを適用します。このメソッドによりdにぼかしを入れ、新たな画像データnew_dを作成します。new_dはリストnew_dsetに格納します。dsetに含まれる全ての画像データdについてこれらの手続きを実行した後、new_dsetを戻り値として返します。

関数Tの書き換えが終わったら忘れずにファイルを上書き保存してから、以下のコマンドでrun_mnist.pyを実行してみましょう。

```
>cd location/tools/metamorphic_testing/example/mnist
>python run_mnist.py
```

以下のような結果がターミナルに出力されると思います。

```
Input ID: Result
1       : [T, T, T, T, T, T, T, T, T, F]
2       : [T, T, F, F, F, F, F, F, F, F]
3       : [T, T, T, T, T, T, T, T, T, T]
4       : [T, T, T, F, F, F, F, F, F, F]
5       : [T, T, T, T, T, T, T, T, T, T]
6       : [T, T, T, T, T, T, T, T, T, T]
7       : [T, T, T, T, T, T, T, T, T, T]
8       : [T, T, T, T, T, T, T, T, T, T]
9       : [T, T, T, F, F, F, F, F, F, F]
10      : [T, T, F, F, F, F, F, F, F, F]
```

それでは、作成されたフォローアップ入力データを見てみましょう。例えばIDが1の画像データについて、1回目のメタモルフィックテスティングで作成したフォローアップ入力データ$\boldsymbol{x}'^{1}_{1}$を見てみましょう。

「ID_1/#1_prediction_5.png」を開いてみてください。図4-13のような、ぼやけた数字画像を確認できると思います。

【図4-13】加工方法変更後のフォローアップ入力データ x'^{1}_{1}

では次に、9回目のメタモルフィックテスティングで作成したフォローアップ入力データx'^{9}_{1}を見てみましょう。「ID_1/#9_prediction_5.png」を開くと、図4-14に示す画像を確認できると思います。

【図4-14】加工方法変更後のフォローアップ入力データ x'^{9}_{1}

このファイルの名前を見てみると「prediction_5」が含まれています。つまり、ここまでぼやけた画像でも、AIソフトウェアは正しく「5」と識別できたようです。

ちなみに次の画像である「#10_prediction_8.png」のファイル名には、「prediction_8」が含まれていますので、この画像は正しく識別できなかったようです。人間にとってはほとんど同じに見えますが、AIソフトウェアにとっては「#9_prediction_5.png」と「#10_prediction_8.png」の違いが、正しく識別できるかどうかの境界のようです。

4.2.3. データ加工回数の変更

4.2.1項で述べたとおり、本ツールでは、規定回数までメタモルフィックテスティングを繰り返し実行するようになっています。繰り返し回数の初期値は10回に設定されていますが、変更することも可能です。

location/tools/metamorphic_testing/example/mnist/というフォルダに含まれる、config.jsonというファイルを開いてみてください。以下の記述が見つかると思います。

```
{
  "NumTransformation": 10
}
```

このNumTransformationという項目が、繰り返し実行の規定回数を表しています。現在は値が10になっていますので、これを20に変更してからconfig.jsonを上書き保存してください。そして、以下のコマンドでrun_mnist.pyを再度実行してみましょう。

```
>cd location/tools/metamorphic_testing/example/mnist
>python run_mnist.py
```

実行結果の読み方は基本的に同じなので、詳細は割愛しますが、Resultに示されるTまたはFの列が、10点から20点に増えていることを確認できると思います。

本章のまとめ

本章では、AIソフトウェア向けのテスト手法の一つとして、メタモルフィックテスティングを紹介しました。4.1節では、メタモルフィックテスティングの手順を示したのち、メタモルフィックテスティングによって分かること、分からないことを従来型テストと対比しながら説明しました。さらにその対比結果に基づいて、有効な活用方法を示しました。

4.2節では、3章でセットアップしたツールを使って、実際にメタモルフィックテスティングを実行しました。メタモルフィックテスティングの重要な要素であるメタモルフィック関係や、使用するソース入力データ、およびフォローアップ入力データの具体例を確認できたと思います。

次章では、ニューロンカバレッジテスティングを紹介します。ニューロンカバレッジテスティングは、テスト用入力データを加工するという点において、メタモルフィックテスティングと類似していますが、その加工方法の選び方に工夫があります。

第5章

ニューロンカバレッジテスティング

本章では、DNNモデル向けテスト手法のひとつである「ニューロンカバレッジテスティング」を紹介します。ニューロンカバレッジとは、DNNモデルに対するテストの網羅度を表す指標のひとつです。本章ではまず、ニューロンカバレッジについて説明します。その後、ニューロンカバレッジの計測方法や、ニューロンカバレッジを活用したテスト手法について説明します。

5.1 従来のカバレッジとニューロンカバレッジ

DNNモデルに対するテストの網羅度を表す指標のひとつに、「ニューロンカバレッジ」があります。従来から、ソフトウェアテストの網羅度を表す指標として「カバレッジ」という概念があります。カバレッジは、ソフトウェアの振る舞いを、テストによってどのくらい確認したかを表します。この指標をDNNモデルに適用したものがニューロンカバレッジです。

5.1.1. 従来型ソフトウェアのカバレッジ

従来型ソフトウェアのテストでは、そのソフトウェアをどの程度確認済みかを表すために、カバレッジと呼ばれる指標を用いることがあります。カバレッジは0から100のパーセンテージで表される値であり、値が大きいほど、対象ソフトウェアの振る舞いパターンをより多く確認したことになります。

このカバレッジを活用したテストを「カバレッジテスティング」と呼び、カバレッジの目標値を決め、その目標値に達するようにテストを行います。コラムで詳しく説明しますが、カバレッジを上げるためには、プログラムに含まれる命令文や分岐が満遍なく実行されるように、テスト用入力データを作成する必要があります。このように、やみくもにテスト用のデータを作成してテストするのではなく、カバレッジが向上するようにテスト用入力データを選択していく手法がカバレッジテスティングです。

ちなみに2章の2.4.2項では、従来型ソフトウェアのテスト手法の種類として、ホワイトボックステストとブラックボックステストを挙げました。カバレッジテスティングは、上述のとおり、ソフトウェアの中身であるプログラムを見ながらテストする手法ですので、ホワイトボックステストの一種です。

column 命令網羅・分岐網羅・条件網羅

上述のとおり、カバレッジとは、テスト対象ソフトウェアの振る舞いパターンをどの程度網羅的に確認したかを表す指標です。この「ソフトウェアの振る舞いパターン」には、いくつかのバリエーションがあります。ここでは、図5-1のプログラムを例に、「命令網羅」、「分岐網羅」および「条件網羅」という３つの考え方を紹介します。

図5-1は、４つの命令文と２つの条件分岐からなるプログラムを模式的に表しています。まず命令網羅から説明します。

命令網羅

命令網羅では、全ての命令文を少なくとも1度実行すれば、「振る舞いパターンを網羅した」と考えます。全ての命令文のうち1度以上実行済みのものが占める割合を「命令網羅率」と呼び、テスト網羅度を測る指標とします。

例えば図5-1のプログラムに、ある入力データを与えたところ、命令文1、分岐1、命令文2、分岐2、命令文3という順番で実行されたとします。このように命令文や分岐を実行する順番を「実行経路」と呼び、図5-2では太い矢印で表しています。

この実行経路では、4つのうち3つの命令文を実行していますので、命令網羅率は75%です。

では、100%にするには、どのような入力データを与えればよいでしょうか。先ほどと同じ実行経路を通るデータでは、命令網羅率は変わりません。つまり、未実行の命令文4を通る必要があります。例えば図5-3の経路を通るデータを与えればよさそうです。

【図5-1】従来型プログラムの例

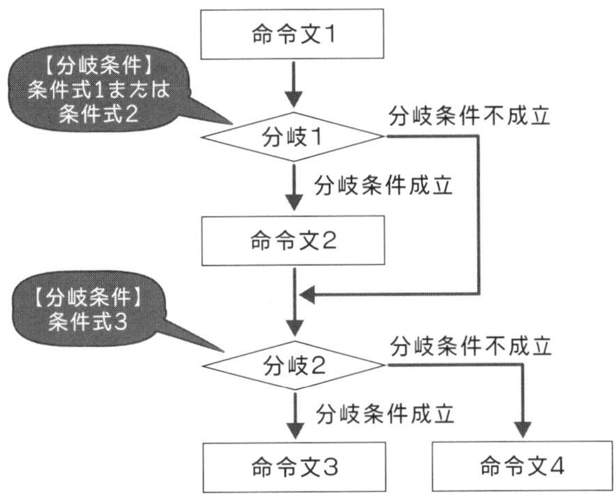

分岐網羅

分岐網羅では、個々の分岐について、分岐条件が成立の場合と不成立の場合を少なくとも1回ずつ実行すれば、振る舞いパターンを網羅したと考えます。

例えば図5-1のプログラムでは、2つある分岐のそれぞれについて、分岐条件が成立した場合と不成立の場合の分岐先が定義されています。これら4つの分岐先を全て実行しなければ、網羅的に確認したことにはなりません。

【図5-2】プログラムの実行経路の例

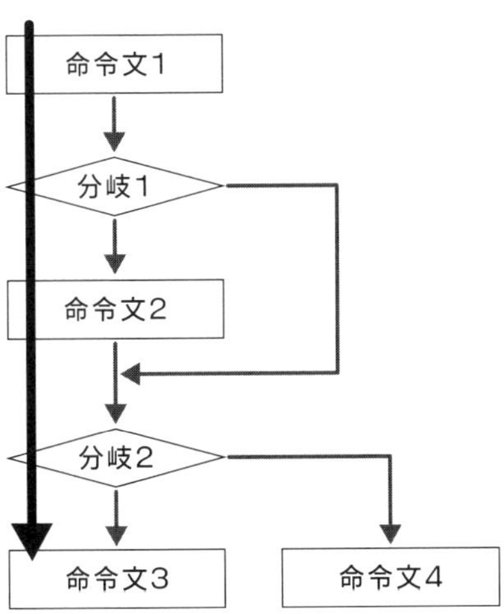

【図5-3】命令文 4 を通る実行経路の例

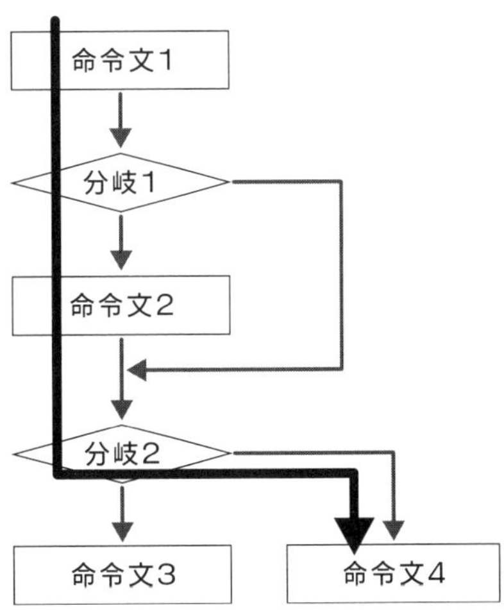

今回の例では、例えば図5-4に示す２つの経路を実行すると、分岐網羅率は100%になります。

実行経路1は、分岐1の条件が成立する場合と、分岐2が成立する場合の２ケースを通るので、分岐網羅率は50%になります。実行経路2は、分岐1･分岐2の分岐条件がそれぞれ不成立の場合を通ります。よって、実行経路1と実行経路2を合わせると、分岐網羅率は100%になります。

【図5-4】分岐網羅率 100% になる実行経路の例

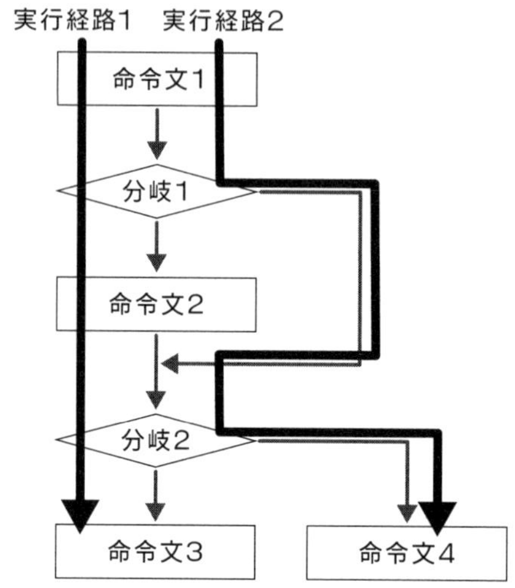

条件網羅

条件網羅では、分岐条件を構成する個々の条件式について、その条件式が成立する場合と不成立の場合をそれぞれ1回以上実行すれば、振る舞いパターンを網羅したと考えます。

図5-1の例では、分岐1において、「条件式1または条件式2」という分岐条件が定義されています。これは、「2つの条件式のいずれか一方が成立する場合に、分岐1の分岐条件が成立する」という意味です。同様に分岐2には、条件式3が定義されています。

条件網羅率を100%にするには、これら３つの条件式が成立する場合と不成立の場合を、少なくとも1回ずつ実行する必要があります。つまり、全部で６ケースになります。

ここで、図5-4の実行経路1でプログラムを実行した時、分岐1では条件式1と条件式2の双方が成立したと仮定します。また分岐2では、条件式3が成立します（分岐2で条件式3が成立しない場合は、実行経路1とは異なる経路になります）。この場合､6ケースのうち3ケースを実行したことになり、条件網羅率は50%です。

では、100%にするには、次にどのようなテスト用入力データを与えればよいでしょうか。正解は図5-4の実行経路2を通るデータです。実行経路2でプログラムを実行したということは、分岐1では条件式1と条件式2の双方が不成立であり、分岐2では条件式3が不成立だったということです。実行経路1と2を通れば､6ケース全部を実行したことになり、条件網羅率は100%になります。

これらの網羅率の総称が「カバレッジ」であり、カバレッジが基準値に到達するようにテストを行う手法が､「カバレッジテスティング」です。カバレッジを向上するためには、プログラムの構造を解析し、（適用する網羅率の考え方に従って）命令文や分岐、あるいは条件式が満遍なく実行されるようにテスト用入力データを選択します。カバレッジが向上するようにテストを行うことで、1度も実行確認されていない命令文や条件分岐、または1度も評価されていない条件式などを減らせます。その結果、ソフトウェアの誤りを効率的に検出できると考えられています。

5.1.2. カバレッジのDNNモデルへの適用

従来型ソフトウェアにおけるカバレッジとは、テスト対象ソフトウェアの振る舞いパターンを、どの程度網羅的に確認したかを表す指標でした。では、DNNモデルをテスト対象とした場合、この「ソフトウェアの振る舞いパターン」をどのように考えればよいでしょうか。

前項のコラムでは、従来型ソフトウェアの振る舞いパターンの捉え方として、命令文網羅、分岐網羅、条件網羅を紹介しました。これらの指標をDNNモデルに適用するとどうなるでしょうか。

1.5.1項で説明したように、DNNモデルは入力層、中間層、および出力層で構成されています(中間層の数は複数の場合もあります)。また、学習済みのモデルを読み込んで実行するプログラムを、「推論プログラム」と呼んでいます。推論プログラムは、推論対象の入力データを受け付けて、DNNモデルの入力層に格納します。そして、前の層のニューロンの値に基づいて、次の層のニューロンの値を計算するという手続きを繰り返し、最終的に得た推論結果を出力層に格納します。この推論プログラムの振る舞いを、図5-1のように模式的に表すとどのようになるでしょうか。例として、図1-16のDNNモデルを読み込んで実行する推論プログラムを図5-5に示します。

【図5-5】推論プログラムの振る舞い

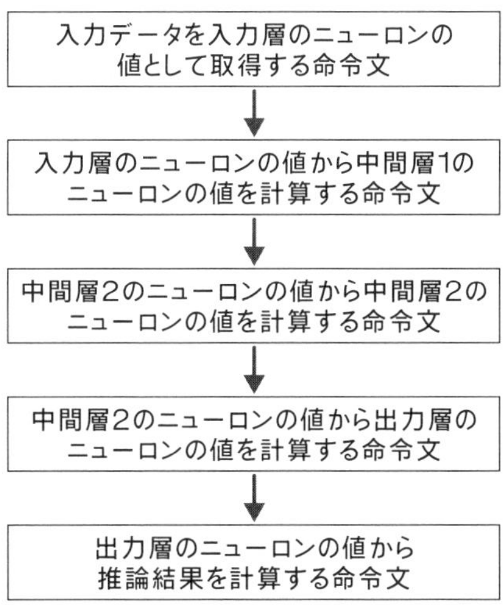
入力データを入力層のニューロンの値として取得する命令文
入力層のニューロンの値から中間層1のニューロンの値を計算する命令文
中間層2のニューロンの値から中間層2のニューロンの値を計算する命令文
中間層2のニューロンの値から出力層のニューロンの値を計算する命令文
出力層のニューロンの値から推論結果を計算する命令文

図5-5に示すプログラムは、「前の層のニューロンの値から、次の層のニューロンの値を計算する」という命令文を上から順に実行します。つまり、分岐がありません。このようなプログラムを対象に、命令網羅率や分岐網羅率、条件網羅率を計算しようとするとどうなるでしょうか。まず、分岐が存在しないので、分岐に関するカバレッジである分岐網羅率や条件網羅率は計算できません。また、どのようなデータを入力しても全ての命令文が実行されるので、1度プログラムを実行するだけで、命令網羅率は100%になります。

このように、DNNモデルに対して従来の命令網羅・分岐網羅・条件網羅などのカバレッジ計測方法を直接適用するのは難しそうです。しかし、カバレッジテスティングの根っこの考え方である、「テスト対象ソフトウェアの振る舞いパターンを定義し、そのパターンを満遍なく網羅するようにテストを行う」というアプローチは、DNNモデルにも適用できるかもしれません。このアプローチを実現するためには、命令網羅・分岐網羅・条件網羅とは異なる、DNNモデル向けの振る舞いパターンの考え方を策定する必要があります。このような経緯で提案された、DNNモデル向けの振る舞いパターンの考え方が「ニューロンカバレッジ」です。

5.1.3. ニューロンの活性状態に着目する

ニューロンの活性状態とは？

ニューロンカバレッジとは、DNNモデルを構成するニューロンのうち、テスト実行の結果、少なくとも1度は活性化したニューロンの割合を表します。図1-12および図1-16のDNNモデルを使って、例を示します。

【図5-6】DNN モデルの例（図1-16 の再掲）

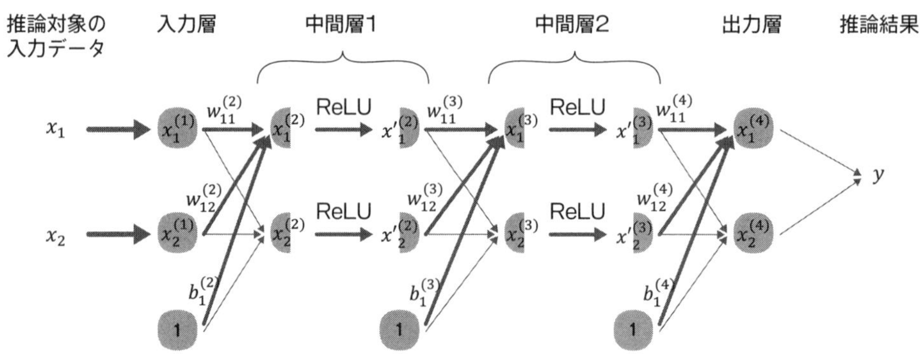

図5-6のDNNモデルは入力層、中間層１、中間層２、および出力層の計４層で構成されています。ここで、中間層1のニューロンの値である$x'^{(2)}_1$と$x'^{(2)}_2$から、中間層2のニューロンの値$x'^{(3)}_1$を計算する手続きをおさらいしましょう。まず$x'^{(2)}_1$と$x'^{(2)}_2$から、以下の式(1)によって$x^{(3)}_1$を計算します。

$$x^{(3)}_1 = w^{(3)}_{11} \times x'^{(2)}_1 + w^{(3)}_{12} \times x'^{(2)}_2 + b^{(3)}_1 \qquad \cdots\cdots\cdots (1)$$

次に、活性化関数σを適用することで、$x^{(3)}_1$から$x'^{(3)}_1$を計算します。このDNNモデルでは活性化関数としてReLU関数を使用していますので、以下の式(2)のとおり$x'^{(3)}_1$が計算されます。

$$x'^{(3)}_1 = \sigma\left(x^{(3)}_1\right) = \begin{cases} x^{(3)}_1 & \left(x^{(3)}_1 > 0\right) \\ 0 & \left(x^{(3)}_1 \leq 0\right) \end{cases} \quad \cdots\cdots\cdots (2)$$

ReLU関数では、$x^{(3)}_1$の値が0よりも大きければ、$x^{(3)}_1$の値をそのまま$x'^{(3)}_1$の値とし、$x^{(3)}_1$の値が0以下であれば、$x'^{(3)}_1$の値を0とします。中間層2のもう片方のニューロンの値である$x'^{(3)}_2$も、同様の式で計算されます。

ここでさらに、中間層2の$x'^{(3)}_1$および$x'^{(3)}_2$から、出力層のニューロンの値$x^{(4)}_1$を計算する式(3)を見てみましょう。

$$x^{(4)}_1 = w^{(4)}_{11} \times x'^{(3)}_1 + w^{(4)}_{12} \times x'^{(3)}_2 + b^{(4)}_1 \quad \cdots\cdots\cdots (3)$$

そして$x'^{(3)}_1$の値が0の場合、この式(3)は、以下の式(4)になります。

$$x^{(4)}_1 = w^{(4)}_{12} \times x'^{(3)}_2 + b^{(4)}_1 \quad \cdots\cdots\cdots (4)$$

このように$x'^{(3)}_1$の値が0の場合、$x'^{(3)}_1$は$x^{(4)}_1$の計算式に現れません。同様に、$x^{(4)}_2$の計算式にも$x'^{(3)}_1$は現れません。そして、これら$x^{(4)}_1$や$x^{(4)}_2$から推論結果yが計算されます。つまりこの場合、推論結果yを計算する過程において、$x'^{(3)}_1$のニューロンはまるで存在しないかのように扱われるということです。

このように、活性化関数を適用する前の値が0以下で、次層のニューロンの値の計算に使われていないニューロンのことを「非活性のニューロン」と呼びます。逆に値が0より大きく、次層のニューロンの値の計算に使われているニューロンのことを「活性化したニューロン」と呼びます。そして、ニューロンが活性化されている、あるいは非活性である状態のことを、「ニューロンの活性状態」と呼ぶことにします。

また、ニューロンの値が0より大きくても、その値がとても小さければ、そのニューロンが次層のニューロンに与える影響は小さいといえます。よって、ある閾値を設定し、ニューロンの値がその閾値よりも大きければ「活性化したニューロン」、閾値以下であれば「非活性のニューロン」と判定する場合もあります。

例えば、活性化関数としてシグモイド関数を使用する場合、活性化関数を適用した後のニューロンの値が0以下になることはありませんので、閾値を設定して活性化したニューロンと非活性のニューロンを定義することになります。本書では、図1-9のように活性化関数としてReLU関数を採用しているDNNモデルを例題にしていますので、以降、活性化関数を適用する前の値が0よりも大きいニューロンを「活性化したニューロン」、0以下のニューロンを「非活性のニューロン」と位置付けます。

このように、非活性のニューロンの値は推論結果に反映されませんが「なくてもよい」というわけでは決してありません。実は、あるデータを推論対象として与えたとき、あるニューロンが非活性になるということは、「そのニューロンの値が0である方が、正しい推論結果が得られる」という法則を学習した（パラメータを調整した）ということにほかなりません。別の言い方をすると、非活性ニューロンの値は推論結果に反映されないのではなく、「0という値が推論結果に反映された」と解釈すべきなのです。この解釈に従うと、本章で説明するニューロンカバレッジテスティングは、厳密には、あるニューロンの値が「次層のニューロンの値を増加または減少させる役割で使われたかどうか」に着目した手法といえそうです。

ニューロンカバレッジの考え方

ここまで、ニューロンの値が次層のニューロンの値の計算に使われたかどうかを表す、活性状態という概念について説明しました。このニューロンの活性状態という概念を使って、「DNNモデルの振る舞いパターン」[1]を定義してしまおうというのが、ニューロンカバレッジの基本的なアイデアです。つまり、「入力データを与えた時にあるニューロンが活性化すれば、DNNモデルの振る舞いパターンの1つを確認したとみなす」ということです。

そして、DNNモデルを構成する全てのニューロンが少なくとも1度は活性化するようにテストを実施できれば、そのDNNモデルの全ての振る舞いパターンを確認したとみなします。そうなる（DNNモデルを構成する全てのニューロンが少なくとも1度は活性化する）ようにテストを実行した状態を、「ニューロンカバレッジが100%の状態」と定義します。即ち、ニューロンカバレッジとは、活性化関数を適用する中間層のニューロンのうち、テスト実行によって少なくとも1度は活性化したニューロンの割合を意味します。従来型ソフトウェア向けの命令網羅、分岐網羅、および条件網羅では、それぞれ命令文、分岐、および条件式を少なくとも1度使えば、カバレッジが100%になります。これと同様に、ニューロンカバレッジでは、ニューロンが少なくとも1度活性化すれば、カバレッジは100%になるということです。

ところで、上の説明では、中間層において活性化したニューロンの割合に注目しましたが、入力層や出力層を構成するニューロンは無視してよいのでしょうか。上述のとおりニューロンカバレッジは、ニューロンの活性状態によってDNNモデルの振る舞いパターンを表そうというアイデアです。では、DNNモデルを構成する入力層・中間層・出力層のうち、「DNNモデルの振る舞い」を表す層はどれでしょうか。ソフトウェアの振る舞いとは、入力データから出力データを得るための計算処理を意味します。DNNモデルにおいても、「入力データから出力データを得るための計算処理を担う層が、DNNモデルの振る舞いを表す層だ」といえそうです。

まず、入力層は推論対象のデータを受け取るための層ですので、「そのニューロンの値がDNNモデ

1　より正確には「DNNモデルを読み込んで推論を実行する推論プログラムの振る舞いパターン」とすべきだが、その振る舞いを特徴づけるのは主にDNNモデルであることから省略した。以下同様に表現する。

ルの振る舞いを表す」とはいえなさそうです。また出力層は、DNNモデルが計算した推論結果を置く場所ですので、DNNモデルの振る舞いではなく、DNNモデルの振る舞いの「結果」を表すと考えられます。これに対して中間層は、入力層から出力層を計算する過程で作成された値を保持することから、「DNNモデルの振る舞いを表す」と言えそうです。以上の考えから、主に中間層のニューロンがニューロンカバレッジの計算対象となります。

図5-6のDNNモデルを例に、実際にニューロンカバレッジを計算してみましょう。このDNNモデルに、推論対象のデータ$p = [p_1, p_2]$を与えて実行したときの、中間層1および中間層2の各ニューロンの活性状態の例を図5-7に示します。

【図5-7】図5-6のDNNモデルにおけるニューロンの活性状態の例1

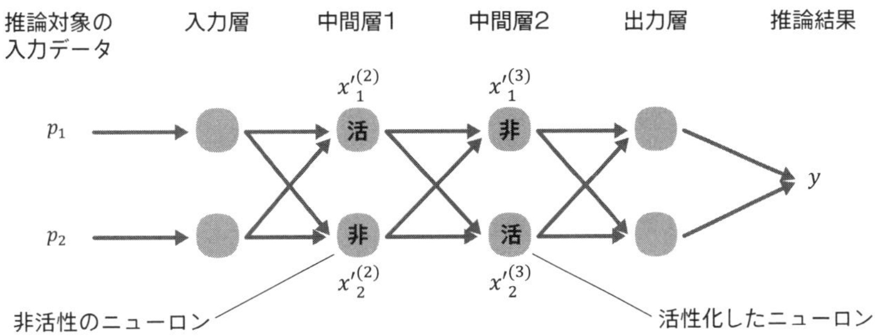

図5-7では、中間層1の$x'^{(2)}_1$のニューロンと、中間層2の$x'^{(3)}_2$のニューロンが活性化しています。中間層1および中間層2にある4つのニューロンのうち、2つが活性化しています。よって、入力データpを与えた時のニューロンカバレッジは、50%となります。

続いて、pとは別のデータである$q = [q_1, q_2]$をDNNモデルに与えたところ、図5-8のような活性状態になったとします。

【図5-8】図5-6のDNNモデルにおけるニューロンの活性状態の例2

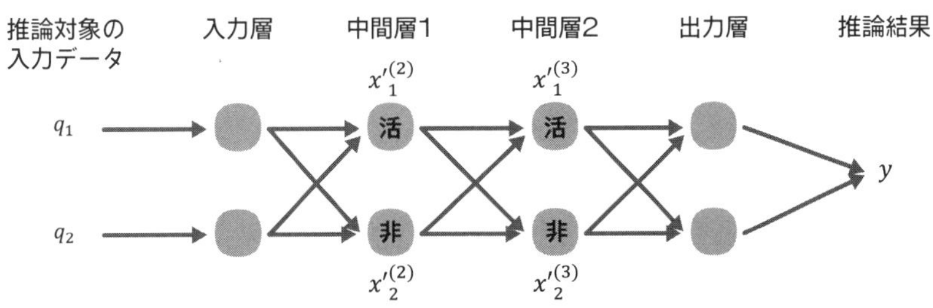

図5-8では、$x'^{(2)}_1$のニューロンと、中間層2の$x'^{(3)}_1$のニューロンが活性化しています。

それでは、入力データ$\boldsymbol{p}$および$\boldsymbol{q}$を与えて実行した場合のニューロンカバレッジを計算してみましょう。$\boldsymbol{p}$を与えた場合は$\boldsymbol{x'}_1^{(2)}$と$\boldsymbol{x'}_2^{(3)}$が活性化し、$\boldsymbol{q}$を与えた場合は$\boldsymbol{x'}_1^{(2)}$と$\boldsymbol{x'}_1^{(3)}$が活性化しました。$\boldsymbol{p}$と$\boldsymbol{q}$により、４つあるニューロンのうち、$\boldsymbol{x'}_1^{(2)}$、$\boldsymbol{x'}_1^{(3)}$、および$\boldsymbol{x'}_2^{(3)}$の３つが活性化したわけです。よって、この場合のニューロンカバレッジは75％となります。

5.2 ニューロンカバレッジをテストに用いる

5.2.1. ニューロンカバレッジを高めるデータ

DNNモデルに基づくAIソフトウェアをテストする場合、テスト用入力データを与えて推論を実行し、その結果、期待どおりの正しい推論結果が得られるかを確認します。もし期待とは異なる、間違った結果を得た場合は、DNNモデルに誤りがあることになります[2]。このDNNモデルのテストにおいて、ニューロンカバレッジが向上するようなテスト用入力データを作成してテストする手法が、「ニューロンカバレッジテスティング」です。ニューロンカバレッジテスティングによって、非活性のニューロンが活性化する入力データを作ることで、簡単には見つかりにくい、稀な誤りを検出できるとされています。

5.1.3項に示したとおり、ニューロンカバレッジは、DNNモデルにテスト用入力データを与えて実行した後、中間層の各ニューロンの活性状態を調べることで計測できます。どのニューロンが活性化するかは、実際に実行してみないと分かりません。そのため、ニューロンカバレッジが100%になるようなテスト用入力データセットを予め準備するのは難しいと考えられます。

そこで、まずは準備できたテスト用入力データセットを使ってニューロンカバレッジを計測し、その後、ニューロンカバレッジが向上するように、テスト用入力データを追加していくのがよさそうです。以降では、ニューロンカバレッジテスティングを適用する状況として、既存のデータセットを用いた1回目のテストは実施済みであると想定します。

5.1.3項の図5-7および図5-8の例では、DNNモデルに入力データ$\boldsymbol{p}$および$\boldsymbol{q}$を与えた結果、$\boldsymbol{x}'^{(2)}_1$、$\boldsymbol{x}'^{(3)}_1$、および$\boldsymbol{x}'^{(3)}_2$の3つのニューロンが活性化し、$\boldsymbol{x}'^{(2)}_2$のニューロンは非活性のままでした。そこで、ニューロンカバレッジテスティングによって、非活性の$\boldsymbol{x}'^{(2)}_2$のニューロンが活性化するような入力データを新たに作成し、テストを実行します。しかし、そのような入力データは、どうすれば作成できるでしょうか。次項では、非活性のニューロンを活性化するテスト用入力データの作成方法を説明します。

5.2.2. テスト用入力データの作成方法

ニューロンカバレッジテスティングを行うには、非活性のニューロンが活性化するようなテスト用入力データを作成しなければなりません。従来型ソフトウェアの場合は、プログラムの構造を解析することで、未実行の命令文などが実行されるようにテスト用入力データを作成できるので、これにより（従来

2　推論プログラムに誤りがあることもあるが、本書ではその可能性を除外して考えるものとする。

の）カバレッジテスティングを実施できます。では、DNNモデルの場合は、どのようにデータを作成すればよいでしょうか。

前項で述べたとおり、ニューロンカバレッジテスティングを適用する状況として、既存のテスト用入力データセットを使った初回のテストは実行済みであると想定しています。そこで次に、この既存の入力データを加工することを考えます。いったいどのように加工すれば、ニューロンカバレッジが向上するでしょうか。以降では、その加工方法を考えたいと思います。

［方法1］実行結果に基づく加工手続きの選択

４章でも触れましたが、既存のデータを加工するときは、どのような方法でもよいというわけではありません。

例えば、数字画像を識別するDNNモデルを対象とする場合、人の目でも識別できないほど画像を加工するのは望ましくありません。なぜなら、そのようなデータをDNNモデルに与えても、正しく識別されるとは誰も期待しませんので、そもそもテストを行う必要がないからです[3]。つまり、「そのDNNモデルが推論対象として受け付けるのは、どのような入力データか」という想定に基づいて、加工方法を決定する必要があります。

そこでまず、対象のDNNモデルに適した加工手続きを複数策定します。加工手続きとは、例えば数字画像を識別するDNNモデルであれば、画像を左右に少し回転する、ぼかしを加える、縮小するなどです。これらのうち１つを無作為に選んで画像１枚を加工することで、新たなテスト用入力データを作成したとします。ここでは仮に、ぼかしを加える加工手続きを選択したとしましょう。では、新たに作成したテスト用入力データは、ニューロンカバレッジを向上するようなデータでしょうか。

前述のとおり、あるテスト用入力データを与えた場合に、DNNモデルを構成するニューロンのうちどれが活性化するは、実際にそのデータを与えて推論を実行してみないと分かりません。そこで、ぼかしを加えた画像データを与えて実行してみます。その結果、ニューロンカバレッジが向上したら、ぼかしを加える加工手続きは、「ニューロンカバレッジが向上するような加工手続きである」といえそうです。そこで、この加工手続きを優先的に使用して、別の既存データを加工します。

では、ニューロンカバレッジが向上しなかった場合は、どうしましょう。その場合、他のテスト用入力データにぼかしを加えても、「ニューロンカバレッジはあまり向上しない」と考えるのが普通でしょう。実際にやってみなければ分かりませんが、少なくとも、ぼかしばかりを何度も繰り返し適用するのは得策ではありません。よって、別の既存データに対しては、ぼかし以外の加工手続きを施します。

ニューロンカバレッジは、どの程度の割合のニューロンが、少なくとも1度は活性化したかを表す指標です。同じような入力データばかり与えていると、同じニューロンばかりが活性化されるため、ニューロンカバレッジは向上しません。これは加工手続きについても言えることで、同じ加工手続きばかりを

[3] 人の目でも識別できないので、そもそも「正しい識別結果が何か」を定義することもできない。

使用していると、いずれニューロンカバレッジは向上しなくなる可能性があります。そこで、最初に選んだ加工手続きをずっと使い続けるのではなく、ニューロンカバレッジの変化状況を確認しながら、優先する加工手続きを適宜切り替えていくことが重要となります。

［方法2］勾配に基づく加工方針の取得

上に示した方法では、実際にDNNモデルを使って推論を実行して、ニューロンカバレッジが向上するかを確認することで、適切な加工手続きを選びました。これに対して、推論を実行せずに、ニューロンカバレッジが向上するような加工の「方針」を得る方法もあります。そのために、DNNモデルの訓練でも登場する「勾配」を活用します。

DNNモデルの訓練では、推論結果が正解に近づくように、DNNモデルのパラメータである重みやバイアスを調整します。そのために、推論結果と訓練用正解データを比較し、その差を「誤差」として計算します。そして、誤差を重みやバイアスで偏微分すると、「勾配」が得られます（コラム参照）。勾配は、「重みやバイアスを増加あるいは減少させると、誤差はどのように変化するか」を表します。そこでこの勾配に基づいて、誤差が小さくなるように重みやバイアスを調整するわけです。

column 偏微分と勾配

微分や積分と聞くと、高校生の頃のほろ苦い想い出が蘇ってきて、本書を閉じたくなる方がいるかもしれません。偏微分は微分の親戚ですので、高校生以上の方は、その頃学んだことを思い出しながらこのコラムを読んでもらえればと思います。「微分なんて聞いたこともない」という方にも分かるように説明します。

改めて「微分とは?」

まずは微分から説明しましょう。微分とは、関数の変数が増加または減少した場合に、「関数の戻り値がどの程度増加あるいは減少するか」を表す値を計算する方法です。この値は「関数の傾き」とも呼ばれます。

図5-9の関数$f(x) = x^2$を例に説明します。この関数fは、変数xを値として受け取り、その値を二乗して（即ちx^2を計算して）返します。

【図5-9】関数$f(x) = x^2$のグラフ

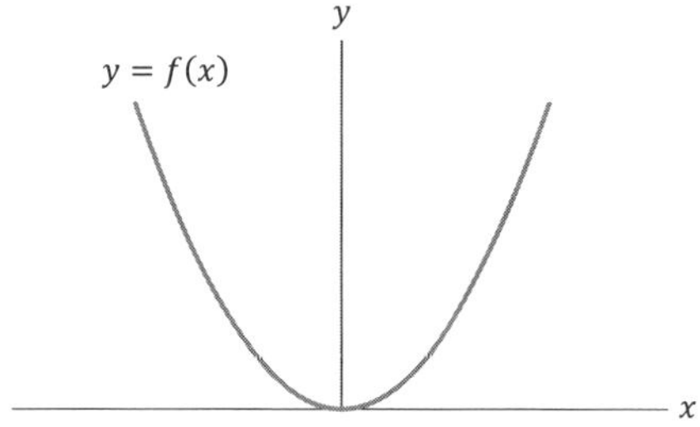

この関数上のある点aおよび点bについて、変化の割り合いを求めてみましょう。変化の割り合いとは、点aから点bへの移動が「上り坂」なのか「下り坂」なのか（あるいは平坦なのか）、そして、その坂がどの程度急であるかを表す値のことです。これは、点aから点bまで移動したときに、x軸方向およびy軸方向の値が、どのくらい増加または減少するかに基づいて計算できます。ここでは仮

に、x軸の値はx_kだけ増加し、y軸の値はy_kだけ増加したとします。この場合、変化の割り合いは、以下の式(5)で計算されます。

$$\frac{y_k}{x_k} \quad \cdots\cdots\cdots (5)$$

式(5)の値が「5」だったとしましょう。x軸方向へ1進む間に、y軸方向へ5進むわけですから、なかなか急な上り坂と言えそうです。式(5)の値が「−1」の場合はどうでしょうか。x軸方向へ1進む間に、y軸方向へは−1進むわけですから、緩くも急でもない下り坂と言えそうです。

この変化の割り合いは、点aと点bを通る直線の傾きと一致します（図5-10）。よって以降では、点aと点bを通る直線によって変化の割り合いを表します。

【図5-10】点aと点bの間の変化の割合と点aと点bを通る線の傾き

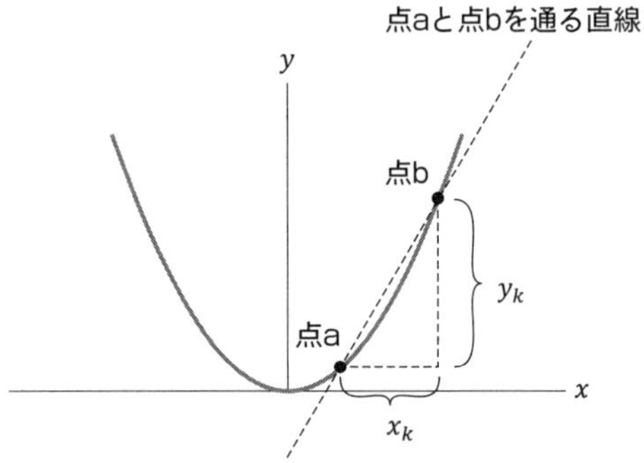

ここで点bを、関数fの線の上で、徐々に点aに近づけてみたいと思います。このとき、点aと点bを通る直線は、図5-11のように変化していきます。

【図5-11】点bを移動した場合の直線の傾きの変化

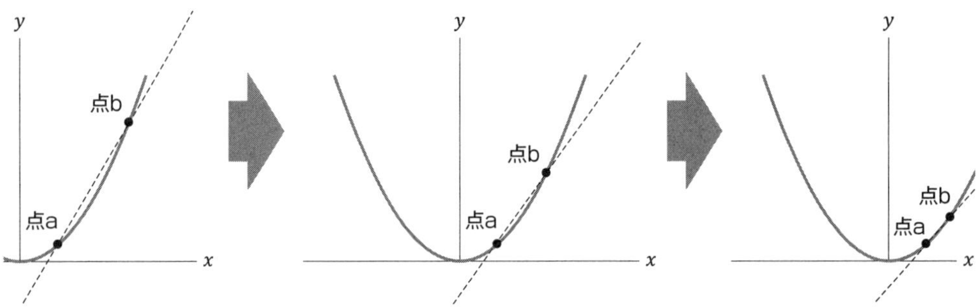

そして、最終的に点bが点aと重なるまで近づけると、点a＝点bを通る直線は図5-12のようになります。

【図5-12】点a＝点bを通る直線

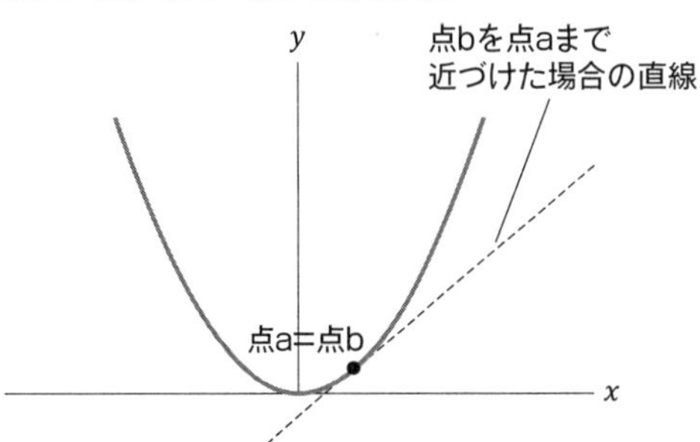

図5-12の直線の傾きは何を意味しているでしょうか。図5-10における直線の傾きは、変化の割り合いを表しており、「点aから点bへの移動は、どの程度の上り坂あるいは下り坂であるか」を意味していました。その後、点bを点aに向かって移動させたことにより、この直線の傾きは、「点aからちょっと先の点bまでの移動がどの程度の坂か」という意味になり、

さらに点aに近づけることで、「点aからそのすぐ目の前の点bまでの移動がどの程度の坂か」という意味に変化しました。

そして最終的に点aと重なるまで点bを移動させると、この直線の傾きは、「点aからx軸の値をごくわずか変化させた場合に、y軸の値がどのように、どの程度変化するか」を表すようになります。つまり、点aにおける関数fの変化の方向性と度合いを表すといえます。これを「点aにおける関数fの傾き」と呼ぶことにします。この関数の傾きを計算する方法が微分です。

「関数の傾き」の使い方

微分の計算方法は本書では割愛し、代わりに、微分の計算で得られた関数の傾きが、どのように活用されるかを説明したいと思います。

まず、私たちは今、点aにいて、「x軸の値（変数xの値）を変化させることで、y軸の値（関数fの戻り値）を増加させたい」と考えているとしましょう。そして、微分による計算の結果、点aにおける関数fの傾きは0.5であると知っているとします。さらに、もうひとつ大きな仮定として、「関数fの形状は分からない」ものとします。つまり、図5-13に示すような状況です。

【図5-13】想定する状況

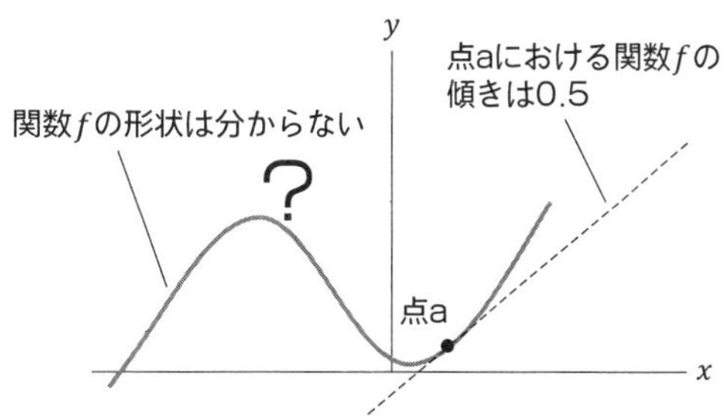

関数fの形状が分からないため、x軸の値をどう変化させればよいか、全く見当がつかないでしょうか。いいえ、そんなことはありません。いま私たちは、点aにおける関数fの傾きを知っています。この値は点aにおける関数fの変化の方向性と、その度合いを表します。つまり、点aにおける関数fの傾きが0.5であることから、点aの地点では、関数fは上り坂であることが分かります。これはy軸の値を増加させる上で大きなヒントになります。なぜなら、上り坂ということは、x軸の値を増加させればy軸の値も増加するからです。

また、0.5という大きさからは、x軸の値を1増加させると、y軸の値は0.5程度増加することが分かります。ただし、「0.5程度の上り坂」というのは、あくまで点aの地点の情報であることに注意してください。例えば、関数fが図5-14に示すような形状の場合、x軸の値を大きく増加させると、y軸の値は減少してしまいます。

【図5-14】y軸の値が減少する例

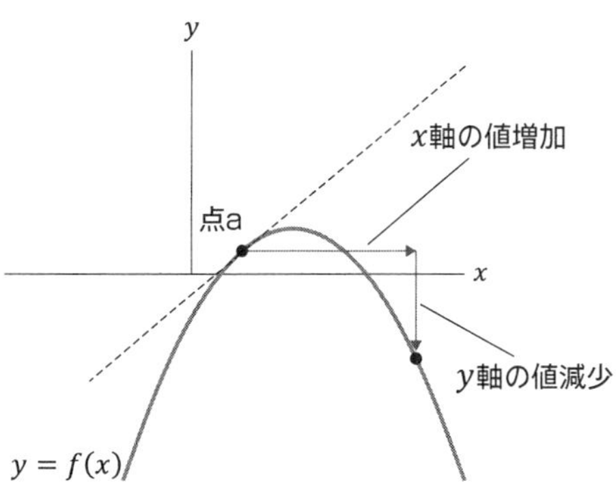

このように、x軸の値を一度に大きく増加させると、y軸の値が減少してしまう場合もありますが、「x軸の値を少し増加させた場合は、y軸の値もおそらく増加するだろう」という傾向は把握できそうです。別の例として、図5-15に示す点cを考えてみたいと思います。

この点cにおける関数fの傾きは「−2」であると仮

定します。つまり、x軸の値を１増加させると、y軸の値が２減少する程度の下り坂です。このことから、点cからy軸の値を増加させたい場合は、x軸の値を減少させればよく、さらにその場合のy軸の増加量は、x軸の減少量の２倍ほどになる可能性が高い、ということが分かります。もちろん図5-14のようなケースもありますので、必ずしもそうとは限りません。

【図5-15】点cにおける関数fの傾き

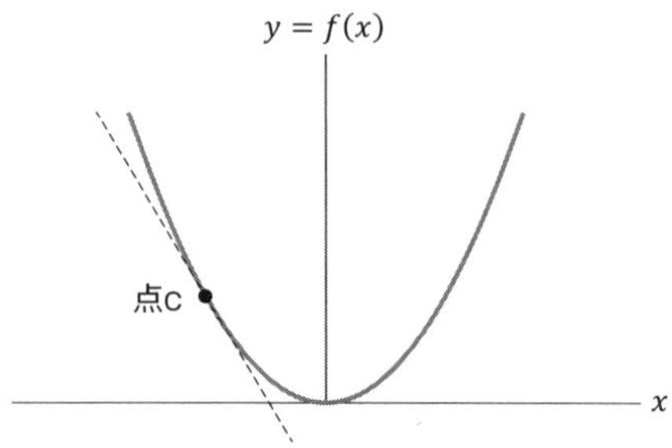

このように、微分によって関数の傾きを計算することで、その関数の全体の形状が分からない場合でも、関数の戻り値を増加（または減少）させるための方針を得ることができます。

偏微分と勾配

ではここから、本コラムの主題である偏微分と勾配について説明したいと思いますが、実は、追加で説明することはほとんどありません。なぜなら、偏微分とは「関数の変数が複数の場合の微分」のことであり、勾配とは「偏微分における関数の傾き」のことだからです。

簡単な例として、x_1とx_2の２つの変数を持つ以下の関数$g(x_1, x_2)$について考えてみましょう。

$$g(x_1, x_2) = (x_1)^2 - (x_2)^2 \quad \cdots\cdots\cdots (6)$$

微分のときと同様に、いま私たちは、ある点dにいると仮定します。そして、関数gの戻り値を増加させるには、x_1やx_2をどのように変化させればよいかを調べるために偏微分を用います。

話を分かりやすくするため、点dの座標を$d = [2, 3]$と具体化しましょう。偏微分とは、特定の変数以外を定数と見なして微分を行うことです。つまり今回の例では、まずx_1を変数、x_2を定数とみなして微分を行い、次にx_1を定数、x_2を変数とみなして微分を行います。具体的に計算してみましょう。まずx_2を定数とみなすため、式(6)のx_2に、点dにおけるx_2の値である３を代入します。すると式(6)は、以下の式(7)に書き換えられます。

$$g(x_1, 3) = (x_1)^2 - (3)^2 \quad \cdots\cdots\cdots (7)$$

これは、x_1のみを変数としてもつ関数ですので、微分によって、「x_1をどのように変化させれば$g(x_1, 3)$が増加するか」を調べることができます。実際に微分を行うと、その値は４となりますので、x_1を増加させると、gの戻り値は、「x_1の増加量の４倍程度増加しそう」ということが分かります。

次にx_1を定数とみなすため、同様に式(6)のx_1に、点dにおけるx_1の値である２を代入します。すると式(6)は、以下の式(8)に書き換えられます。

$$g(2, x_2) = (2)^2 - (x_2)^2 \quad \cdots\cdots\cdots (7)$$

式(7)はx_2のみを変数としてもつ関数ですので、微分することにより「x_2をどのように変化させれば$g(2, x_2)$が増加するか」を調べることができそうです。実際に微分を行うと、その値は－６となりますので、x_2を減少させると、gの戻り値は、「x_2の減少量の６倍程度増加しそう」ということが分かります。

このように偏微分を行うことで、x_1とx_2について、それぞれ４と－６という値が得られました。既に述べたとおり、4や−6という値は、「点dからx_1とx_2をそれぞれどのように変化させれば、関数gの戻り値を増加（または減少）させられるか」を表しています。これらの値をまとめて$[4, -6]$と表記したものが勾配です。つまり勾配とは、「複数の変数を持つ関数において、その戻り値を増加（または減少）させるための方針」を表すものであり、微分における関数の傾きに相当するものといえます。

本文における「誤差」に対応するのが関数gであり、「重みやバイアス」に対応するのがx_1やx_2です。よって、誤差を重みやバイアスで偏微分することで上記の$[4, -6]$というような勾配が得られます。そしてこの勾配が、誤差が小さくなるように重みやバイアスを調整するための方針となり、これに基づいて実際に重みやバイアスの値を更新することを「訓練」と呼んでいます。

以上がDNNモデルにおける訓練の仕組みです。これを応用することで、「ニューロンカバレッジが向上するように既存データを加工する方針」を取得します。訓練との違いは次の2点です。一点目は、推論結果と訓練用正解データとの誤差の代わりに、非活性ニューロンの値を用いることです。もう一点は、非活性ニューロンの値を、入力した既存データで偏微分することです。具体的には、以下の流れで加工方針を取得します。

まず、既存データを与えて、DNNモデルに基づく推論を行います。そして、ニューロンの活性状態を調べ、（活性化関数を適用する前の）非活性ニューロンの値を取得します。さらにその値を、DNNモデルに与えた既存データで偏微分します。偏微分の結果として得られる勾配は、「既存データをどのように変化させると、非活性ニューロンの値がどのように変化するか」を表しています。よってこの勾配から、ニューロンカバレッジが向上するように既存データを加工する方針を取得することができます。

ここで再び、図5-7および図5-8の例を使って説明したいと思います。既存の入力データpおよびqを与えてDNNモデルを実行した結果、$x'^{(2)}_1$、$x'^{(3)}_1$、および$x'^{(3)}_2$の3つのニューロンが活性化し、残りの$x'^{(2)}_2$のニューロンは非活性のままだったとします。この時、既存の入力データpを加工することで、$x'^{(2)}_2$のニューロンを活性化することを考えます。

既存の入力データpを与えたときの$x'^{(2)}_2$のニューロンの値は$x'^{(2)}_2 = 0$です[4]。このDNNモデルで使用している活性化関数はReLU関数であり、ReLU関数を適用する前のこのニューロンの値は、$x^{(2)}_2$と表されます（図5-6）。そして$x'^{(2)}_2 = 0$であることと、1.4.1節に示したReLU関数の定義から、$x^{(2)}_2 \leq 0$であることが分かります。

この$x^{(2)}_2$の値が0より大きくなれば、ニューロンは活性化し、ニューロンカバレッジが向上します。そこで、$x^{(2)}_2$の値が大きくなるように、既存の入力データ$p = [p_1, p_2]$を加工することを考えます。その加工の方針を得るため、$x^{(2)}_2$を、p_1とp_2で偏微分します。偏微分の計算方法は本書では割愛しま

4　本章では$x'^{(2)}_1$などをニューロンの名前のように扱ってきたが、もともとはそのニューロンの値を表す変数である。

すが、訓練と同じように、「誤差逆伝搬法」と呼ばれる方法を使用します。$x_2^{(2)}$を、p_1とp_2で偏微分した結果を、以下の式(8)で表すことにします。

$$\nabla x_2^{(2)} = \left[\frac{\partial x_2^{(2)}}{\partial p_1}, \frac{\partial x_2^{(2)}}{\partial p_2}\right] \quad \cdots\cdots\cdots (8)$$

$x_2^{(2)}$をp_1で偏微分した結果が$\frac{\partial x_2^{(2)}}{\partial p_1}$であり、同様に$p_2$で偏微分した結果が$\frac{\partial x_2^{(2)}}{\partial p_2}$です。この式(8)は「勾配」を表しています。即ち、p_1とp_2をそれぞれどのように変化させると、$x_2^{(2)}$の値がどのように変化するかを表しています。例えば、$\nabla x_2^{(2)} = [4, -6]$であれば、$x_2^{(2)}$の値は、$p_1$の増加量の４倍程度増加し、$p_2$の増加量の６倍程度減少しそうということが分かります。

このように、非活性ニューロンの値を入力データで偏微分することによって、非活性ニューロンの値を増加させるための加工方針が得られます。非活性ニューロンが複数ある場合は、それら非活性ニューロンごとに加工方針を計算し、多くのニューロンの値が増加しそうな加工方針を採用すればよさそうです。あるいは、それら非活性ニューロンの値を足し合わせ、その値を入力データで偏微分するという方法も考えられます。その結果得られる加工方針は、非活性ニューロンの値が全体的に増加するような加工方針です。

ここで一旦、$\nabla x_2^{(2)} = [4, -6]$の例に戻ります。この加工方針を短絡的に捉えると、「$x_2^{(2)}$の値を増加させるためには、要は、p_1の値をとにかく大きくして、p_2の値をとにかく小さくすればいいんでしょ!?」となりますが、本当にそれでよいのでしょうか。４や－６という値は、既存の入力データを加工する際に、考慮しなくてよいのでしょうか。次項では、加工方針$\nabla x_2^{(2)}$に基づいて、実際に既存の入力データpを加工する方法を考えていきます。

5.2.3. 加工方針に基づく加工方法の選択

前項では、ニューロンカバレッジを向上するために、既存の入力データを加工する方法を検討しました。とりわけ、非活性ニューロンの値を入力データで偏微分することによって勾配を取得し、その値から非活性ニューロンの値を増加させるための加工方針が得られることを述べました。ではこの加工方針に基づいて、実際にはどのように既存の入力データを加工すればよいでしょうか。前項で作成した、既存の入力データ$p = [p_1, p_2]$の加工方針である$\nabla x_2^{(2)} = [4, -6]$を例に挙げ、$p$の加工方法を考えていきます。

まず、加工方針$\nabla x_2^{(2)} = [4, -6]$が何を意味するか、おさらいしましょう。これは、$p_1$と$p_2$をそれぞれ増加・減少させると、$p_1$の増加量の４倍程度、および$p_2$の減少量の６倍程度、$x_2^{(2)}$の値が増加しそうだということを表しています。

では試しに、p_1の値を1000倍して、p_2の値を－1000倍することを考えてみましょう。$x_2^{(2)}$の値は大幅に増加するかもしれませんし、あるいは図5-14に示したような状況に陥り、逆に減少してしまうかもしれません。それよりも読者の皆さんに想像してほしかったことは、この場合、「既存の入力データ$\boldsymbol{p}$は、テスト対象のDNNモデルが受け付ける推論対象のデータとは、かけ離れたものになる可能性がある」ということです。

5.2.2項でも述べましたが、既存データを加工する方法は、どのような方法でもよいというわけではありません。例えば数字画像を識別する場合、人の目でも識別できないほど画像を加工するのは望ましくありません。なぜなら、そのようなデータをDNNモデルに与えても、正しく識別されるとは誰も期待していないので、そもそもテストを行う必要がないからです。つまり、「そのDNNモデルはどのような入力データを推論対象として受け付けるか」の想定に基づいて、加工方法を決定する必要があります。

再び、加工方針$\nabla x_2^{(2)} = [4, -6]$の例に戻ります。この例では、加工方針$\nabla x_2^{(2)}$に基づいて、既存の入力データ$\boldsymbol{p}$を加工する方法を考えています。この$\boldsymbol{p}$を加工して作成できる入力データ（以降、加工データと呼びます）は数多に考えられますが、そのうち対象のDNNモデルが推論対象として受け付ける可能性があるのは、以下の加工データ$\boldsymbol{r}$と$\boldsymbol{s}$の2つのみと仮定します。

$$r = [p_1 + 5, p_2 + 1] \quad \cdots\cdots\cdots (9)$$
$$s = [p_1 - 2, p_2 - 5] \quad \cdots\cdots (10)$$

式(9)では、$[p_1, p_2]$に対して$[5, 1]$を加えることで、加工データ$\boldsymbol{r}$を作成しています。同様に式(10)では、$[p_1, p_2]$に対して$[-2, -5]$を加えることで加工データ$\boldsymbol{s}$を作成しています。この場合、$\boldsymbol{r}$と$\boldsymbol{s}$のうち、非活性ニューロンである$x_2^{(2)}$の値が増加しそうな方を優先的に作成し、テスト実行するのがよさそうです。では$\boldsymbol{r}$と$\boldsymbol{s}$のうち、どちらを与えた方が、$x_2^{(2)}$の値が増加しそうでしょうか。

これを判定するために、加工方針$\nabla x_2^{(2)}$を使用します。加工方針$\nabla x_2^{(2)}$は、$x_2^{(2)}$の値を増加させるために、$[p_1, p_2]$を加工するときの方向性を表しています。つまり、$[p_1, p_2]$をx_1軸とx_2軸からなる平面上の点と捉えた場合、$\nabla x_2^{(2)} = [4, -6]$は、$[p_1, p_2]$をベクトル$(4, -6)$の方向に加工すると、$x_2^{(2)}$の値が増加しやすいことを表しています。このベクトルを「方針ベクトル」と呼ぶことにします。

ここでさらに、上記$\boldsymbol{r}$と$\boldsymbol{s}$を作成するための加工も、ベクトルとして表現できることに着目します。$\boldsymbol{r}$は、p_1に5を加え、p_2に1を加えることで作成されるため、$\boldsymbol{r}$を作成する加工のベクトルは$(5, 1)$です。同様に、$\boldsymbol{s}$を作成する加工のベクトルは、$(-2, -5)$です。これらのベクトルを、「加工ベクトル」と呼ぶことにします。

いずれの加工ベクトルも、方針ベクトル$(4, -6)$と完全に一致する方向に移動するわけではないですが、図5-16に示すとおり、$(4, -6)$の方向にもある程度移動していることが分かります。$\boldsymbol{r}$の加工ベクトル$(5, 1)$が方針ベクトル$(4, -6)$の方向にどの程度移動しているかは、これらのベクトルの内積を計算すれば評価できます。$\boldsymbol{s}$の加工ベクトル$(-2, -5)$についても同様です。

【図5-16】方針ベクトルの方向への増加量

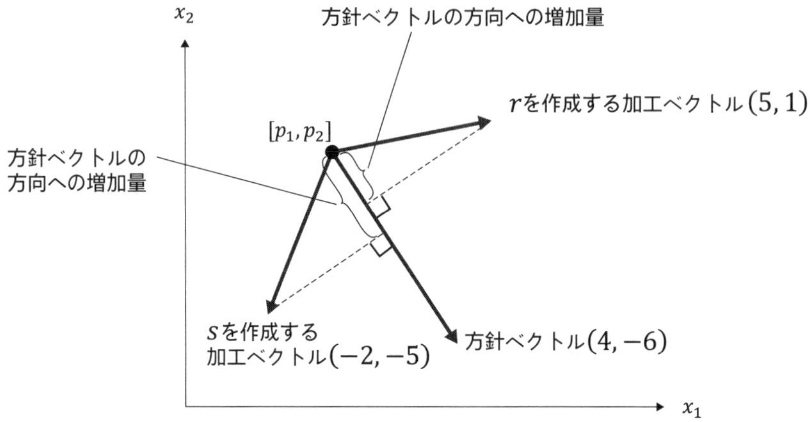

column　ベクトルと内積

以降の計算では、ベクトルとその内積を使用します。ベクトルは、平面や空間上における移動の向きとその大きさを表します。例えば図5-17に示すx_1軸とx_2軸からなる平面上において、点aから点bに移動する場合を考えます。この場合、x_1軸方向に4、x_2軸方向に5移動しています。よって点aから点bへの移動は、ベクトル$(4, 5)$によって表されます。

【図5-17】ベクトルの例

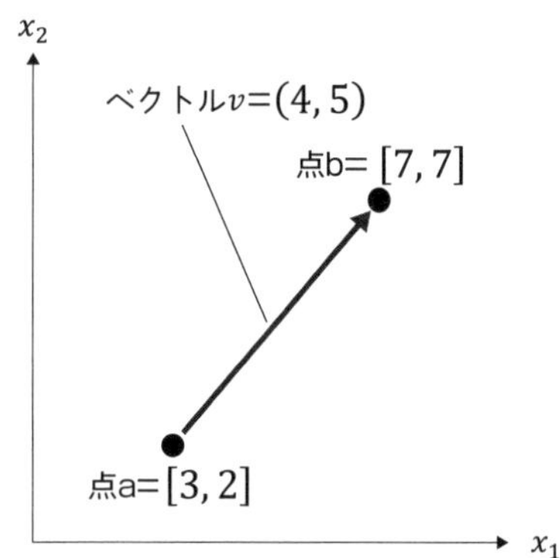

ベクトルの内積とは、2つのベクトルの要素値を掛け合わせる演算です。例えばベクトル$v_1 = (v_{11}, v_{12})$と、ベクトル$v_2 = (v_{21}, v_{22})$の内積は以下の式で表されます。

$$v_{11} \times v_{21} + v_{12} \times v_{22}$$

この内積の計算式は、v_1とv_2を用いて、以下のように表記される場合もあります。

$$v_1 \cdot v_2$$

内積の値は、v_1がv_2の方向へどの程度移動しているかを表します（同様に、v_2がv_1の方向にどの程度移動しているかも表します）。本書では証明を割愛しますが、内積の値は、図5-18のαとβを掛け算した値に相当します。

ここで図5-19のように、v_1の方向を、v_2に近づけてみましょう。βはv_2の長さなので変わりませんが、αの値が大きくなるので、内積の値も大きくなります。このようにv_1の長さが変わらない場合、v_1とv_2の方向が近づくほど内積の値は大きくなり、v_1とv_2の方向が一致したときに内積の値は最大になります。逆に、v_1とv_2の方向が逆向きになった時に内積の値は最小になります。

【図5-18】ベクトルの内積（1）

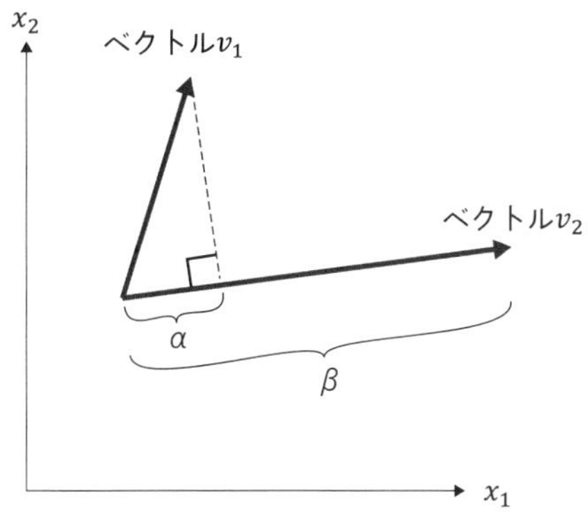

【図5-19】ベクトルの内積（2）

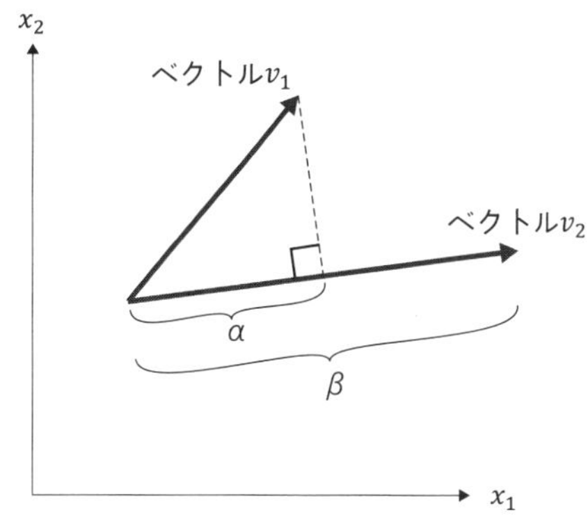

では実際に、rの加工ベクトル$(5, 1)$と方針ベクトル$(4, -6)$の内積、およびsの加工ベクトル$(-2, -5)$と方針ベクトル$(4, -6)$の内積を計算してみましょう。その結果、rの場合の内積値は14に、sの場合の内積値は22になるはずです。よって、これらの値を比較することで、sの加工ベクトルの方が、方針ベクトルの方向への移動量が大きいことが分かります。ここで、14や22という内積値は、実際の移動距離を表しているわけではなく、相対的な大きさを表す指標に過ぎないことに注意してください。14や22という内積値が何を表すかは、上のコラムに記載しています。

以上より、$x_2^{(2)}$の値を増加させてニューロンカバレッジを向上するためには、加工データrよりもsの方が、効果ありそうと分かりました。今回の例では、既存の入力データpを加工して作成できる加工データは、rとsの2通りしかないと仮定したため、どちらがニューロンカバレッジを向上するかが分かったとしても、あまり嬉しくないかもしれません。しかし実際には多くの場合、作成できる加工データは何通りも考えられます。例えば数字画像が入力データの場合、画像を左右に回転する、上下左右に移動する、ぼかしを加える、明るさを変える、拡大／縮小する、ノイズを加えるなどの手続きが考えられます。さらに、回転ひとつとっても、回転の度合いによって異なる加工データを作成できます。そして、それらの様々な加工データをランダムに与えてテスト実行しても、ニューロンカバレッジが向上するとは限りません。そのような状況では、本項で示した方法により、ニューロンカバレッジが向上する可能性の高い加工データを選出し、優先的にテスト実行することが有効です。

最後に、本項で説明した手法を、式を使って明確にしておきたいと思います。まず前項に示した方法で、既存の入力データ$p = [p_1, p_2]$に対して、非活性ニューロン$x_2^{(2)}$の値を増加させるための加工方針$\nabla x_2^{(2)}$を計算済みとします。ここで「任意の加工手続きt」で、pを加工した結果を、$t(p)$と表すことにします。このtを適用することにより、pの値がどのように変化するか（加工されるか）は、以下の式(11)で求められます。

$$v_t(p) = t(p) - p \qquad \cdots\cdots \ (11)$$

$v_t(p)$は加工ベクトルを表します。上の説明では、「$[p_1, p_2]$に対して$[5, 1]$を加える」というような操作を加工方法と呼んでおり、さらにこの$[5, 1]$という値をベクトル化した$(5, 1)$を、加工ベクトルと呼んでいました。しかしここでの加工手続きtは、「$[5, 1]$を加える」という加工方法とは異なるものですので注意してください。

加工手続きとは、例えば画像データの場合は、左右に回転する、上下左右に移動する、ぼかしを加えるなどの操作を意味します。例として、入力データ$p = [p_1, p_2]$に対して「p_1とp_2をそれぞれ2乗する」という加工手続きを考えてみましょう。仮に$p_1 = [2, 3]$とすると、作成される加工データは、$p'_1 = [4, 9]$となります。この場合、加工ベクトルは$p'_1 - p_1 = (2, 6)$です。そして、「もとのデータに$[2, 6]$を加える」という操作を加工方法と呼んでいます。

では次に、別の入力データ$p_2 = [4, 5]$に対して、同じ加工手続きを適用してみましょう。その場合、作成される加工データの方は、$p'_2 = [16, 25]$になります。加工ベクトルは$(12, 20)$であり、「もとのデータに$[12, 20]$を加える」という操作が加工方法となります。このように、加工手続きと加工方法は別のものであることに注意してください[5]。

加工ベクトル$v_t(p)$と加工方針$\nabla x_2^{(2)}$の内積は、以下の式(12)で表されます。

$$v_t(p) \cdot \nabla x_2^{(2)} \qquad \cdots\cdots \ (12)$$

この式(12)の値が最大になるように加工手続きtを選択します。そして、その加工結果である加工データ$t(p)$を、新たなテスト用入力データとして採用します。

5.2.4. 加工データを用いたテスト実行

5.2.2項および5.2.3項に示した方法で作成した加工データをDNNモデルに与えて、テストを実行します。その結果、もしニューロンカバレッジが向上すれば、それまで未確認だった振る舞いパターンをそのテストによって確認できたことになります。

ただし、もしニューロンカバレッジが100%になったとしても、それは「ニューロンカバレッジの定義における」DNNモデルの振る舞いパターンを網羅したに過ぎません。即ち、「DNNモデルを構成するある1個のニューロンが活性化すれば、1つの振る舞いパターンを確認したとみなす」という前提に立っています。したがって、ニューロンカバレッジが100%になるまでテストしたとしても、それは、DNNモデルが受け付ける可能性のある全ての入力データについて、DNNモデルの振る舞いを確認した

5　加工方法と一致するような加工手続きもある。

ことにはなりません。そのDNNモデルには、まだ検知されていない誤りが存在する可能性があります。

しかし、それは従来型プログラム向けのカバレッジテスティングでも同じです。5.1.1項で紹介した命令網羅は、「全ての命令文を少なくとも1度は実行すれば、振る舞いパターンを網羅したとみなす」ことを前提にしていました。この考え方で振る舞いパターンを網羅しても(即ち、カバレッジが100%になったとしても)、対象のソフトウェアに誤りがないとはいえません。例えば図5-1に示した従来型プログラムの場合、図5-2および図5-3に示す実行経路を通るようにテストを行えば、命令網羅率は100%になります。しかしこの場合、命令文1、分岐1、命令文2、分岐2、命令文4という実行経路は未確認ですから、この実行経路に誤りがあっても検知できないことになります。

このようにカバレッジテスティングでは、ソフトウェアに含まれる全ての誤りを検出できるわけではありませんが、やみくもにテストを行うよりは、効率的に誤りを検出できるとされています。一方、ニューロンカバレッジテスティングは、まだ実践例が少ないことから、その効果について確かなことはいえません。しかし、ニューロンカバレッジテスティングを(筆者の知る限り)初めて提案した論文[6]では、「作成したテスト用入力データによって、稀な誤りを検出できた」と報告しています[7]。また、自動車の自動運転システム向けにニューロンカバレッジテスティングを適用した論文[8]では、「簡単には見つかりにくい稀な誤りを、効率的に検出できる」と主張されています。

6 【参考文献】Kexin Pei, Yinzhi Cao, Junfeng Yang, Suman Jana: DeepXplore: Automated Whitebox Testing of Deep Learning Systems, The 26th ACM Symposium on Operating Systems Principles, 2017.

7 この論文ではニューロンカバレッジ以外のアイデアも導入しているため、ニューロンカバレッジテスティングのみでこれらの入力データを作成できたわけではないことに注意。

8 【参考文献】Yuchi Tian, Kexin Pei, Suman Jana, Baishakhi Ray: DeepTest: Automated Testing of Deep-Neural-Network-driven Autonomous Cars, ICSE 2018.

5.3 チュートリアル

3章でセットアップしたツールを用いて、実際にニューロンカバレッジテスティングを実行してみましょう。4章と同様に、3.4.1項で作成したDNNモデルをテスト対象とします。

5.3.1. ニューロンカバレッジテスティングの実行

ニューロンカバレッジテスティングでは、ニューロンカバレッジが向上するように既存の入力データを加工することで、新たなテスト用入力データを作成します。5.2.2項では、そのための2つの方法を説明しました。このうち本ツールでは、勾配に基づく方法（方法2）を採用しています。

ツールの手続き

本チュートリアルにおいて、ツールが実行する手続きを以下に示します。

(1) MNISTデータセットから、100件の既存データをランダムに取得する。
(2) 取得した既存データを入力にしてDNNモデルに基づく推論を実行し、ニューロンカバレッジを計測する。
(3) 非活性ニューロンの合計値を、上記既存データで偏微分し、勾配を計算する（誤差逆伝搬法を実行する）。
(4) 予め用意した130通りの加工手続きで既存データを加工し、1件の既存データあたり130件の加工データを作成する。
(5) 作成した130件の加工データのうち、ニューロンカバレッジを向上する可能性が最も高い加工データを上記勾配に基づき選出し、新たなテスト用入力データとして採用する。全ての既存データに対して同様の手続きを行うことで、テスト用入力データを100件抽出する。
(6) 抽出した100件のテスト用入力データを与えてDNNモデルを実行し、ニューロンカバレッジを再度計測する。

まずステップ(1)では、既存のテスト用入力データセットとして、100件のデータを取得します。5.1.3項の図5-7および図5-8におけるpおよびqが、ここで取得する100件のデータに対応します。

次にステップ(2)では、上記100件のデータを使って推論を実行し、その結果活性化したニューロンを識別します。ニューロンカバレッジの計算方法は5.1.3項で説明しました。

ステップ(3)では、上記100件のデータを与えても非活性のままだったニューロンを取得し、それらの値の合計値を計算して、既存データで偏微分します[9]。5.2.2項の例では、$x_2^{(2)}$のニューロンのみが非活性でしたが、実際には、非活性のニューロンが複数存在するかもしれません。そこで本ツールでは、それらすべての値の合計値を計算して、既存データで偏微分しています。その結果得られる勾配は、全ての非活性ニューロンの値が全体的に増加するような加工方針となります。

ステップ(4)の加工手続きとして、本ツールでは画像を「左右に回転する」、「上下左右に移動する」、「ぼかしを加える」、「明るさを変える」、「拡大する」、「縮小する」、「ノイズを加える」という7種類を用意しています。さらに、「左右に回転する」については、左右それぞれに5°から5°ずつ大きく80°まで回転させて、32通りの加工手続きがあります。その他の6種類についても同様で、それらを全ての加工手続きを総合すると計130通りになります。1件の既存データを130通りに加工して、新しいデータを作成します。

ステップ(5)では、ステップ(4)のデータから計算される加工方法（加工ベクトル）と、ステップ(3)で求めた勾配（方針ベクトル）の内積を計算します。この内積の計算を、130件の加工データにそれぞれについて行います。内積値が大きいということは、その加工方法が最も加工方針に近いことを意味していますので、最も内積値の大きい加工データを新たなテスト用入力データとして選出します。この手続きは5.2.3項で説明しました。1件の既存データに対して1件の加工データを選出するため、計100件のテスト用入力データが新たに抽出されます。

ステップ(6)では、ステップ(5)で抽出した計100件の加工データをDNNモデルに与えて、推論を実行します。その結果、ステップ(2)では非活性だったニューロンが活性化すれば、ニューロンカバレッジは向上します。

ツールの実行

それでは、実際にツールを実行してみましょう。以下のコマンドを実行してフォルダlocation/tools/neuron_coverage/example/mnist/に移動します。

```
>cd location/tools/neuron_coverage/example/mnist
```

そしてこのフォルダから、以下のコマンドを実行します。

```
>python run_mnist.py
```

9 既存データごとに偏微分するため、加工方針は既存データごとに作成される。

その結果、上記(1)から(6)までの手続きが実行されて、ターミナルに以下のようなメッセージが出力されると思います。

```
Coverage : 0.9585 (1917 neurons activated)
Coverage with manipulated data : 0.97 (1940 neurons activated)
```

「Coverage」で始まるメッセージは、100件の既存データを与えた場合のニューロンカバレッジを表しています。即ち、ステップ(2)で計算するニューロンカバレッジの値です。3.4.1項で述べたとおり、対象のDNNモデルは、入力層、中間層1、中間層2、および出力層から構成されており、中間層1および中間層2はそれぞれ1000個のニューロンで構成されています。5.1.3項で述べたとおり、ニューロンカバレッジの計算対象は中間層のニューロンですので、このDNNモデルのニューロンカバレッジは、中間層の計2000個のうち活性化したニューロンの割合を表しています。括弧書きされている「1917 neurons activated」というメッセージから、活性化したニューロンの数は1917個であることが読み取れますので、この1917を2000で割ってみてください。ニューロンカバレッジの値として表示されている「0.9585」になることを確認できると思います。

「Coverage with manipulated data」で始まるメッセージは、ステップ(6)で計算するニューロンカバレッジを表しています。即ち、ステップ(3)からステップ(5)の方法に従って作成した100件の加工データを、DNNモデルに与えて推論を行った後のニューロンカバレッジです。

「Coverage」で始まるメッセージの値と、「Coverage with manipulated data」で始まるメッセージの値を比較すると、「0.9585」から「0.97」に増加しています。同様に、活性化したニューロン数を比較すると、1917から1940へと、23個のニューロンが新たに活性化したことが分かります。

加工データのファイル名から読み取れる情報

新しいテスト用入力データとして採用された100件の加工データを実際に見てみましょう。これらのデータは、「location/tools/neuron_coverage/example/mnist/」というフォルダに保存されています。このフォルダ内には、「20201112175854」というような数字列の名前のフォルダがあると思いますが、これは、そのフォルダ内の加工データが作成された年月日時分秒を表しています。このフォルダを開くと、100件の画像データがあることを確認できると思います。また、これら加工データのファイル名から、以下の情報を読み取ることができます。

〈加工データのファイル名から読み取れる情報〉

①加工前のデータ（既存データ）の正解データ

②既存データをDNNモデルに与えた場合の推論結果

③加工データをDNNモデルに与えた場合の推論結果

④適用した加工手続き

⑤この加工データをDNNモデルに与えたことで、新たに活性化したニューロンの数

ここで、図5-20に示す「#11_2_2_7_brightness_activate1.png」という加工データを例に、ファイル名の読み方を説明します。

【図5-20】加工データ「#11_2_2_7_brightness_activate1.png」

はじめの「#11」は識別子を表しており、「このデータは11番目の加工データ」という意味です。同じフォルダには、#0から#99まで100件の加工データがあることを確認できると思います。

次の「2」は、もとになった既存データに付与されている正解データを表しています(①)。この加工データは、ステップ(4)にて、既存データを加工して作成したものですが、その既存データに付与されていた正解データが「2」だったことになります。

「2」の次に、続けてもうひとつ「2」がありますが、これは既存データをDNNモデルに与えた場合の推論結果です(②)。この例では、正解データが「2」で推論結果も「2」となりますので、DNNモデルは既存データを正しく識別できることが分かります。

その次の「7」は、この加工データをDNNモデルに与えた場合の推論結果です(③)。加工前の既存データの識別結果は「2」ですので、加工したことにより識別結果が「7」に変化したことが分かります。

「brightness」は、適用した加工手続きを表しています(④)。brightnessは明るさの変更を表していますので、この加工データは、ステップ(4)にて、既存データの明るさを変えることで作成されたことを意味しています。

最後の「activate1」は、この加工データをDNNモデルに入力することで、それまで非活性だった1つのニューロンが新たに活性化したことを表しています(⑤)。「それまで非活性だったニューロン」というのは、既存データ100件による推論実行、および加工データ#0から直前の#10までを与えた推論実行において、いずれも非活性だったニューロンを指しています。よって、もしこの加工データを、(#0から#10の加工データよりも前に)最初に与えていたら、もしかしたら「activate2」や「activate3」になっていたかもしれません。

この「#11_2_2_7_brightness_activate1.png」という加工データは、5.2.4項で述べたニュー

ロンカバレッジテスティングの効果を示す一例ともいえそうです。上述のとおりこのデータは、加工前には正しく「2」と識別されていましたが、明るさを変えたことにより間違って「7」と識別されるようになったことが分かります。人の目でみても、この加工データは「2」と読めますので、これはDNNモデルの誤りと考えられます。この結果から、「ニューロンカバレッジが向上するように既存データを加工したことで、DNNモデルの誤りを検出できた」といえそうです。ただし、ニューロンカバレッジなど考えずに、既存データをランダムに加工した方がより多くの誤りを検出できるかもしれませんので、ニューロンカバレッジテスティングによって「効率的に」誤りを検出できたかどうかは、慎重に評価する必要がありそうです。

ニューロンカバレッジテスティングで得られた100件の加工データを、もう少し詳しく見ていきましょう。まずファイル名をみると、ほとんどの加工手続きが「brightness」、即ち、明るさの変更たったことに気づくと思います。さらに実際に画像を開いて見てみると、いずれも明るさが増している（文字が薄くなっている）ことが分かります。つまり、既存データ100件によるテスト実行で非活性だったニューロンを活性化させるためには、明るさを増加させるという加工手続きが有効であると推測できます。

この例では、既存データ100件によるテストを実行した時点で、既にニューロンカバレッジは0.9585でした。つまり、非活性のニューロンは約4%ほどしか残っていないわけです。このように非活性のニューロンの数が少ない場合は、それらを活性化させるために有効な加工手続きが、特定の手続き（今回はbrightness）に偏りやすくなることは容易に想像できます。そこで次項では、「活性化」の定義を少し変更することで、非活性と判定されるニューロンの数を増やしてみたいと思います。

5.3.2. 活性化を判定する閾値の変更

5.1.3項では、「ニューロンの値が0よりも大きい場合に、そのニューロンは活性化したと判定する」と定義しました。5.3.1項で実行したツールも、この定義に従って実装されていますが、設定ファイルであるconfig.jsonの内容を変更すれば、活性化を判定するための閾値を変更することができます。config.jsonの場所を図5-21に示します。

【図5-21】config.jsonの場所

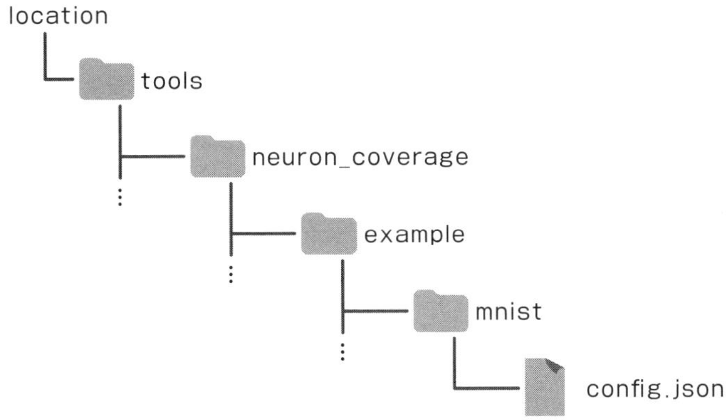

config.jsonには、次のような設定情報が記述されています。

```
{
        "threshold": 0,
        "target_layer_name": [
                "Relu:0",
                "Relu_1:0"
        ],
        "manipulation_class_name": "Tutorial"
}
```

このうち「threshold」という属性が、ニューロンの活性化を判定する閾値を表しています。「threshold」の値を変更する前に、その他の属性についても簡単に説明しておきます。

「target_layer_name」は、ニューロンカバレッジの計算の対象となる、中間層の（実装上の）名前を指定する属性です。3.4.1項のコラムで説明しましたが、TensorFlowでは、DNNのモデルをグラフ構造で表します。DNNモデルの入力層、中間層、および出力層は、それぞれグラフのノードとして表されます。「Relu:0」や「Relu_1:0」は、中間層1および中間層2のノード名を表しており[10]、「target_layer_name」の値にこれらのノード名を設定することで、中間層1および中間層2がニューロンカバレッジの計算対象になります。本書で使用するツールでは、学習済みモデルのノード名を、「location/tools/model/mnist/tensorflow/」というフォルダにある「model_tensorflow.ckpt_name.json」というファイルに書き出すようになっていますので、このファイルを参照することで、各層のノード名を取得できます。

10　「Relu:0」や「Relu_1:0」は、その名のとおり、ReLU関数の計算を行うノードの名前である。よって正確には、これらは「中間層のReLU関数のノード名」を表している。

「manipulation_class_name」は、加工手続きを実装した（Pythonソースコードの）クラス名を指定する属性です。本ツールでは、既存データの加工に使う手続きは、「location/tools/neuron_coverage/lib/」というフォルダにある「manipulations.py」というファイルに記述する決まりになっています。ステップ(4)の説明で述べたとおり、今回のチュートリアルでは130通りの加工手続きを使用していますが、これらの手続きは、manipulations.pyの「Tutrial」というクラスに実装しています[11]。つまり、manipulation_class_nameに設定されたTutrialという値は、「manipulations.pyのTutrialクラスに実装された手続きを、加工手続きとして使用する」ことを表しています。もし別の加工手続きを使用したい場合は、新規クラスに加工手続きを実装し、そのクラスの名前をmanipulation_class_nameに設定してください。

それではthresholdの値を変更してみましょう。今回は以下のように、「0.3」に変更します。

```
{
        "threshold": 0.3,
        "target_layer_name": [
                "Relu:0",
                "Relu_1:0"
        ],
        "manipulation_class_name": "Tutorial"
}
```

このようにthresholdの値を変更することで、ニューロンの値が0.3よりも大きい場合に、そのニューロンは「活性化した」と判定されるようになります。逆に値が0.3以下なら、非活性と判定されます。ではこの内容でconfig.jsonを上書き保存し、以下のコマンドにより、再度ニューロンカバレッジテスティングを実行してみましょう。

```
>cd location/tools/neuron_coverage/example/mnist
>python run_mnist.py
```

その結果、以下のようなメッセージが出力されると思います。

```
Coverage : 0.861 (1722 neurons activated)
Coverage with manipulated data : 0.8915 (1783 neurons activated)
```

11 正確には、「Tutrial」クラスの「get_manipulation」というメソッドが、加工手続きのリストを戻り値として返すように実装する。

thresholdの値を変更する前までは、ニューロンの値が0より大きく0.3以下の場合に、そのニューロンは活性化していると判定されました。しかし、thresholdの値を0から0.3に変更したことで、0より大きく0.3以下の値をもつニューロンは、全て非活性と判定されるように変わりました。その結果、既存データによるCoveragteの値が減少していることを確認できます。具体的には、threshold変更前は「0.9585」だったCoverageが、0.861に減少しています。活性化ニューロンの数で比較すると、threshold変更前の1917個から、変更後は1722個にまで減りました。念のため付言しますが、入力データの中身は変更していませんので、それに基づいて計算されるニューロンの値も全く変わっていません。ニューロンの値は同じでも、活性か非活性かの判定方法を変えたことから、このような差が生じています。

再度ニューロンカバレッジテスティングを実行したことで、加工データを格納した新しいフォルダが、「location/tools/neuron_coverage/example/mnist/」の中に作成されたと思います。今回採用された加工データを見てみましょう。図5-22のようなデータを確認できると思います。

【図5-22】threshold=0.3で作成された加工データの例

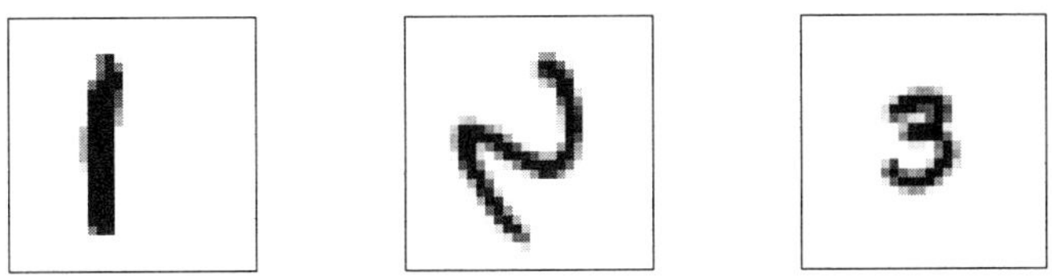

#2_1_1_5_shift_left_activate1.png　#11_2_2_4_rotate_activate0.png　#46_3_3_1_downsize_activate0.png

このフォルダに含まれる加工データを眺めると、5.3.1項での加工手続きに比べて、より様々な手続きが適用されたことが分かります。そして、図5-22に挙げた加工データは、図5-20の加工データと同様に、加工によって間違って識別されるようになりました。加工データ「#2_1_1_5_shift_left_activate1.png」は、加工前は「1」と正しく（正解データと同じく）識別されていましたが、加工後は「5」と間違って識別されます。同様に加工データ「#11_2_2_4_rotate_activate0.png」は、加工前には「2」と正しく識別され、加工後は「4」と識別されるようです。また「#46_3_3_1_downsize_activate0.png」も、加工前は「3」と正しく識別されていましたが、加工したことにより「1」と識別されるようになりました。

このように、活性化を判定する閾値を変更すると、変更前には選択されなかった種類の加工手続きが選択されるようになることがあるようです。そしてその結果、変更前とは異なる（brightnessとは異なる）種類の加工を施した入力データについても、DNNモデルは間違って識別する可能性があることを検知できました。このことから、活性化の判定方法を変えてニューロンカバレッジテスティングを実行することも、DNNモデルの誤りを検出するための有効な手段のひとつといえるかもしれません。

5.3.3. ニューロンカバレッジテスティングの繰り返し実行

5.3.1項と5.3.2項では、MNISTデータセットからランダムに取得した100件の既存データを用いて、「1度だけ」ニューロンカバレッジテスティングを実行しました。本節では、同じことを繰り返し実行してみます。

そのためには、フォルダ「location/tools/neuron_coverage/example/mnist/」にある「run_mnist.py」というソースコードを少しだけ編集する必要があります。このファイルをテキストエディタなどで開いてみてください。57行目に以下の記述が見つかると思います。

```
repeat_type = 0
```

このrepeat_typeという変数の値を、「0」から「1」に変更してください。具体的には、以下のように変更します。

```
repeat_type = 1
```

このように変更すると、ニューロンカバレッジテスティングを繰り返し実施するようになります。繰り返し実行の際には、MNISTデータセットから任意の100件の既存データを、毎回取得し直します[12]。繰り返し実行回数の初期値は5回に設定しています。回数をもっと増やしたい、あるいは減らしたい場合は、同じrun_mnist.pyの58行目にある「loop」という変数の値を変更します。例えば、このloopの値を「5」から「7」にすれば、ニューロンカバレッジの繰り返し実行回数は7回になります。

それでは、run_mnist.pyを上書き保存してから、再度以下のコマンドで、ニューロンカバレッジテスティングを実行してください。

```
>cd location/tools/neuron_coverage/example/mnist
>python run_mnist.py
```

その結果、以下のようなメッセージが出力されるはずです。

12　MNISTデータセットから毎回ランダムに100件のデータを取得し直すため、偶然同じデータを取得する可能性がある。

```
Coverage : 0.861 (1722 neurons activated)
Coverage with manipulated data : 0.8915 (1783 neurons activated)

Coverage : 0.9005 (1801 neurons activated)
Coverage with manipulated data : 0.906 (1812 neurons activated)

Coverage : 0.908 (1816 neurons activated)
Coverage with manipulated data : 0.913 (1826 neurons activated)

Coverage : 0.9145 (1829 neurons activated)
Coverage with manipulated data : 0.9165 (1833 neurons activated)

Coverage : 0.9165 (1833 neurons activated)
Coverage with manipulated data : 0.918 (1836 neurons activated)
```

ニューロンカバレッジテスティングを計５回実行したため、「Coverage」と「Coverage with manipulated data」のメッセージの組が、計５回出力されています。これらのメッセージから、繰り返し実行により、ニューロンカバレッジが徐々に向上していることを確認できると思います。既存データをそのまま与えた場合にもカバレッジ（Coverage の値）が増加することがあるのは、上述のとおり、毎回、100件の既存データを取得し直しているためです。

では、繰り返し実行の結果、「DNNモデルが正しく識別できない加工データ」は新しく作成されているでしょうか。「location/tools/neuron_coverage/example/mnist/」の中に新しいフォルダが作成されていますので、実際に作成された加工データを確認してみてください。1度目の実行で作られたフォルダ（フォルダ名の年日時分秒の値が最も小さいフォルダ）の加工データは、5.3.2項で作成した加工データと同じです。２回目から５回目のニューロンカバレッジテスティングで作成されたフォルダを確認すると、1度目とは異なる、新たな加工データが作成されているのが分かると思います。

さらに、5.3.1項で説明した加工データのファイル名の読み方を思い出して、各々の加工データが、DNNモデルにどのように識別されるかを確認してみてください。例えば、図5-23のような「DNNモデルが正しく識別できない加工データ」が、新たに作成されていると思います。

このように、ニューロンカバレッジテスティングを複数回繰り返し実行することで、DNNモデルが正しく識別できない入力データを、より多く検出できる可能性があります。

【図5-23】ニューロンカバレッジテスティングの繰り返し実行により作成された加工データの例

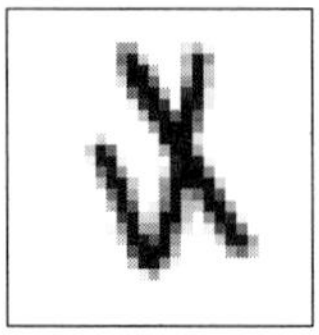

繰り返し３回目(計５回中)に作成された加工データ#7_4_4_2_rotate_activate0.png

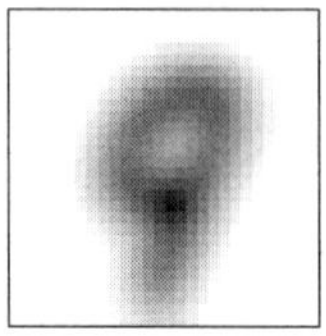

繰り返し４回目(計５回中)に作成された加工データ#86_9_9_8_blur_activate0.png

繰り返し５回目(計５回中)に作成された加工データ#7_5_5_4_downsize_activate0.png

第6章

最大安全半径

本章では最大安全半径を紹介します。最大安全半径とはAIソフトウェアのロバスト性を表す指標の一つです。まずAIソフトウェアのロバスト性について説明した後、最大安全半径の概念、およびその具体的な計算方法について述べていきます。

6.1 最大安全半径とは？

6.1.1. ロバスト性

最大安全半径とは、分類問題を解くAIソフトウェアの「ロバスト性」（Robustness：頑健性）に関わる指標です。AIソフトウェアのロバスト性とは、「推論対象の入力データに対して微細な変化を与えた場合に、対応する推論結果が大きく変わらないこと」を意味します。ここでは、3.4.1項でMNISTデータセットを用いて学習を行った数字画像識別DNN（ディープニューラルネットワーク）モデルを例題にして、ロバスト性の具体例を見ていきましょう。

例えば、図6-1に示す画像をDNNモデルに与えて推論を実行すると、「6」という推論結果を返すとします。ここで、図6-2のように、図6-1の画像の3か所に微細なノイズを加えます。即ち、3つのピクセルの値を変更します。しかし、この程度のノイズでは画像の見た目は大きくは変わりません。つまりノイズ追加後の画像も、DNNモデルは「6」と識別することが期待されます。

【図6-1】手書き数字の画像識別問題を解くDNNモデルの入力データの例

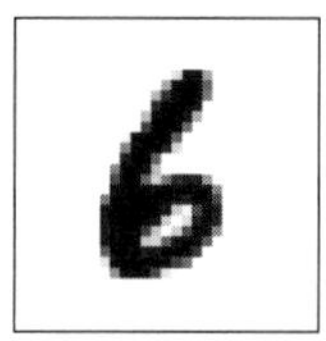

図6-2において、DNNモデル(1)は「6」と正しく識別しています。一方でDNNモデル(2)は、「0」と間違った推論結果を返しています。つまり、入力データにノイズを加えた結果、DNNモデル(2)はその画像を正しく識別できなくなったということです。この場合、当該入力データに関して、「DNNモデル(1)はDNNモデル(2)よりもロバスト性が高い」といえます。

【図6-2】ノイズを追加した場合の推論結果の例（1）

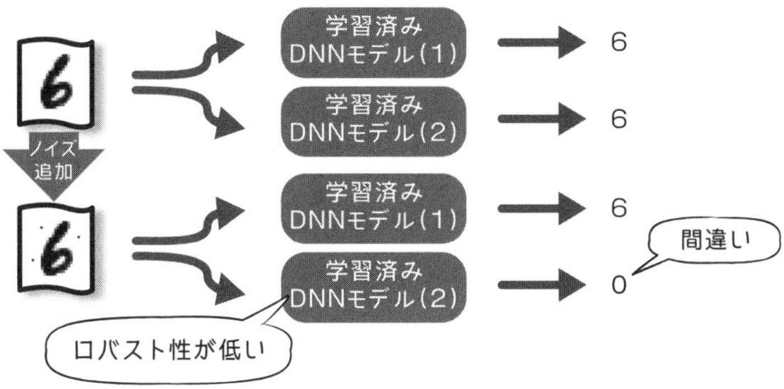

次に図6-3のように、ノイズをさらに追加した場合を考えてみましょう。ノイズを追加した結果、DNNモデル(1)も間違った推論結果を返すようになったとします。この場合、DNNモデル(1)と(2)は、「ノイズを付与すると間違った推論結果を返す」という意味では同じです。しかし、やはりDNNモデル(2)の方が「ロバスト性が低い」といえそうです。なぜならDNNモデル(2)は、DNNモデル(1)よりも少ないノイズで間違った推論結果を返すようになるからです。

このようにロバスト性とは、「入力データにどの程度の変化を加えると推論結果が変わるか」を表す性質です。そしてロバスト性が高いAIソフトウェアとは、入力データの変化に対して推論結果が大きく変わらないAIソフトウェアを指します。

【図6-3】ノイズを追加した場合の推論結果の例（2）

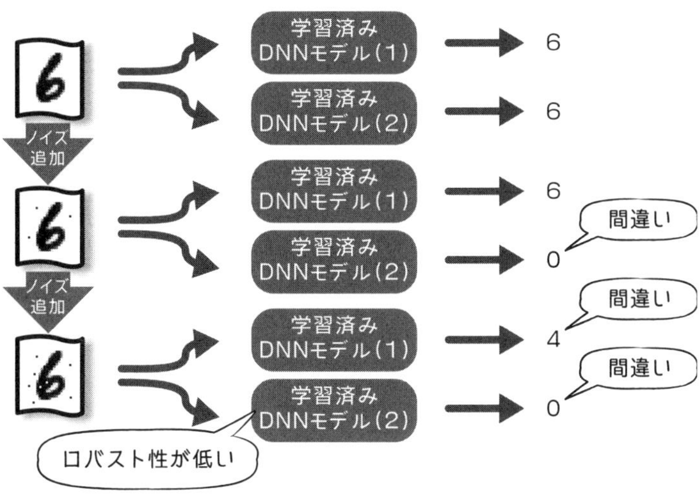

図6-3の場合は、DNNモデル(2)の方が、ロバスト性が低いという結果になりましたが、同量の別のノイズを与えた場合はどうでしょうか。その場合、DNNモデル(2)の方が、ロバスト性が低いという

結果になるとは限りません。またロバスト性は、変化を与える入力データにも依存します。例えば、図6-1とは別の入力データを使って評価すると、ロバスト性はDNNモデル(2)の方が高いという結果になるかもしれません。つまり、ここまで例示してきたロバスト性は、厳密に言えば特定の入力データに対して特定のノイズを与えた場合のロバスト性です。

そのため、より一般的にロバスト性を評価するためには、様々な入力データやノイズを考慮しなければなりません。本章で紹介する「最大安全半径」を活用すると、特定の入力データについて、**あらゆるノイズを考慮した**ロバスト性を評価することが可能になります。

6.1.2. 敵対的データ

AIソフトウェアのロバスト性は、「敵対的データ」の存在が明らかになったことで、注目されるようになりました。敵対的データ(Adversarial Example)[1]とは、「AIソフトウェアが誤分類するように、人工的なノイズを加えた入力データ」のことです。そのような入力データを作成し、わざとAIソフトウェアに誤分類させる行為は、「敵対的データ攻撃」(Adversarial Attack)とも呼ばれています。この攻撃は、分類問題を解くDNNモデルに対して行われます。本項では、敵対的データとロバスト性の関係を説明します。

まずは、敵対的データに関する著名な論文[2]に示されている例を見てみましょう。図6-4左側のパンダの画像を、学習済みDNNモデルに与えて推論を行うと、「パンダ」という正しい分類結果が出力されるとします。左の画像にノイズを加えて、右の画像を作成します。ノイズは画像を少し見にくくする程度であり、パンダの画像であることには変わりありません。

しかし、画像にノイズを加えた結果、「テナガザル」という間違った分類結果が出力されることがあります。このように、間違った分類結果を導出するよう、微細なノイズを加えた入力データが敵対的データです。

ただし、適当にノイズを加えただけでは、敵対的データは作成できません。敵対的データを作る際には、推論に用いるDNNモデルを調べ、入力データにどのようなノイズを加えればよいかを計算します。詳しい計算方法はここでは扱いませんが、モデルの計算式を逆向きに辿ることで、入力データのどの箇所(どのピクセル)の値をどのように変える(増加あるいは減少)と、モデルの推論結果がどのように変わるかを調べます。そしてその結果に基づいて、ノイズを作成し、入力データに加えます。

1　【参考文献】Christian Szegedy, Wojciech Zaremba, Ilya Sutskever, Joan Bruna, Dumitru Erhan, Ian Goodfellow, Rob Fergus: Intriguing Properties of Neural Networks, ICLR 2014.
Ian J. Goodfellow, Jonathon Shlens, and Christian Szegedy: Explaining and Harnessing Adversarial Examples, ICLR 2015.

2　【参考文献】Ian J. Goodfellow, Jonathon Shlens, and Christian Szegedy: Explaining and Harnessing Adversarial Examples, ICLR 2015.

【図6-4】敵対的データの例

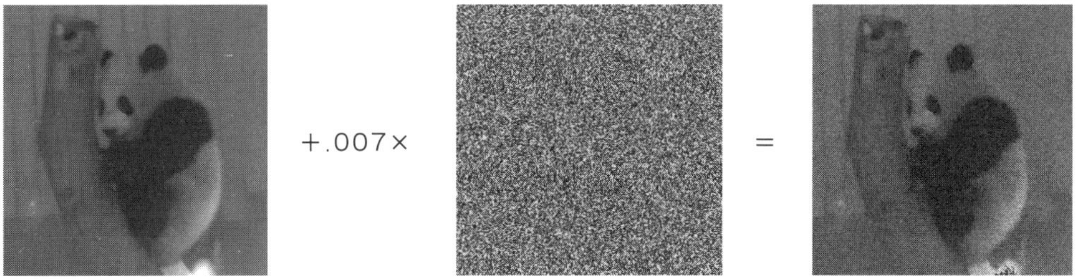

※図は論文「Ian J. Goodfellow, Jonathon Shlens, and Christian Szegedy: Explaining and Harnessing Adversarial Examples, ICLR 2015」を参考にして本書独自に作成

このようにして作成した敵対的データを使い、モデルの誤分類を意図的に発生させる攻撃が敵対的データ攻撃です。この攻撃が発表されたことで、ロバスト性が注目されるようになりました。ロバスト性とは、「入力データにどの程度の変化を加えると推論結果が変わるか」という性質でしたね。つまり、ロバスト性が高いモデルに対して敵対的データを作成する場合は、ロバスト性が低いモデルを対象とする場合よりも、大きいノイズを加える必要があります。即ちロバスト性とは、敵対的データ攻撃に対する「耐性」のことであり、敵対的データを作成する際に加えたノイズの大きさによって評価できそうです。図6-5を使って詳しく説明します。

【図6-5】ノイズ量に基づくロバスト性の比較例

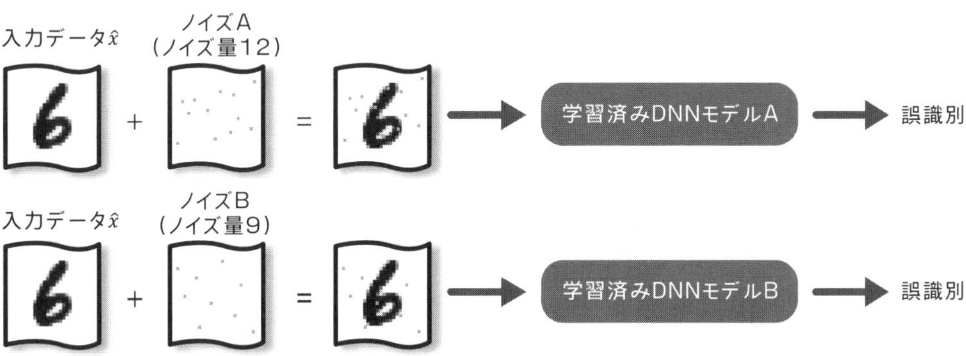

図6-5では学習済みのDNNモデルAとモデルBを対象にして、入力データ$\hat{x}$に対する敵対的データを作成しています。上述のとおり、入力データに加えるノイズはモデルの計算式を逆向きに辿ることで作成されるため、入力データ$\hat{x}$が同一でも、モデルごとに異なる敵対的データが作られます。敵対的データを作成するために入力データに追加したノイズを、それぞれ「ノイズA」と「ノイズB」とします。

図6-5ではノイズを加えるピクセルを灰色で表現しています。またここでは簡単化のため、各ピクセルには同程度のノイズを与えるものと仮定します。即ち、各ピクセルには同一の値を加算するものとします。この仮定のもとでは、ノイズを与えるピクセルの数でノイズの大きさを表すことができます。そし

てノイズAとノイズBについて、ノイズ追加対象のピクセルの数をかぞえると、それぞれ12と9になります。つまり、モデルAはノイズ量9のノイズで分類を誤り、モデルBはノイズ量12のノイズで分類を誤ったということになります。これをロバスト性という言葉を使って言い換えると、「モデルAとモデルBはそれぞれ、ノイズ量8および11まで耐えるロバスト性がありそう」ということになります。

ここで「ありそう」という曖昧な言い方をしたのには、理由があります。ノイズAとノイズBが、それぞれモデルAとモデルBの誤分類を引き起こすための**最小量のノイズ**とは限らないからです。入力データ$\hat{x}$にノイズAを加えることでモデルAが誤分類するようになることは確かですが、ノイズ量が12より少なくても誤分類する可能性はあります。同様にモデルBも、ノイズ量が9より少なくても誤分類する可能性があります。このように、得られた敵対的データに基づいてモデルのロバスト性を定量的に表すことは可能ですが、真のロバスト性はその値よりも低い可能性があります。即ち、敵対的データに基づいて評価したロバスト性の値は、保証されたものではありません。

また前項（6.1.1項）でも触れましたが、この例で示したモデルAおよびBのロバスト性は、あくまで入力データ$\hat{x}$に対するロバスト性です。モデルのロバスト性を一般的に評価するには、複数の入力データについてロバスト性を評価し、それらの平均をとるなどの方法が考えられます。

6.1.3. 最大安全半径

前項では、敵対的データを作成する際に加えるノイズ量に基づいて、DNNモデルのロバスト性を評価できることを示しました。併せて、この方法で評価したロバスト性は、保証された値ではないことも説明しました。これに対し本項で紹介する「最大安全半径」は、**保証されたロバスト性**を表します。つまり、あるDNNモデルに対して最大安全半径に基づくロバスト性評価結果が与えられた場合、そのモデルは少なくともその評価結果以上のロバスト性を持つことが保証されます。最大安全半径の説明の前に、まず「安全半径」を定義します。

安全半径

分類問題を解くAIソフトウェアと、それに対する入力データ$\hat{x}$が与えられ、そこから得られる推論結果を$\hat{y}$とする。このとき、入力データ$\hat{x}$から距離ε以内にある任意の入力データxをAIソフトウェアに入力すると、推論結果$\hat{y}$が得られるとする。その場合、距離εは入力データ$\hat{x}$に対するそのAIソフトウェアの安全半径である。

簡単のため、任意の入力データxは、x_1とx_2の2つの値で構成されているとします。つまり、$x = [x_1, x_2]$と表されます。x_1を横軸に、x_2を縦軸にしてグラフを描くと、ある特定の入力データ$\hat{x} = [\widehat{x_1}, \widehat{x_2}]$は、図6-6のとおりグラフ上に描画できます。この入力データ$\hat{x}$を中心にして、安全半径εを半径とする円を描きます。この円内に含まれる任意の入力データxをAIソフトウェアに入力すると、入力データ$\hat{x}$と同じ分類結果が出力されます。つまり、入力データ$\hat{x}$に対する安全半径がεであれば、$\hat{x}$との距離がεよりも近い任意の入力データxは、入力データ$\hat{x}$と同じ分類結果になることが保証されます。

ここで「距離」という概念がでてきましたが、本書では距離の計算方法としてユークリッド距離[3]を使用します。

【図6-6】安全半径

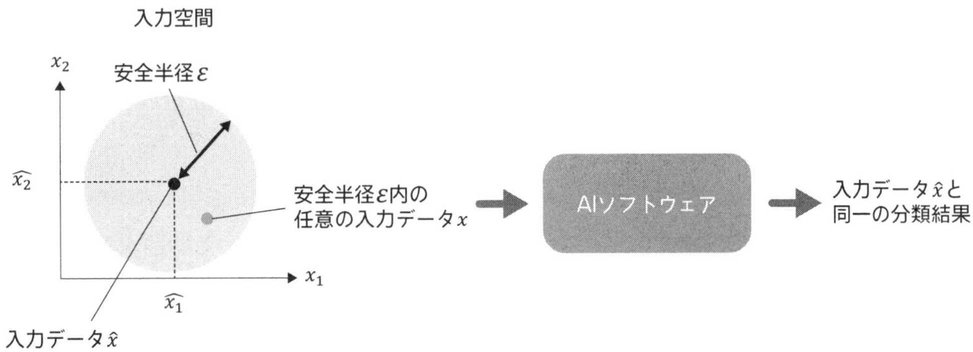

次に、安全半径に基づいて「最大安全半径」を定義します。

最大安全半径

安全半径のうち、最も大きい値が最大安全半径である。

あるAIソフトウェアとそれに対する入力データ$\hat{x}$が与えられた場合、入力データ$\hat{x}$に対するそのAIソフトウェアの安全半径は一つとは限りません。もし、距離εが安全半径であれば、εより小さい値も安全半径としての条件を満たすからです。$\hat{x}$から半径ε以内の入力データは、$\hat{x}$のときと同一の分類結果になります。このとき、$\varepsilon' < \varepsilon$となる$\varepsilon'$を考えると、$\hat{x}$から半径$\varepsilon'$以内の入力データは、$\hat{x}$から半径$\varepsilon$以内の入力データに包含されます。そのため、$\hat{x}$から半径$\varepsilon'$以内の入力データも$\hat{x}$と同一の分類結果になるといえます。以上より、$\varepsilon$が安全半径であれば、$\varepsilon'$も安全半径となります。

このように安全半径は複数存在しますが、そのうち最大の値を「最大安全半径」と呼びます。図6-7のように、すぐ外側の入力データが$\hat{x}$と異なる分類結果になるような最大の半径です。

3　点と点の間の直線距離。

【図6-7】最大安全半径

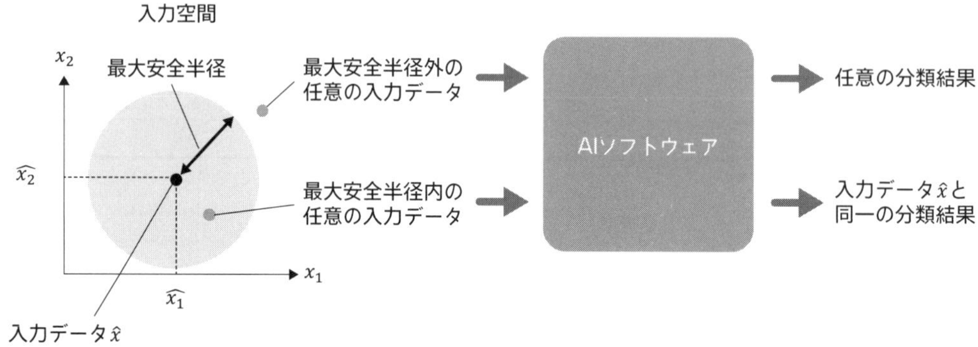

最大安全半径のすぐ外側のデータは、前項で述べた敵対的データに相当します。そして最大安全半径の内側には、敵対的データは存在しないことが保証されます。よって最大安全半径は、敵対的データを作成するための最小量のノイズ（の長さ）に相当するともいえます。最大安全半径が大きくなるほど、敵対的データの作成に必要なノイズ量が多くなります。即ち、最大安全半径が大きければ、敵対的データ攻撃に対する耐性が高く、ロバスト性が高いということになります。

このように最大安全半径は、ロバスト性を表す指標として使用されます。ただし図6-7の最大安全半径におけるロバスト性は、入力データ$\hat{\boldsymbol{x}}$に対するロバスト性であることに注意してください。6.1.2項でも述べたとおり、AIソフトウェアのロバスト性を一般的に評価するには、複数の入力データについて最大安全半径を計算し、それらの平均をとる等の必要があります。

column　様々な距離について

本書では距離の計算方法として、読者の皆さんにとって最もなじみのあるユークリッド距離を採用しています。その他の距離の計算方法として、ここではマンハッタン距離とチェビシェフ距離の計算方法を紹介します。

ユークリッド距離は、ある点から別の点への直線距離に相当します。マンハッタン距離は、縦軸あるいは横軸と平行に移動した場合の距離です。また、マンハッタン距離の方法で移動した場合に、縦軸方向に移動した長さと、横軸方向に移動した長さのうち、より長い方がチェビシェフ距離になります。これらの距離の計算方法の例を図6-8に示します。

【図6-8】距離の計算方法の例

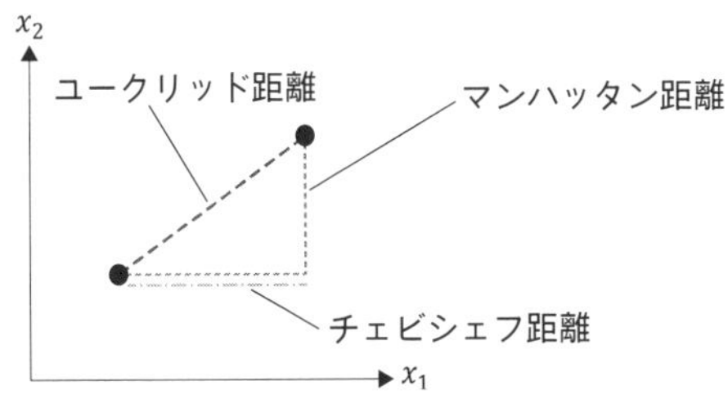

$x = [x_1, x_2]$と$\hat{x} = [\widehat{x_1}, \widehat{x_2}]$のユークリッド距離、マンハッタン距離、およびチェビシェフ距離は、それぞれ以下の式で計算されます。

- **ユークリッド距離**　$\sqrt{(x_1 - \widehat{x_1})^2 + (x_2 - \widehat{x_2})^2}$
- **マンハッタン距離**　$|x_1 - \widehat{x_1}| + |x_2 - \widehat{x_2}|$
- **チェビシェフ距離**　$\max_{1 \le i \le 2}(|x_i - \widehat{x_i}|)$

ユークリッド距離は、各要素の差を二乗し、それらを足し合わせた値の平方根です。マンハッタン距離は、各要素の差の絶対値を足し合わせた値です。チェビシェフ距離の式に現れる演算子maxは、$|x_1 - \widehat{x_1}|, |x_2 - \widehat{x_2}|$のうち最も大きい値を返します。つまりチェビシェフ距離は、各要素の差の絶対値のうち、最も大きい値になります。6.3節のチュートリアルで使用するツールCNN-Certでは、ユークリッド距離だけでなく、マンハッタン距離やチェビシェフ距離でも最大安全半径を計算することができます。

6.2 最大安全半径の計算方法

6.2.1. 最大安全半径の近似値

本書では、DNNモデルの最大安全半径を計算する「CNN-Cert[4]」という手法を紹介します。DNNモデルの最大安全半径を求める手法はいくつか提案されています。その中には最大安全半径の正確な値を計算する手法もありますが、そのために膨大な時間がかかります。本書で紹介するCNN-Certは、最大安全半径の近似値をより短い時間で計算する手法です。

まず、CNN-Certによって計算する最大安全半径の近似値を図6-9に示します。

【図6-9】近似最大安全半径

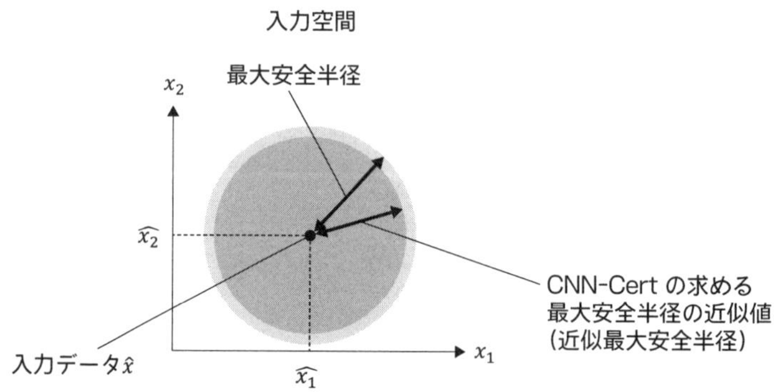

CNN-Certでは、最大安全半径よりも小さい値を近似値として求めます。そのため、近似値の内側に敵対的データは存在しません。つまり、モデルの真の最大安全半径は、CNN-Certの計算する近似値以上であることが保証されます。以降では、CNN-Certの計算する最大安全半径の近似値を「近似最大安全半径」と呼ぶことにします。

6.2.2. 計算方法の概要

近似最大安全半径の計算方法について、概要を説明します。以降では、図6-10に示すDNNモデルを例題とします。

4 【参照文献】Akhilan Boopathy, Tsui-Wei Weng, Pin-Yu Chen, Sijia Liu, and Luca Daniel, CNN-Cert: An Efficient Framework for Certifying Robustness of Convolutional Neural Networks, AAAI 2019, pp.3240-3247.

【図6-10】DNNモデルの例

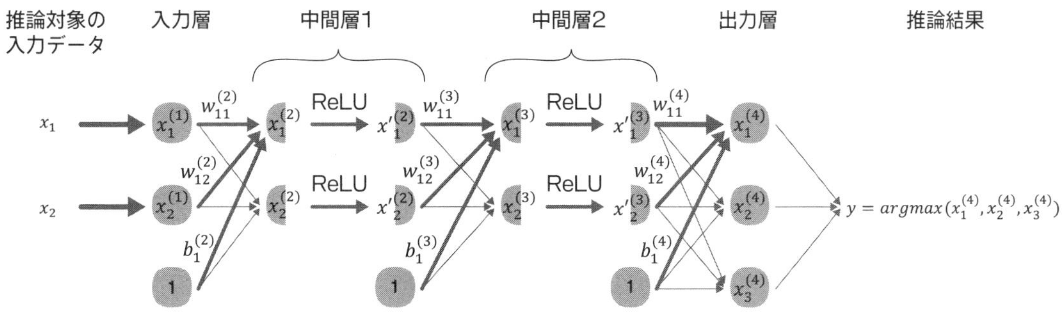

図6-10のDNNモデルは入力層、中間層1、中間層2、および出力層で構成されています。各層におけるニューロンや重み、バイアスの値は、1章の1.2.1項と同じ記号で表しています。このモデルに特定の入力データ$\hat{x} = [\widehat{x_1}, \widehat{x_2}]$を与えて推論を実行すると、推論結果$\hat{y}$が得られるとします。この入力データ$\hat{x}$について、近似最大安全半径を計算します。つまり安全半径のうち、なるべく値の大きいものをみつけることが目標です。そのための計算手順を以下に示します。

$\hat{x}$に対する近似最大安全半径の計算手順

1. 安全半径の仮定値εと、εの最大位置p_{max}および最小位置p_{min}を設定する。
2. $\hat{x}$からの距離がε以下となる任意の入力データ$x = [x_1, x_2]$について、xをモデルに与えて推論を実行した場合の推論結果yが、$y \neq \hat{y}$となる可能性があるかを判定する。即ちεは安全半径かを判定する。
3. $y \neq \hat{y}$となる（可能性がある）場合、εをp_{max}として保存する。そうでない場合（$y = \hat{y}$が保証される場合）は、εをp_{min}として保存する。そして、$(p_{max} + p_{min}) \div 2$を新たな$\varepsilon$とし、手順2に戻る。
4. 手順2および手順3を規定回数繰り返したら、p_{min}を近似最大安全半径として出力し、終了する。

図6-11はこの手順を図示したものです。まず手順1で安全半径の仮定値εと、εの最大位置p_{max}および最小位置p_{min}を設定します。そして手順2で、εが安全半径かどうかを判定します。この判定方法の詳細は次項6.2.3で説明します。

手順3では、手順2の結果に基づいてεを増加あるいは減少させます。手順2の結果、εは安全半径であると確認できた場合は、εをp_{min}として保存します。p_{min}はその時点までにみつけた最大の安全半径です。そして、より大きい安全半径を探すため、$(p_{max} + p_{min}) \div 2$を新たな$\varepsilon$とします。手順2の結果、$\varepsilon$は安全半径ではない（可能性がある）場合は、$\varepsilon$を大きくし過ぎたということですので、逆に減少させます。そこでεをp_{max}として保存し、$(p_{max} + p_{min}) \div 2$を新たな$\varepsilon$とします。

このようにして更新したεについて、手順2を再度実行します。手順4には計算を停止する条件を記述しています。計算を停止する方法はいくつか考えられますが、ここでは手順2と手順3の繰り返しを規定回数実行したら停止することにしています。p_{min}には、それまでにみつけた安全半径の最大値が保存されていますので、その値を近似最大安全半径として出力します。

【図6-11】近似最大安全半径の計算手順

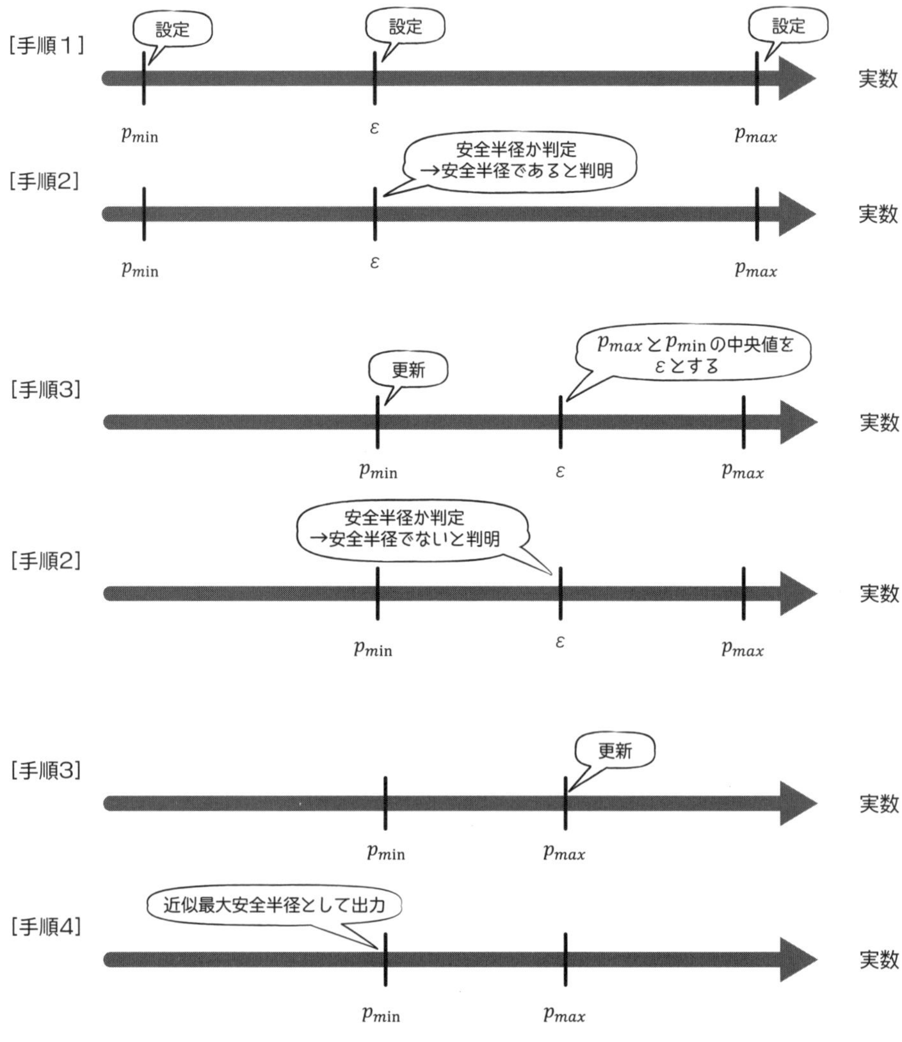

上述のとおり、近似最大安全半径の計算手順を示しましたが、これは「二分探索」と呼ばれるアルゴリズムそのものです。結局、手順2における「εが安全半径かどうかの判定」が肝となりそうです。次項では、この判定方法の詳細を説明します。

6.2.3. 安全半径の判定

前項で示した近似最大安全半径の計算手順のうち、仮定値$\boldsymbol{\varepsilon}$が安全半径かどうかを判定する方法を詳細に説明します。引き続き例題として図6-10に示したDNNモデルを使用します。前項と同様に、このモデルに入力データ$\hat{x} = [\widehat{x_1}, \widehat{x_2}]$を与えて推論を実行すると、推論結果$\hat{\boldsymbol{y}}$が得られるとします。またこのとき、出力層のニューロンの値は、$x_1^{(4)} > x_2^{(4)}$かつ$x_1^{(4)} > x_3^{(4)}$であると仮定します。即ち、$\hat{y} = 1$と仮定します。

まず、「$\hat{\boldsymbol{x}}$に対して$\boldsymbol{\varepsilon}$は安全半径である」とはどういうことかをおさらいしましょう。$\hat{\boldsymbol{x}}$との距離が$\boldsymbol{\varepsilon}$以下の任意の入力データを$x = [x_1, x_2]$とすると、$\hat{\boldsymbol{x}}$と$\boldsymbol{x}$について以下の式が成立します。

$$\varepsilon \geq \sqrt{(x_1 - \widehat{x_1})^2 + (x_2 - \widehat{x_2})^2} \qquad \cdots\cdots\cdots (1)$$

この式が成立するあらゆる入力データ$\boldsymbol{x}$をモデルに与えたとき、その推論結果$\boldsymbol{y}$について、「$\boldsymbol{y} = \hat{\boldsymbol{y}}$が成立すれば$\boldsymbol{\varepsilon}$は安全半径である」といえます。逆に$\boldsymbol{\varepsilon}$の範囲内に1個でも$\boldsymbol{y} \neq \hat{\boldsymbol{y}}$となるような$\boldsymbol{x}$が存在すれば、$\boldsymbol{\varepsilon}$は安全半径ではありません。

ここで$\boldsymbol{y} = \hat{\boldsymbol{y}}$という式を、図6-10のモデルのニューロンの値を使って置き換えます。上述のとおり、入力データ$\hat{\boldsymbol{x}}$を与えた場合は、$x_1^{(4)} > x_2^{(4)}$かつ$x_1^{(4)} > x_3^{(4)}$が成立すると仮定しています。つまり、$\hat{\boldsymbol{y}} = \mathbf{1}$となります。このとき、$\boldsymbol{y} = \hat{\boldsymbol{y}}$となるのは$\boldsymbol{y} = \mathbf{1}$の場合のみであり、それは$x_1^{(4)} > x_2^{(4)}$かつ$x_1^{(4)} > x_3^{(4)}$が成立することを意味します。つまり、$\boldsymbol{y} = \hat{\boldsymbol{y}}$という条件は、$x_1^{(4)} > x_2^{(4)}$かつ$x_1^{(4)} > x_3^{(4)}$という条件に置き換えることができます。

以上より、式(1)を満たすあらゆる入力データ$\boldsymbol{x}$をモデルに与えた場合に、出力層のニューロンの値$x_1^{(4)}, x_2^{(4)},$ および$x_3^{(4)}$について以下の２式が成立すれば、$\boldsymbol{\varepsilon}$は安全半径であるといえます。

$$x_1^{(4)} > x_2^{(4)} \qquad \cdots\cdots\cdots (2)$$

$$x_1^{(4)} > x_3^{(4)} \qquad \cdots\cdots\cdots (3)$$

では、どうすれば、「式(1)を満たすあらゆる入力データ$\boldsymbol{x}$」について、式(2)および式(3)が成立することを示せるでしょうか。$\boldsymbol{x}$を構成する$\boldsymbol{x_1}$と$\boldsymbol{x_2}$の値が整数であれば、式(1)を満たす全ての入力データを作成することもできそうです。作成した入力データをモデルに与えて推論を実行すれば、$x_1^{(4)}, x_2^{(4)},$ および$x_3^{(4)}$の値が得られるため、式(2)および式(3)が成立するかを評価できます。しかし、$\boldsymbol{x}$を構成する$\boldsymbol{x_1}$および$\boldsymbol{x_2}$の値が実数の場合、式(1)を満たす入力データの数、即ち$\hat{\boldsymbol{x}}$との距離が$\boldsymbol{\varepsilon}$以下の入力データの数は、膨大になります。その場合、式(1)を満たすあらゆる入力データ$\boldsymbol{x}$について、$x_1^{(4)}, x_2^{(4)},$ および$x_3^{(4)}$の値を計算するという方法は採れません。

そこで、式(1)が成立する入力データ$\boldsymbol{x}$について、$x_1^{(4)}$の下界と、$x_2^{(4)}$および$x_3^{(4)}$の上界を計算します。式(1)を満たす様々な入力データ$\boldsymbol{x}$をモデルに与えると、$x_1^{(4)}$も様々な値をとります。これら様々な$x_1^{(4)}$の値と比較して常に$LB_1^{(4)} \leq x_1^{(4)}$となる$LB_1^{(4)}$が$x_1^{(4)}$の下界です。つまり、$x_1^{(4)}$の最小値以下の値が$x_1^{(4)}$の下界になります。LBはLower Boundの略です。同様に$x_1^{(4)}$の上界$UB_1^{(4)}$については、$UB_1^{(4)} \geq x_1^{(4)}$が成立します。UBはUpper Boundの略です。$x_1^{(4)}$の下界である$LB_1^{(4)}$と、$x_2^{(4)}$の上界である$UB_2^{(4)}$を使って、以下の式(4)を作成します。

$$LB_1^{(4)} > UB_2^{(4)} \qquad \cdots\cdots\cdots (4)$$

この式(4)が成立する場合、$LB_1^{(4)} \leq x_1^{(4)}$および$UB_2^{(4)} \geq x_2^{(4)}$であることから、$x_1^{(4)} \geq LB_1^{(4)} > UB_2^{(4)} \geq x_2^{(4)}$が成立します。よって式(2)も成立します。同様に、$x_1^{(4)}$の下界である$LB_1^{(4)}$と、$x_3^{(4)}$の上界である$UB_3^{(4)}$を使って、以下の式(5)を作成します。

$$LB_1^{(4)} > UB_3^{(4)} \qquad \cdots\cdots\cdots (5)$$

同様に$x_1^{(4)} \geq LB_1^{(4)} > UB_3^{(4)} \geq x_3^{(4)}$となるため、式(5)が成立する場合は式(3)も成立することが分かります。

以上により、式(4)および式(5)が成立することを示せれば、式(2)および式(3)も成立するといえるため、$\boldsymbol{\varepsilon}$は安全半径であると判定できます。

ちなみに、式(4)が成立しないときは、式(2)は成立するかもしれませんし、成立しないかもしれません。式(2)が成立しない可能性がある以上は、$\boldsymbol{\varepsilon}$は安全半径でない可能性もあります。よって式(4)が成立しない場合は、「$\boldsymbol{\varepsilon}$は安全半径ではない」と判定します。式(5)についても同様で、式(5)が成立しない場合は、$\boldsymbol{\varepsilon}$は安全半径ではないと判定します。このように実際には$\boldsymbol{\varepsilon}$は安全半径かどうか分からない場合でも、「$\boldsymbol{\varepsilon}$は安全半径ではない」と決めつけて計算を進めるため、計算結果は「近似的な」最大安全半径になります。

ここまでで、仮定値$\boldsymbol{\varepsilon}$が安全半径かどうかを判定するためには、式(4)および式(5)が成立するかを調べればよいと分かりました。式(4)が成立するかを調べるためには、$LB_1^{(4)}$と$UB_2^{(4)}$の値を求める必要があります。同様に式(5)が成立するかを調べるためには、$LB_1^{(4)}$と$UB_3^{(4)}$を求める必要があります。次項では、$x_1^{(4)}$の下界および上界である、$LB_1^{(4)}$と$UB_1^{(4)}$を求める方法を示します。それと同じ方法で$UB_2^{(4)}$や$UB_3^{(4)}$も求めることができるため、式(4)と式(5)が成立するかを判定できるようになります。

6.2.4. 下界と上界の計算方法

入力データxが式(1)を満たすことを前提にして、$x_1^{(4)}$の下界$LB_1^{(4)}$および上界$UB_1^{(4)}$の値を求めます。式(1)を満たすどのような入力データxをモデルに与えても、$LB_1^{(4)} \leq x_1^{(4)}$および$UB_1^{(4)} \geq x_1^{(4)}$が成立する値が$UB_1^{(4)}$と$LB_1^{(4)}$です。よって、入力データ$x$がどのような値のときに$x_1^{(4)}$が大きくなり、逆に$x$がどのような値のときに$x_1^{(4)}$が小さくなるかが分かれば、$UB_1^{(4)}$および$LB_1^{(4)}$を求めることができそうです。

xから$x_1^{(4)}$を求める計算は、図6-8に示したDNNモデルによって定義されています。しかし、DNNモデルが定義する計算は複雑であり、データxがどのような値のときに$x_1^{(4)}$が大きくまたは小さくなるかを解析するのは容易ではありません。そこで、DNNモデルの計算式に対して、その上界と下界を与える直線状の関数（アフィン関数）をそれぞれ作成します。具体的には、以下のような式を作成します。

$$(A_1^{LB} \times x_1 + A_2^{LB} \times x_2 + B^{LB}) \leq \Phi_1^{(4)}(x_1, x_2) \leq (A_1^{UB} \times x_1 + A_2^{UB} \times x_2 + B^{UB})$$

（ただしx_1, x_2は式(1)を満たす）　………(6)

$\Phi_1^{(4)}$は、モデルが入力データ$x = [x_1, x_2]$を受け付けて、$x_1^{(4)}$の値を導くまでの計算を表しています。つまり、$x_1^{(4)} = \Phi_1^{(4)}(x_1, x_2)$です。式(6)が成立するような係数$A_1^{LB}, A_2^{LB}, B^{LB}, A_1^{UB}, A_2^{UB}$, および$B^{UB}$を計算する方法は後で説明します。ここでは先に、係数$A_1^{LB}, A_2^{LB}, B^{LB}, A_1^{UB}, A_2^{UB}$, および$B^{UB}$が分かれば、式(6)から下界$LB_1^{(4)}$および上界$UB_1^{(4)}$を計算できることを示します。まず$LB_1^{(4)}$を計算しましょう。

$A_1^{LB} \times x_1 + A_2^{LB} \times x_2 + B^{LB}$は、式(1)を満たす$x = [x_1, x_2]$の範囲で、$\Phi_1^{(4)}(x_1, x_2)$の下界を与える式です。つまり、式(1)を満たす範囲でどのような値の$x = [x_1, x_2]$を与えたとしても、$A_1^{LB} \times x_1 + A_2^{LB} \times x_2 + B^{LB}$の値は、$x_1^{(4)} = \Phi_1^{(4)}(x_1, x_2)$の値以下になるということです。以降、ある関数に対して下界を与える関数を、本書では「下界関数」と呼ぶことにします。同様に上界を与える関数を「上界関数」と呼ぶことにします。

$x_1^{(4)}$の下界$LB_1^{(4)}$は、式(1)を満たすあらゆる$x = [x_1, x_2]$を与えた場合に、$LB_1^{(4)} \leq x_1^{(4)}$が成立する値です。そのため、$A_1^{LB} \times x_1 + A_2^{LB} \times x_2 + B^{LB}$の最小値を、$LB_1^{(4)}$として採用できます。いま$A_1^{LB}, A_2^{LB}$, および$B^{LB}$の値は分かっているため、$A_1^{LB} \times x_1 + A_2^{LB} \times x_2 + B^{LB}$は$x_1$および$x_2$に関する直線状の関数です。また$x_1$と$x_2$は、式(1)によって取り得る値の範囲が制限されています。その場合、$A_1^{LB} \times x_1 + A_2^{LB} \times x_2 + B^{LB}$の最小値は計算可能です。

直線状の関数であれば最小値（および最大値）を計算できることを、具体例を使って確かめてみましょう。例えば、$A_1^{LB} = 2$, $A_2^{LB} = -3$, および$B^{LB} = 4$とすると、上記式は$2x_1 - 3x_2 + 4$となります。式(1)は少々複雑なので、ここではx_1とx_2に対する制約を$1 \leq x_1 \leq 3$および$-4 \leq x_2 \leq 1$と仮定します。係数とx_1とx_2の取り得る範囲に注目すれば、$2x_1 - 3x_2 + 4$が最小になるのは、$x_1 = 3$かつ$x_2 = -4$のときと分かります。最大値についても同様に決定できます。

上記の例とは異なり、今回x_1とx_2は、式(1)によってとり得る値の範囲を制限されています。そのため、最小値を求めるには少し工夫が必要です。$A_1^{LB} \times x_1 + A_2^{LB} \times x_2 + B^{LB}$を、$x_1 = \widehat{x_1} + (x_1 - \widehat{x_1})$および$x_2 = \widehat{x_2} + (x_2 - \widehat{x_2})$を使って以下のように展開します。

$$
\begin{aligned}
& A_1^{LB} \times x_1 + A_2^{LB} \times x_2 + B^{LB} \\
&= A_1^{LB} \times \left(\widehat{x_1} + (x_1 - \widehat{x_1})\right) + A_2^{LB} \times \left(\widehat{x_2} + (x_2 - \widehat{x_2})\right) + B^{LB} \\
&= A_1^{LB} \times \widehat{x_1} + A_1^{LB} \times (x_1 - \widehat{x_1}) + A_2^{LB} \times \widehat{x_2} + A_2^{LB} \times (x_2 - \widehat{x_2}) + B^{LB} \\
&= A_1^{LB} \times (x_1 - \widehat{x_1}) + A_2^{LB} \times (x_2 - \widehat{x_2}) + (A_1^{LB} \times \widehat{x_1} + A_2^{LB} \times \widehat{x_2} + B^{LB}) \quad \cdots\cdots\cdots (7)
\end{aligned}
$$

$\hat{x} = [\widehat{x_1}, \widehat{x_2}]$であり、$\widehat{x_1}$, と$\widehat{x_2}$それぞれの値は分かっていることから、$(A_1^{LB} \times \widehat{x_1} + A_2^{LB} \times \widehat{x_2} + B^{LB})$は定数です。ここで、$A_1^{LB} \times (x_1 - \widehat{x_1}) + A_2^{LB} \times (x_2 - \widehat{x_2})$は、ベクトル$(A_1^{LB}, A_2^{LB})$とベクトル$(x_1 - \widehat{x_1}, x_2 - \widehat{x_2})$の内積と捉えられます。また式(1)から、ベクトル$(x_1 - \widehat{x_1}, x_2 - \widehat{x_2})$の長さは$\varepsilon$以下になります。ベクトル$(A_1^{LB}, A_2^{LB})$と、長さ$\varepsilon$以下のベクトル$(x_1 - \widehat{x_1}, x_2 - \widehat{x_2})$の内積が最小になるのは、$(x_1 - \widehat{x_1}, x_2 - \widehat{x_2})$が$(A_1^{LB}, A_2^{LB})$とは**反対向き**の長さ$\varepsilon$のベクトルのときです[5]。つまり、$(x_1 - \widehat{x_1}, x_2 - \widehat{x_2}) = (\frac{-A_1^{LB}}{\sqrt{(A_1^{LB})^2 + (A_2^{LB})^2}} \times \varepsilon, \frac{-A_2^{LB}}{\sqrt{(A_1^{LB})^2 + (A_2^{LB})^2}} \times \varepsilon)$のときです。

以上により、式(7)の最小値は式(8)で表せます。

$$
\begin{aligned}
LB_1^{(4)} &= min\,(A_1^{LB} \times (x_1 - \widehat{x_1}) + A_2^{LB} \times (x_2 - \widehat{x_2}) + (A_1^{LB} \times \widehat{x_1} + A_2^{LB} \times \widehat{x_2} + B^{LB}) \\
&= \left(A_1^{LB} \times \frac{-A_1^{LB}}{\sqrt{(A_1^{LB})^2 + (A_2^{LB})^2}} \times \varepsilon\right) + \left(A_2^{LB} \times \frac{-A_2^{LB}}{\sqrt{(A_1^{LB})^2 + (A_2^{LB})^2}} \times \varepsilon\right) \\
&\quad + (A_1^{LB} \times \widehat{x_1} + A_2^{LB} \times \widehat{x_2} + B^{LB}) \\
&= \left(\frac{-(A_1^{LB})^2}{\sqrt{(A_1^{LB})^2 + (A_2^{LB})^2}} \times \varepsilon\right) + \left(\frac{-(A_2^{LB})^2}{\sqrt{(A_1^{LB})^2 + (A_2^{LB})^2}} \times \varepsilon\right) + (A_1^{LB} \times \widehat{x_1} + A_2^{LB} \times \widehat{x_2} + B^{LB}) \\
&= -\left(\frac{(A_1^{LB})^2 + (A_2^{LB})^2}{\sqrt{(A_1^{LB})^2 + (A_2^{LB})^2}} \times \varepsilon\right) + (A_1^{LB} \times \widehat{x_1} + A_2^{LB} \times \widehat{x_2} + B^{LB}) \\
&= -\sqrt{(A_1^{LB})^2 + (A_2^{LB})^2} \times \varepsilon + (A_1^{LB} \times \widehat{x_1} + A_2^{LB} \times \widehat{x_2} + B^{LB})
\end{aligned}
$$

$$\cdots\cdots\cdots (8)$$

5　本書では距離の計算方法としてユークリッド距離を採用しており、εもユークリッド距離のため。

演算子*min*は最小値を返します。式(8)に現れる$A_1^{LB}, A_2^{LB}, B^{LB}, \widehat{x_1}, \widehat{x_2},$ および$\boldsymbol{\varepsilon}$の値は分かっているので、式(8)の値は計算で求められます。以上で、$LB_1^{(4)}$の値を求めることができました。

同様に$UB_1^{(4)}$の値も求めてみましょう。式(6)より、$A_1^{UB} \times x_1 + A_2^{UB} \times x_2 + B^{UB}$の最大値が$UB_1^{(4)}$になります。この式を、$x_1 = \widehat{x_1} + (x_1 - \widehat{x_1})$および$x_2 = \widehat{x_2} + (x_2 - \widehat{x_2})$を使って展開すると、式(9)が得られます。

$$\begin{aligned} & A_1^{UB} \times x_1 + A_2^{UB} \times x_2 + B^{UB} \\ & = A_1^{UB} \times (x_1 - \widehat{x_1}) + A_2^{UB} \times (x_2 - \widehat{x_2}) + (A_1^{UB} \times \widehat{x_1} + A_2^{UB} \times \widehat{x_2} + B^{UB}) \end{aligned} \quad \cdots\cdots\cdots (9)$$

$LB_1^{(4)}$のときと同様に、$A_1^{UB} \times (x_1 - \widehat{x_1}) + A_2^{UB} \times (x_2 - \widehat{x_2})$は、ベクトル$(A_1^{UB}, A_2^{UB})$とベクトル$(x_1 - \widehat{x_1}, x_2 - \widehat{x_2})$の内積と捉えることができます。ベクトル$(A_1^{UB}, A_2^{UB})$と、長さ$\boldsymbol{\varepsilon}$以下のベクトル$(x_1 - \widehat{x_1}, x_2 - \widehat{x_2})$の内積が最大になるのは、$(x_1 - \widehat{x_1}, x_2 - \widehat{x_2})$が$(A_1^{UB}, A_2^{UB})$と**同じ向き**の、長さ$\boldsymbol{\varepsilon}$のベクトルのときです。よって式(9)の最大値は以下のとおり表せます。

$$\begin{aligned} UB_1^{(4)} &= max\,(A_1^{UB} \times (x_1 - \widehat{x_1}) + A_2^{UB} \times (x_2 - \widehat{x_2}) + (A_1^{UB} \times \widehat{x_1} + A_2^{UB} \times \widehat{x_2} + B^{UB}) \\ &= \left(A_1^{UB} \times \frac{A_1^{UB}}{\sqrt{(A_1^{UB})^2 + (A_2^{UB})^2}} \times \varepsilon\right) + \left(A_2^{UB} \times \frac{A_2^{UB}}{\sqrt{(A_1^{UB})^2 + (A_2^{UB})^2}} \times \varepsilon\right) \\ &\quad + (A_1^{UB} \times \widehat{x_1} + A_2^{UB} \times \widehat{x_2} + B^{UB}) \\ &= \left(\frac{(A_1^{UB})^2}{\sqrt{(A_1^{UB})^2 + (A_2^{UB})^2}} \times \varepsilon\right) + \left(\frac{(A_2^{UB})^2}{\sqrt{(A_1^{UB})^2 + (A_2^{UB})^2}} \times \varepsilon\right) + (A_1^{UB} \times \widehat{x_1} + A_2^{UB} \times \widehat{x_2} + B^{UB}) \\ &= \left(\frac{(A_1^{UB})^2 + (A_2^{UB})^2}{\sqrt{(A_1^{UB})^2 + (A_2^{UB})^2}} \times \varepsilon\right) + (A_1^{UB} \times \widehat{x_1} + A_2^{UB} \times \widehat{x_2} + B^{UB}) \\ &= \sqrt{(A_1^{UB})^2 + (A_2^{UB})^2} \times \varepsilon + (A_1^{UB} \times \widehat{x_1} + A_2^{UB} \times \widehat{x_2} + B^{UB}) \end{aligned} \quad \cdots\cdots\cdots (10)$$

式(10)に現れる$A_1^{UB}, A_2^{UB}, B^{UB}, \widehat{x_1}, \widehat{x_2},$および$\boldsymbol{\varepsilon}$の値は分かっているので、式(10)の値は計算で求められます。以上で、$UB_1^{(4)}$の値を求めることができました。同様の方法で、$x_2^{(4)}$の下界$LB_2^{(4)}$および上界$UB_2^{(4)}$と、$x_3^{(4)}$の下界$LB_3^{(4)}$および上界$UB_3^{(4)}$を求めることができます。

6.2.5. 下界と上界の段階的計算方法

前項では、$x_1^{(4)} = \Phi_1^{(4)}(x_1, x_2)$に対して、$x_1$と$x_2$に関する直線状の下界関数と上界関数を定義できれば、$x_1^{(4)}$の下界$LB_1^{(4)}$および上界$UB_1^{(4)}$を計算できることを示しました。このことは、出力層のニューロン$x_1^{(4)}$だけでなく、中間層のニューロン$x_1^{(3)}$および$x_1^{(2)}$についても当てはまります。つまり、$x_1^{(3)} = \Phi_1^{(3)}(x_1, x_2)$についても、$x_1$と$x_2$に関する直線状の下界関数と上界関数を定義できれば、$x_1^{(3)}$の下界$LB_1^{(3)}$および上界$UB_1^{(3)}$を計算できます。$x_1^{(2)}$についても同様です。

そして、後で詳しく説明しますが、$x_1^{(3)}$の下界関数と上界関数を作成するためには、$x_1^{(2)}$と$x_2^{(2)}$の下界および上界の値が必要になります。同様に$x_1^{(4)}$の下界関数と上界関数を作成するためには、$x_1^{(3)}$と$x_2^{(3)}$の下界および上界の値と、$x_1^{(2)}$と$x_2^{(2)}$の下界および上界の値が必要になります。これらを踏まえ、以下のステップで$x_1^{(4)}$の下界$LB_1^{(4)}$および上界$UB_1^{(4)}$を求めます。

下界と上界の計算ステップ

1. $x_1^{(2)}$および$x_2^{(2)}$に対して、x_1とx_2に関する直線状の下界関数と上界関数を作成し、6.2.4項に示した方法で下界$LB_1^{(2)}$と上界$UB_1^{(2)}$、および下界$LB_2^{(2)}$と上界$UB_2^{(2)}$の値を計算する。

2. $x_1^{(3)}$および$x_2^{(3)}$に対して、x_1とx_2に関する直線状の下界関数と上界関数を作成し、6.2.4項に示した方法で下界$LB_1^{(3)}$と上界$UB_1^{(3)}$、および下界$LB_2^{(3)}$と上界$UB_2^{(3)}$の値を計算する。その際、ステップ(1)で求めた$LB_1^{(2)}$、$UB_1^{(2)}$、$LB_2^{(2)}$、および$UB_2^{(2)}$の値を使用する。

3. $x_1^{(4)}$,$x_2^{(4)}$,および$x_3^{(4)}$に対して、x_1とx_2に関する直線状の下界関数と上界関数を作成し、6.2.4項に示した方法で下界$LB_1^{(4)}$と上界$UB_1^{(4)}$、下界$LB_2^{(4)}$と上界$UB_2^{(4)}$、および下界$LB_3^{(4)}$と上界$UB_3^{(4)}$の値を計算する[6]。その際、ステップ(1)およびステップ(2)で求めた$LB_1^{(2)}$、$UB_1^{(2)}$、$LB_2^{(2)}$、$UB_2^{(2)}$、$LB_1^{(3)}$、$UB_1^{(3)}$、$LB_2^{(2)}$、および$UB_2^{(3)}$の値を使用する。

各計算ステップにおいて計算対象となる範囲を図6-12に示します。ステップ数は、例題のモデルの中間層の数に依存します。もし、中間層の数が2ではなく3であれば、4ステップで計算を進めることになります。では、ステップ(1)から順に計算を進めていきましょう。

6　最終的に必要なのは、式(4)と式(5)で使用する$LB_1^{(4)}$, $UB_2^{(4)}$, および$UB_3^{(4)}$のみ。

【図6-12（図6-10を再掲）】DNNモデルの例

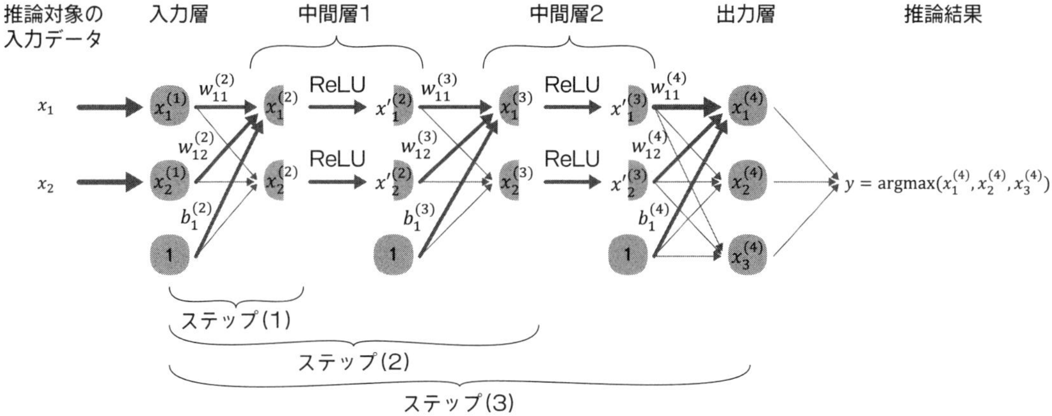

■ ステップ(1)

ステップ(1)では、$x_1^{(2)}$と$x_2^{(2)}$について、それぞれ下界と上界を求めます。以降では$x_1^{(2)}$を例にとり下界$LB_1^{(2)}$と上界$UB_1^{(2)}$を計算していきます。

$x_1^{(2)}$の値は、入力層のニューロン$x_1^{(1)}$と$x_2^{(1)}$の値に基づいて、以下の式で計算されます。

$$x_1^{(2)} = w_{11}^{(2)} \times x_1^{(1)} + w_{12}^{(2)} \times x_2^{(1)} + b_1^{(2)} \quad \cdots\cdots (11)$$

$x_1^{(1)} = x_1$および$x_2^{(1)} = x_2$であるため、式(11)は式(12)に書き換えられます。

$$x_1^{(2)} = w_{11}^{(2)} \times x_1 + w_{12}^{(2)} \times x_2 + b_1^{(2)} \quad \cdots\cdots (12)$$

式(12)の最大値が$x_1^{(2)}$の上界$UB_1^{(2)}$、最小値が$x_1^{(2)}$の下界$LB_1^{(2)}$となります。対象のモデルは学習済みであり、$w_{11}^{(2)}, w_{12}^{(2)}$,および$b_1^{(2)}$の値は分かっています。つまり式(12)は、$x_1$と$x_2$に関する直線状の関数です。そこで6.2.4項に示した方法で、式(12)の最小値および最大値を求めます。念のため再度説明しますが、冗長と感じる読者はステップ(2)まで読み飛ばしてください。

式(12)を、$x_1 = \widehat{x_1} + (x_1 - \widehat{x_1})$および$x_2 = \widehat{x_2} + (x_2 - \widehat{x_2})$を使って展開すると、式(13)が得られます。

$$\begin{aligned} & w_{11}^{(2)} \times x_1 + w_{12}^{(2)} \times x_2 + b_1^{(2)} \\ &= w_{11}^{(2)} \times (x_1 - \widehat{x_1}) + w_{12}^{(2)} \times (x_2 - \widehat{x_2}) + \left(w_{11}^{(2)} \times \widehat{x_1} + w_{12}^{(2)} \times \widehat{x_2} + b_1^{(2)}\right) \end{aligned} \quad \cdots\cdots (13)$$

$w_{11}^{(2)} \times (x_1 - \widehat{x_1}) + w_{12}^{(2)} \times (x_2 - \widehat{x_2})$は、ベクトル$(w_{11}^{(2)}, w_{12}^{(2)})$とベクトル$(x_1 - \widehat{x_1}, x_2 - \widehat{x_2})$の内積と捉えることができます。ベクトル$(w_{11}^{(2)}, w_{12}^{(2)})$と、長さ$\varepsilon$以下のベクトル$(x_1 - \widehat{x_1}, x_2 - \widehat{x_2})$の内積が最小になるのは、$(x_1 - \widehat{x_1}, x_2 - \widehat{x_2})$が$(w_{11}^{(2)}, w_{12}^{(2)})$と反対向きの長さ$\varepsilon$のベクトルのときです。同様に、ベクトル$(w_{11}^{(2)}, w_{12}^{(2)})$と、長さ$\varepsilon$以下のベクトル$(x_1 - \widehat{x_1}, x_2 - \widehat{x_2})$の内積が最大になるのは、$(x_1 - \widehat{x_1}, x_2 - \widehat{x_2})$が$(w_{11}^{(2)}, w_{12}^{(2)})$と同じ向きの長さ$\varepsilon$のベクトルのときです。よって式(13)の最小値と最大値は、それぞれ式(14)と式(15)で表されます。

$$LB_1^{(2)} = min\left(w_{11}^{(2)} \times (x_1 - \widehat{x_1}) + w_{12}^{(2)} \times (x_2 - \widehat{x_2}) + \left(w_{11}^{(2)} \times \widehat{x_1} + w_{12}^{(2)} \times \widehat{x_2} + b_1^{(2)}\right)\right)$$

$$= \left(\frac{-\left(w_{11}^{(2)}\right)^2}{\sqrt{\left(w_{11}^{(2)}\right)^2 + \left(w_{12}^{(2)}\right)^2}} \times \varepsilon\right) + \left(\frac{-\left(w_{12}^{(2)}\right)^2}{\sqrt{\left(w_{11}^{(2)}\right)^2 + \left(w_{12}^{(2)}\right)^2}} \times \varepsilon\right) + \left(w_{11}^{(2)} \times \widehat{x_1} + w_{12}^{(2)} \times \widehat{x_2} + b_1^{(2)}\right)$$

$$= -\sqrt{\left(w_{11}^{(2)}\right)^2 + \left(w_{12}^{(2)}\right)^2} \times \varepsilon + \left(w_{11}^{(2)} \times \widehat{x_1} + w_{12}^{(2)} \times \widehat{x_2} + b_1^{(2)}\right)$$

……(14)

$$UB_1^{(2)} = max\left(w_{11}^{(2)} \times (x_1 - \widehat{x_1}) + w_{12}^{(2)} \times (x_2 - \widehat{x_2}) + \left(w_{11}^{(2)} \times \widehat{x_1} + w_{12}^{(2)} \times \widehat{x_2} + b_1^{(2)}\right)\right)$$

$$= \left(\frac{\left(w_{11}^{(2)}\right)^2}{\sqrt{\left(w_{11}^{(2)}\right)^2 + \left(w_{12}^{(2)}\right)^2}} \times \varepsilon\right) + \left(\frac{\left(w_{12}^{(2)}\right)^2}{\sqrt{\left(w_{11}^{(2)}\right)^2 + \left(w_{12}^{(2)}\right)^2}} \times \varepsilon\right) + \left(w_{11}^{(2)} \times \widehat{x_1} + w_{12}^{(2)} \times \widehat{x_2} + b_1^{(2)}\right)$$

$$= \sqrt{\left(w_{11}^{(2)}\right)^2 + \left(w_{12}^{(2)}\right)^2} \times \varepsilon + \left(w_{11}^{(2)} \times \widehat{x_1} + w_{12}^{(2)} \times \widehat{x_2} + b_1^{(2)}\right)$$

……(15)

式(14)および式(15)に現れる$w_{11}^{(2)}, w_{12}^{(2)}, b_1^{(2)}, \widehat{x_1}, \widehat{x_2}$, および$\varepsilon$の値は分かっているので、式(14)および式(15)の値は計算で求められます。以上で、$x_1^{(2)}$の下界$LB_1^{(2)}$と上界$UB_1^{(2)}$の値を求めることができました。本書では割愛しますが、同様の方法で、$x_2^{(2)}$の下界$LB_2^{(2)}$と上界$UB_2^{(2)}$の値も計算できます。

■ ステップ(2)

ステップ(2)では$x_1^{(3)}$と$x_2^{(3)}$について、それぞれ下界と上界を求めます。$x_1^{(3)}$を例に、その下界$LB_1^{(3)}$と上界$UB_1^{(3)}$を計算していきます。

ステップ(1)とは異なり、ステップ(2)の対象範囲には「活性化関数」が含まれます。この活性化関数による計算をσと表すことにします。$x_1^{(3)}$の値は、中間層1のニューロン$x_1^{(2)}$と$x_2^{(2)}$の値に基づいて、以下の式で表せます。

$$x_1^{(3)} = w_{11}^{(3)} \times \sigma(x_1^{(2)}) + w_{12}^{(3)} \times \sigma(x_2^{(2)}) + b_1^{(3)} \qquad \cdots\cdots (16)$$

この式(16)がx_1とx_2に関する直線状の関数であれば、ステップ(1)と同じ方法で下界$LB_1^{(3)}$と上界$UB_1^{(3)}$を求めることができそうですが、どうでしょうか。

ここで活性化関数σについておさらいしましょう。先ほどの図6-12に示したとおり、例題のモデルでは活性化関数としてReLU関数を使用しています。ReLU関数$\sigma(x_1^{(2)})$は1.2.1項で説明したとおり、$x_1^{(2)}$が0以下であれば0を返し、$x_1^{(2)}$が0よりも大きければ$x_1^{(2)}$の値をそのまま返します(図6-13)。もちろん$\sigma(x_2^{(2)})$も同様です。このようにReLU関数は直線状の関数ではないため、式(16)も直線状の関数にはなりません。

【図6-13】ReLU関数

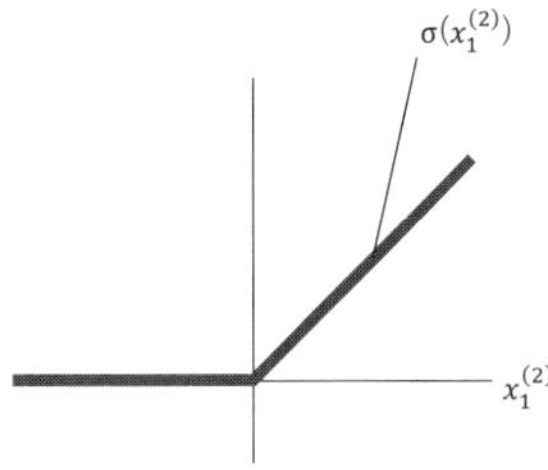

Note

$x_1^{(2)}$と$x_2^{(2)}$の下界と上界は既に計算済みのため、その範囲内で任意に$x_1^{(2)}$と$x_2^{(2)}$の値をとると仮定すれば、$\sigma(x_1^{(2)})$と$\sigma(x_2^{(2)})$の最小値および最大値を求められます。しかし実際には、$x_1^{(2)}$と$x_2^{(2)}$は上記範囲内で、式(1)の制約を満たす値のみをとります。そのため、$x_1^{(2)}$と$x_2^{(2)}$の下界と上界から、式(16)の下界と上界を直接求めることはできません。

そこでReLU関数$\sigma(x_1^{(2)})$に対して、直線状の下界関数と上界関数を定義します。ReLU関数に対して直線状の下界関数と上界関数を定義すれば、式(16)に基づき、$x_1^{(3)}$に対しても下界関数と上界関数を与えられるようになります。そしてそれらを活用して、6.2.4項に示した方法で、$x_1^{(3)}$の下界$LB_1^{(3)}$と上界$UB_1^{(3)}$を計算するという戦略です。$x_1^{(2)}$の下界$LB_1^{(2)}$と上界$UB_1^{(2)}$は計算済みですから、それらの値に応じて場合分けをして、$\sigma(x_1^{(2)})$の下界関数と上界関数を定義します。

[$LB_1^{(2)} \geq 0$の場合] $$x_1^{(2)} \leq \sigma\left(x_1^{(2)}\right) \leq x_1^{(2)} \qquad (17)$$

[$UB_1^{(2)} \leq 0$の場合] $$0 \leq \sigma\left(x_1^{(2)}\right) \leq 0 \qquad (18)$$

［$LB_1^{(2)} < 0$かつ$UB_1^{(2)} > 0$の場合］

$$\frac{UB_1^{(2)}}{UB_1^{(2)} - LB_1^{(2)}} \times x_1^{(2)} \leq \sigma\left(x_1^{(2)}\right) \leq \frac{UB_1^{(2)}}{UB_1^{(2)} - LB_1^{(2)}} \times x_1^{(2)} + \frac{UB_1^{(2)} \times \left(-LB_1^{(2)}\right)}{UB_1^{(2)} - LB_1^{(2)}} \quad \cdots\cdots \ (19)$$

式(17)～式(19)に示す上界と下界の関数を、それぞれ図6-14から図6-16に示します。

【図6-14】$LB_1^{(2)} \geq 0$の場合の下界関数と上界関数

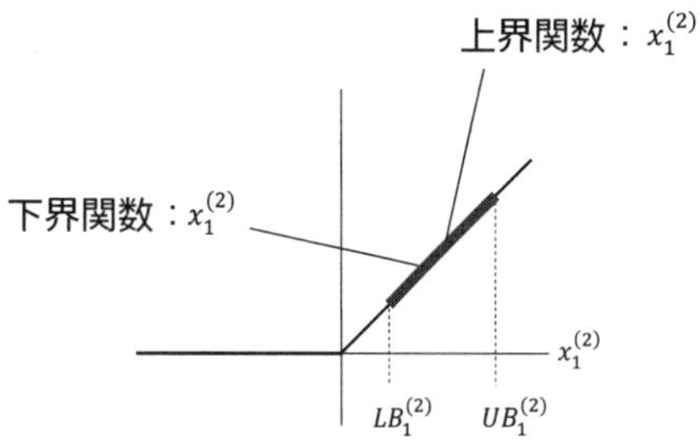

【図6-15】$UB_1^{(2)} \leq 0$の場合の下界関数と上界関数

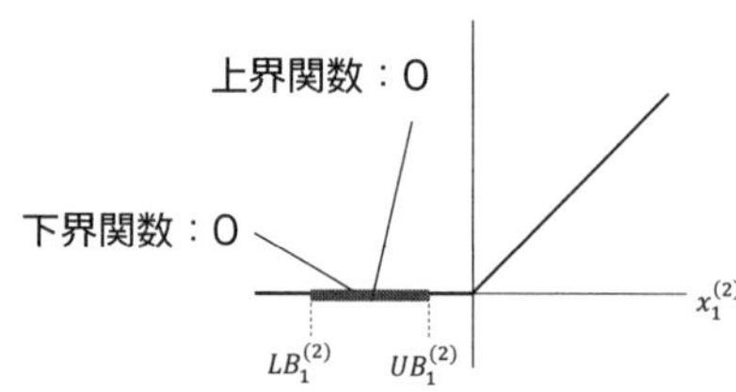

【図6-16】$LB_1^{(2)} < 0$かつ$UB_1^{(2)} > 0$の場合の下界関数と上界関数

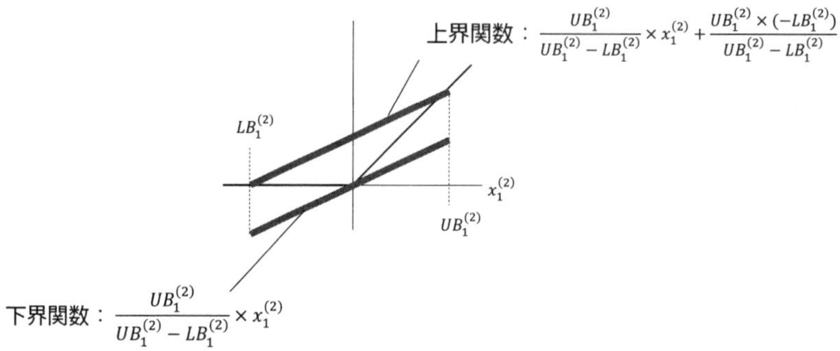

$LB_1^{(2)} \geq 0$の場合、ReLU関数σは$x_1^{(2)}$の値をそのまま返します。よって下界関数、上界関数ともに$x_1^{(2)}$になります。$UB_1^{(2)} \leq 0$の場合は、ReLU関数σは常に0を返すため、下界関数、上界関数ともに0です。$LB_1^{(2)} \geq 0$の場合と$UB_1^{(2)} \leq 0$の場合は、わざわざ下界関数、上界関数を定義せずに$\sigma(x_1^{(2)}) = x_1^{(2)}$や$\sigma(x_1^{(2)}) = 0$としてもよいですが、式(19)と構造を一致させ、以降の説明を共通化するために式(17)および式(18)のように下界関数と上界関数を定義します。

それ以外の場合、つまり$LB_1^{(2)} < 0$かつ$UB_1^{(2)} > 0$の場合は、式(19)のように下界関数と上界関数を定義します。ReLU関数$\sigma(x_1^{(2)})$と、下界関数および上界関数との差は、最終的に計算される最大安全半径の誤差[7]に繋がります。そのためReLU関数$\sigma(x_1^{(2)})$との差がなるべく小さくなるように下

7　真の最大安全半径よりも小さい値が、近似最大安全半径として計算される。

界関数と上界関数を選ぶことが重要です。その観点で図6-16を見直してみると、下界関数の選び方には他の選択肢もありそうです。例えば図6-17のように、$x_1^{(2)}$や0を下界関数としてもよいかもしれません。どのように下界関数を定義すると、下界関数とReLU関数$\sigma(x_1^{(2)})$との差が最も小さくなるかは、$LB_1^{(2)}$と$UB_1^{(2)}$の値に依存します。本書では式(19)を下界関数とします。

【図6-17】下界関数の別候補

[$LB_1^{(2)} < 0$ かつ $UB_1^{(2)} > 0$の場合]

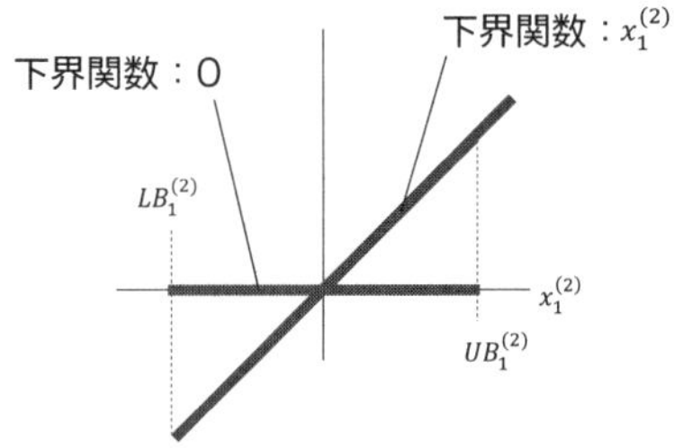

column シグモイド関数における下界関数と上界関数の定義

CNN-Certの研究チームが2018年に発表した論文[8]では、ReLU関数以外の活性化関数についても、直線状の下界関数と上界関数を定義できることが示されており、CNN-Certもそれら複数の活性化関数に対応しています。例えば「シグモイド関数」と呼ばれる活性化関数の場合は、図6-18から図6-20のように下界関数と上界関数を定義できます。

【図6-18】シグモイド関数の下界関数と上界関数（$LB_1^{(2)} \geq 0$の場合）

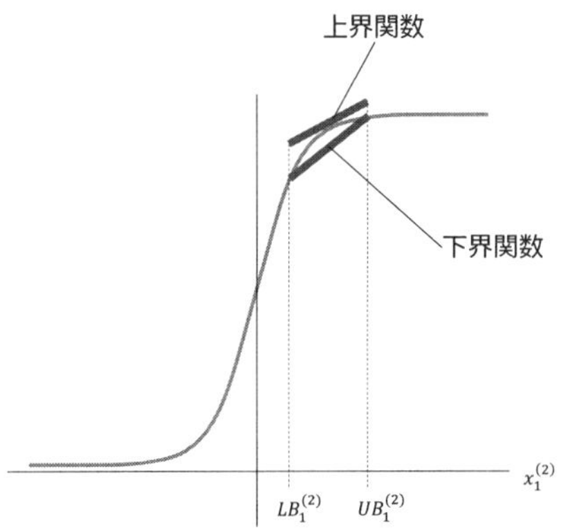

【図6-19】シグモイド関数の下界関数と上界関数（$UB_1^{(2)} \leq 0$の場合）

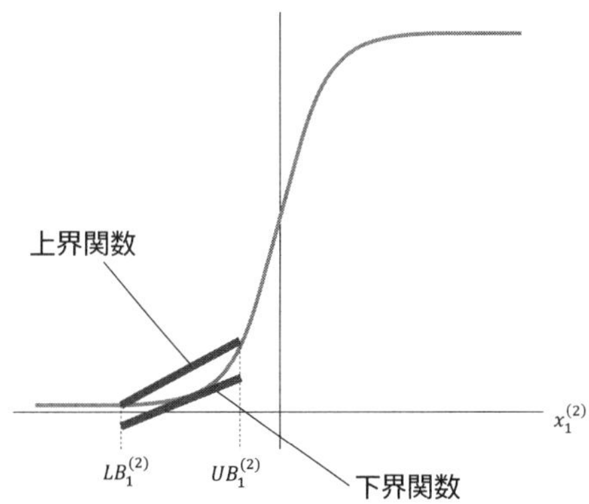

8 【出典】Huan Zhang, Tsui-Wei Weng, Pin-Yu Chen, Cho-Jui Hsieh, and Luca Daniel: Efficient Neural Network Robustness Certification with General Activation Functions, NeurIPS 2018.

【図6-20】シグモイド関数の下界関数と上界関数（$LB_1^{(2)} < 0$かつ$UB_1^{(2)} > 0$の場合）

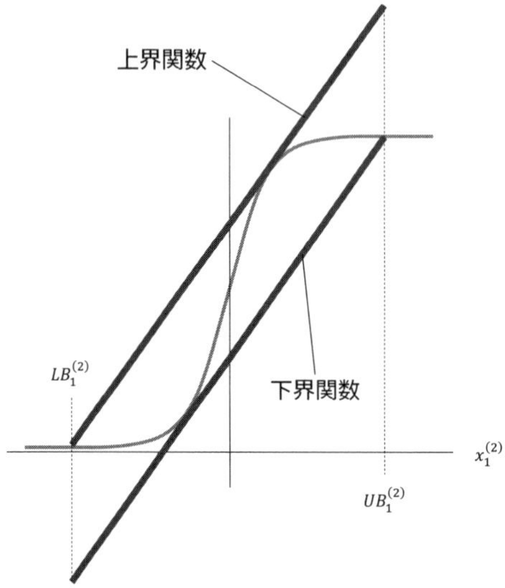

図6-18は、$LB_1^{(2)} \geq 0$の場合の下界関数と上界関数を例示しています。下界関数は、$\sigma(LB_1^{(2)})$と、$\sigma(UB_1^{(2)})$を通る直線です。また上界関数は、シグモイド関数$\sigma(x_1^{(2)})$の任意の接線になります。同様に図6-19は、$UB_1^{(2)} \leq 0$の場合の下界関数と上界関数を示しています。下界関数はシグモイド関数$\sigma(x_1^{(2)})$の任意の接線であり、上界関数は$\sigma(LB_1^{(2)})$と$\sigma(UB_1^{(2)})$を通る直線です。

また図6-20は、$LB_1^{(2)} < 0$かつ$UB_1^{(2)} > 0$の場合の下界関数と上界関数を示しています。この場合は、$\sigma(UB_1^{(2)})$を通る接線が下界関数、$\sigma(LB_1^{(2)})$を通る接線が上界関数となります。

式(17)～式(19)に基づいて、式(16)に現れる$\sigma(x_1^{(2)})$を置き換えます。同様の方法で$\sigma(x_2^{(2)})$も置き換えます。これにより、$x_1^{(3)}$に対して上界関数と下界関数を作成します。下界$LB_1^{(2)}$と上界$UB_1^{(2)}$の値は分かっていますので、式(17)～式(19)のどれを使って$\sigma(x_1^{(2)})$や$\sigma(x_2^{(2)})$を置き換えればよいかは一意に決まります。まず$LB_1^{(2)} \geq 0$の場合と$UB_1^{(2)} \leq 0$の場合について、$x_1^{(3)}$の上界関数と下界関数を示します。

［$LB_1^{(2)} \geq 0$の場合］

$$w_{11}^{(3)} \times x_1^{(2)} + w_{12}^{(3)} \times x_2^{(2)} + b_1^{(3)} \leq x_1^{(3)} \leq w_{11}^{(3)} \times x_1^{(2)} + w_{12}^{(3)} \times x_2^{(2)} + b_1^{(3)} \quad \cdots\cdots (20)$$

［$UB_1^{(2)} \leq 0$の場合］

$$b_1^{(3)} \leq x_1^{(3)} \leq b_1^{(3)} \quad \cdots\cdots (21)$$

$LB_1^{(2)} < 0$かつ$UB_1^{(2)} > 0$の場合は少し複雑です。$w_{11}^{(3)}$と$w_{12}^{(3)}$がそれぞれ正の値の場合と負の値

の場合で、場合分けが必要になります。

簡単な例で考えてみましょう。式(16)を$3 \times \sigma(x_1^{(2)}) + (-2) \times \sigma(x_2^{(2)}) + 5$と仮定します。このとき、$\sigma(x_1^{(2)})$の値が大きければ大きいほど、式(16)の値も大きくなります。一方、$\sigma(x_1^{(2)})$の値はなるべく小さい方が、式(16)の値は大きくなります。

そこで$x_1^{(3)}$の上界関数を定義するときは、$w_{11}^{(3)}$が正の値であれば式(16)に現れる$\sigma(x_1^{(2)})$を$\sigma(x_1^{(2)})$の上界関数に置き換えます。逆に$w_{11}^{(3)}$が負の値であれば、$\sigma(x_1^{(2)})$を$\sigma(x_1^{(2)})$の下界関数に置き換えます。また$x_1^{(3)}$の下界関数を定義するときは、$w_{11}^{(3)}$が正の値であれば式(16)に現れる$\sigma(x_1^{(2)})$を$\sigma(x_1^{(2)})$の下界関数に置き換えます。逆に$w_{11}^{(3)}$が負の値であれば$\sigma(x_1^{(2)})$を$\sigma(x_1^{(2)})$の上界関数に置き換えます。$w_{11}^{(3)}$が0の場合は、$\sigma(x_1^{(2)})$の値にかかわらず、$w_{11}^{(3)} \times \sigma(x_1^{(2)})$の値は0になるので、置き換え自体が不要です。$\sigma(x_2^{(2)})$についても、$w_{12}^{(3)}$の値に基づいて同様に置き換えを行います。全てのケースを示すのは冗長ですので、以降は**$w_{11}^{(3)}$は正の値、$w_{12}^{(3)}$は負の値と仮定**して、$x_1^{(3)}$の下界関数と上界関数を作成します。

［$LB_1^{(2)} < 0$かつ$UB_1^{(2)} > 0$の場合］

$$w_{11}^{(3)} \times \left(\frac{UB_1^{(2)}}{UB_1^{(2)} - LB_1^{(2)}} \times x_1^{(2)}\right) + w_{12}^{(3)} \times \left(\frac{UB_2^{(2)}}{UB_2^{(2)} - LB_2^{(2)}} \times x_2^{(2)} + \frac{UB_2^{(2)} \times \left(-LB_2^{(2)}\right)}{UB_2^{(2)} - LB_2^{(2)}}\right) + b_1^{(3)}$$
$$\le x_1^{(3)} \le$$
$$w_{11}^{(3)} \times \left(\frac{UB_1^{(2)}}{UB_1^{(2)} - LB_1^{(2)}} \times x_1^{(2)} + \frac{UB_1^{(2)} \times \left(-LB_1^{(2)}\right)}{UB_1^{(2)} - LB_1^{(2)}}\right) + w_{12}^{(3)} \times \left(\frac{UB_2^{(2)}}{UB_2^{(2)} - LB_2^{(2)}} \times x_2^{(2)}\right) + b_1^{(3)}$$

(ただし$w_{11}^{(3)} > 0$かつ$w_{12}^{(3)} < 0$) …… (22)

さらに、式(22)の下界関数を展開すると、式(23)が得られます。同様に、式(22)の上界関数を展開すると、式(24)が得られます。

$$w_{11}^{(3)} \times \left(\frac{UB_1^{(2)}}{UB_1^{(2)} - LB_1^{(2)}} \times x_1^{(2)}\right) + w_{12}^{(3)} \times \left(\frac{UB_2^{(2)}}{UB_2^{(2)} - LB_2^{(2)}} \times x_2^{(2)} + \frac{UB_2^{(2)} \times \left(-LB_2^{(2)}\right)}{UB_2^{(2)} - LB_2^{(2)}}\right) + b_1^{(3)}$$

$$= \left(w_{11}^{(3)} \times \frac{UB_1^{(2)}}{UB_1^{(2)} - LB_1^{(2)}}\right) \times x_1^{(2)} + \left(w_{12}^{(3)} \times \frac{UB_2^{(2)}}{UB_2^{(2)} - LB_2^{(2)}}\right) \times x_2^{(2)} + \left(w_{12}^{(3)} \times \frac{UB_2^{(2)} \times \left(-LB_2^{(2)}\right)}{UB_2^{(2)} - LB_2^{(2)}} + b_1^{(3)}\right)$$

…… (23)

$$w_{11}^{(3)} \times \left(\frac{UB_1^{(2)}}{UB_1^{(2)} - LB_1^{(2)}} \times x_1^{(2)} + \frac{UB_1^{(2)} \times \left(-LB_1^{(2)}\right)}{UB_1^{(2)} - LB_1^{(2)}} \right) + w_{12}^{(3)} \times \left(\frac{UB_2^{(2)}}{UB_2^{(2)} - LB_2^{(2)}} \times x_2^{(2)} \right) + b_1^{(3)}$$

$$= \left(w_{11}^{(3)} \times \frac{UB_1^{(2)}}{UB_1^{(2)} - LB_1^{(2)}} \right) \times x_1^{(2)} + \left(w_{12}^{(3)} \times \frac{UB_2^{(2)}}{UB_2^{(2)} - LB_2^{(2)}} \right) \times x_2^{(2)} + \left(w_{11}^{(3)} \times \frac{UB_1^{(2)} \times \left(-LB_1^{(2)}\right)}{UB_1^{(2)} - LB_1^{(2)}} + b_1^{(3)} \right)$$

…… (24)

式が少し長くなってきましたので、$P = \left(w_{11}^{(3)} \times \frac{UB_1^{(2)}}{UB_1^{(2)} - LB_1^{(2)}} \right)$、$Q = \left(w_{12}^{(3)} \times \frac{UB_2^{(2)}}{UB_2^{(2)} - LB_2^{(2)}} \right)$、$R = \left(w_{12}^{(3)} \times \frac{UB_2^{(2)} \times \left(-LB_2^{(2)}\right)}{UB_2^{(2)} - LB_2^{(2)}} + b_1^{(3)} \right)$、および$S = \left(w_{11}^{(3)} \times \frac{UB_1^{(2)} \times \left(-LB_1^{(2)}\right)}{UB_1^{(2)} - LB_1^{(2)}} + b_1^{(3)} \right)$として、式(23)と式(24)を以下のとおり簡単化します。$UB_1^{(2)}, LB_1^{(2)}, UB_2^{(2)}, LB_2^{(2)}, w_{11}^{(3)}, w_{12}^{(3)}$,および$b_1^{(3)}$の値は分かっていますので、$P, Q, R, S$の値は計算可能です。

$$P \times x_1^{(2)} + Q \times x_2^{(2)} + R \quad \cdots\cdots (23)$$

$$P \times x_1^{(2)} + Q \times x_2^{(2)} + S \quad \cdots\cdots (24)$$

さらに、これらの式に現れる$x_1^{(2)}$を、式(11)に基づいて置き換えます。同様に$x_2^{(2)}$も置き換えると、式(23)および式(24)は、それぞれ式(25)と式(26)に展開できます。

$$P \times x_1^{(2)} + Q \times x_2^{(2)} + R$$
$$= P \times \left(w_{11}^{(2)} \times x_1^{(1)} + w_{12}^{(2)} \times x_2^{(1)} + b_1^{(2)} \right) + Q \times \left(w_{21}^{(2)} \times x_1^{(1)} + w_{22}^{(2)} \times x_2^{(1)} + b_2^{(2)} \right) + R$$
$$= \left(P \times w_{11}^{(2)} + Q \times w_{21}^{(2)} \right) \times x_1^{(1)} + \left(P \times w_{12}^{(2)} + Q \times w_{22}^{(2)} \right) \times x_2^{(1)} + (P \times b_1^{(2)} + Q \times b_2^{(2)} + R)$$

…… (25)

$$P \times x_1^{(2)} + Q \times x_2^{(2)} + S$$
$$= P \times \left(w_{11}^{(2)} \times x_1^{(1)} + w_{12}^{(2)} \times x_2^{(1)} + b_1^{(2)} \right) + Q \times \left(w_{21}^{(2)} \times x_1^{(1)} + w_{22}^{(2)} \times x_2^{(1)} + b_2^{(2)} \right) + S$$
$$= \left(P \times w_{11}^{(2)} + Q \times w_{21}^{(2)} \right) \times x_1^{(1)} + \left(P \times w_{12}^{(2)} + Q \times w_{22}^{(2)} \right) \times x_2^{(1)} + (P \times b_1^{(2)} + Q \times b_2^{(2)} + S)$$

…… (26)

以上より、式(22)を以下の式(27)に書き換えることができました。

$$\left(P\times w_{11}^{(2)}+Q\times w_{21}^{(2)}\right)\times x_1^{(1)}+\left(P\times w_{12}^{(2)}+Q\times w_{22}^{(2)}\right)\times x_2^{(1)}+\left(P\times b_1^{(2)}+Q\times b_2^{(2)}+R\right)$$
$$\leq x_1^{(3)}\leq$$
$$\left(P\times w_{11}^{(2)}+Q\times w_{21}^{(2)}\right)\times x_1^{(1)}+\left(P\times w_{12}^{(2)}+Q\times w_{22}^{(2)}\right)\times x_2^{(1)}+\left(P\times b_1^{(2)}+Q\times b_2^{(2)}+S\right)$$

…… (27)

ここまでで、$LB_1^{(2)}\geq 0$の場合、$UB_1^{(2)}\leq 0$の場合、および$LB_1^{(2)}<0$かつ$UB_1^{(2)}>0$の場合の3通りについて、それぞれ式(20)、式(21)、および式(27)によって$x_1^{(3)}$の下界関数と上界関数を定義できました。

ここで、式(20)、式(21)、および式(27)の示す$x_1^{(3)}$の下界関数と上界関数は、いずれも入力層のニューロン$x_1^{(1)}$、$x_2^{(1)}$の値に関する直線状の関数であることに注目してください。そのため、6.2.4項に示した方法で下界関数の最小値、および上界関数の最大値を求めることができます。そしてそれらが、それぞれ$x_1^{(3)}$の下界$LB_1^{(3)}$と上界$UB_1^{(3)}$になります。ここでも念のため、下界関数の最小値、および上界関数の最大値を求める方法を再度説明しますが、冗長と感じる場合はステップ(3)まで読み飛ばしてください。

$x_1^{(3)}$の下界関数および上界関数として、式(27)が得られた場合を例に説明します。式(27)の下界関数と上界関数を、$x_1=\widehat{x_1}+(x_1-\widehat{x_1})$および$x_2=\widehat{x_2}+(x_2-\widehat{x_2})$を使って展開すると、それぞれ式(28)、式(29)が得られます。

$$\left(P\times w_{11}^{(2)}+Q\times w_{21}^{(2)}\right)\times x_1^{(1)}+\left(P\times w_{12}^{(2)}+Q\times w_{22}^{(2)}\right)\times x_2^{(1)}+\left(P\times b_1^{(2)}+Q\times b_2^{(2)}+R\right)$$
$$=T\times(x_1-\widehat{x_1})+U\times(x_2-\widehat{x_2})+(T\times\widehat{x_1}+U\times\widehat{x_2}+V)$$

…… (28)

$$\left(P\times w_{11}^{(2)}+Q\times w_{21}^{(2)}\right)\times x_1^{(1)}+\left(P\times w_{12}^{(2)}+Q\times w_{22}^{(2)}\right)\times x_2^{(1)}+\left(P\times b_1^{(2)}+Q\times b_2^{(2)}+S\right)$$
$$=T\times(x_1-\widehat{x_1})+U\times(x_2-\widehat{x_2})+(T\times\widehat{x_1}+U\times\widehat{x_2}+W)$$

…… (29)

また式が長くなってきましたので、$T=\left(P\times w_{11}^{(2)}+Q\times w_{21}^{(2)}\right)$、$U=\left(P\times w_{12}^{(2)}+Q\times w_{22}^{(2)}\right)$、$V=\left(P\times b_1^{(2)}+Q\times b_2^{(2)}+R\right)$、および$W=\left(P\times b_1^{(2)}+Q\times b_2^{(2)}+S\right)$として式を簡単化しています。

$T\times(x_1-\widehat{x_1})+U\times(x_2-\widehat{x_2})$を、ベクトル$(T,U)$とベクトル$(x_1-\widehat{x_1},x_2-\widehat{x_2})$の内積と捉えます。この内積の値が最大になるのは、$(x_1-\widehat{x_1},x_2-\widehat{x_2})$が$(T,U)$と同じ向きの長さ$\varepsilon$のベクトルのときです。同様に、この内積の値が最小になるのは、$(x_1-\widehat{x_1},x_2-\widehat{x_2})$が$(T,U)$と反対向きの

長さ$\boldsymbol{\varepsilon}$のベクトルのときです。よって式(28)の最小値は、式(30)で表せます。同様に式(29)の最大値は、式(31)で表せます。

$$\begin{aligned} LB_1^{(3)} &= min\left(T \times (x_1 - \widehat{x_1}) + U \times (x_2 - \widehat{x_2}) + (T \times \widehat{x_1} + U \times \widehat{x_2} + V)\right) \\ &= \left(\frac{-(T)^2}{\sqrt{T^2 + U^2}} \times \varepsilon\right) + \left(\frac{-(U)^2}{\sqrt{T^2 + U^2}} \times \varepsilon\right) + (T \times \widehat{x_1} + U \times \widehat{x_2} + V) \\ &= -\sqrt{T^2 + U^2} \times \varepsilon + (T \times \widehat{x_1} + U \times \widehat{x_2} + V) \end{aligned} \quad \cdots\cdots (30)$$

$$\begin{aligned} UB_1^{(3)} &= max\left(T \times (x_1 - \widehat{x_1}) + U \times (x_2 - \widehat{x_2}) + (T \times \widehat{x_1} + U \times \widehat{x_2} + W)\right) \\ &= \left(\frac{T^2}{\sqrt{T^2 + U^2}} \times \varepsilon\right) + \left(\frac{U^2}{\sqrt{T^2 + U^2}} \times \varepsilon\right) + (T \times \widehat{x_1} + U \times \widehat{x_2} + W) \\ &= \sqrt{T^2 + U^2} \times \varepsilon + (T \times \widehat{x_1} + U \times \widehat{x_2} + W) \end{aligned} \quad \cdots\cdots (31)$$

以上で、$\boldsymbol{x_1^{(3)}}$の下界$\boldsymbol{LB_1^{(3)}}$と上界$\boldsymbol{UB_1^{(3)}}$の値を求めることができました。同様の方法で、$\boldsymbol{x_2^{(3)}}$の下界$\boldsymbol{LB_2^{(2)}}$と上界$\boldsymbol{UB_2^{(3)}}$の値も計算できます。

■ ステップ(3)

図6-12からわかるとおり、ステップ(3)ではステップ(2)と同様の計算を行うことで、$\boldsymbol{x_1^{(4)}, x_2^{(4)}}$, および$\boldsymbol{x_3^{(4)}}$の下界と上界をそれぞれ求めます。計算の流れはステップ(2)と同じですので本書では割愛しますが、一つだけ注意点を述べておきます。

下界関数の式(23)と上界関数の式(24)を、それぞれ式(25)および式(26)に変換する際、ステップ(3)では$\boldsymbol{x_1^{(2)}}$ではなく、$\boldsymbol{x_1^{(3)}}$を置き換えることになります。$\boldsymbol{x_1^{(3)}}$の置き換えには、$\boldsymbol{x_1^{(3)} = w_{11}^{(3)} \times \sigma(x_1^{(2)}) + w_{12}^{(3)} \times \sigma(x_2^{(2)}) + b_1^{(3)}}$を使用しますので、式には活性化関数$\boldsymbol{\sigma}$が残ります。よって$\boldsymbol{x_1^{(3)}}$の置き換えだけでは、上界関数および下界関数は直線状の関数になりません。そこで、この活性化関数$\boldsymbol{\sigma}$に対しても、式(17)から式(19)に示したように下界関数と上界関数を作成し、同様の置き換えを行います。即ち、下界関数の式(25)に対して、さらにその下界関数を作成します。同様に上界関数の式(26)に対して、さらにその上界関数を作成します。これにより活性化関数$\boldsymbol{\sigma}$を除去し、直線状の下界関数および上界関数を作成できます。

以上の手順に従い、$\boldsymbol{x_1^{(4)}, x_2^{(4)}}$, および$\boldsymbol{x_3^{(4)}}$について、それぞれ下界$\boldsymbol{LB_1^{(4)}}$と上界$\boldsymbol{UB_1^{(4)}}$、下界$\boldsymbol{LB_2^{(4)}}$と上界$\boldsymbol{UB_2^{(4)}}$、および下界$\boldsymbol{LB_3^{(4)}}$と上界$\boldsymbol{UB_3^{(4)}}$を計算します。このうち、$\boldsymbol{LB_1^{(4)}, UB_2^{(4)}}$, および$\boldsymbol{UB_3^{(4)}}$を使用して式(4)と式(5)を評価し、その結果に基づいて$\boldsymbol{\varepsilon}$は安全半径かを判定します。安全半径の判定ができれば、6.2.2項に示した手順を実行できるようになるため、この手順に従い近似最大安全半径を計算します。

6.3 チュートリアル

CNN-Certは、Apache License Version 2.0によって公開されています。本節では、3章でセットアップした環境を使ってCNN-Certを実行してみましょう。

6.3.1. DNNモデルの変換

CNN-Certは分類問題を解くDNNモデルを対象としています。そこで本書では、3.4.1項で作成したTensorFlowの学習済みモデル（図3-7）をテスト対象として用います。

ただし、OSSとして公開されているCNN-Certの実装では、「Keras[9]」と呼ばれる別のライブラリで作成されたDNNモデルを入力として受け付けます。そのため、3.4.1項で作成したTensorFlowのモデルをKerasのモデルに変換します。ちなみに、3.2節でダウンロードしたzipファイルには変換後のKerasのモデルもあらかじめ含めていますので、本項の手順を実施せず、読み飛ばすことも可能です。

モデルの変換には、mmdnnというライブラリを使用します。mmdnnは3.1.2項で既にインストール済みですので、早速モデル変換を実行しましょう。ターミナルを開き、以下のコマンドを実行して、フォルダlocation/tools/model/mnist/tensorflowへ移動します。

```
>cd location/tools/model/mnist/tensorflow
```

そしてこのフォルダから、以下のコマンドを実行します。

```
>mmconvert -sf tensorflow -in model_mnist_tensorflow.ckpt.meta -iw model_mnist_tensorflow.ckpt -df keras
--dstNodeName Add_2 -om ../keras/model_mnist_keras.h5
```

このコマンドを実行すると、図6-21の場所にKerasモデルのファイルmodel_mnist_keras.h5が作成されます。Windows環境では、上記コマンドに含まれるディレクトリセパレータ"/"を、"\"に置き換えることを忘れないでください。

9　バックエンドはTensorFlow。

【図6-21】モデルファイルmodel_mnist_keras.h5の場所

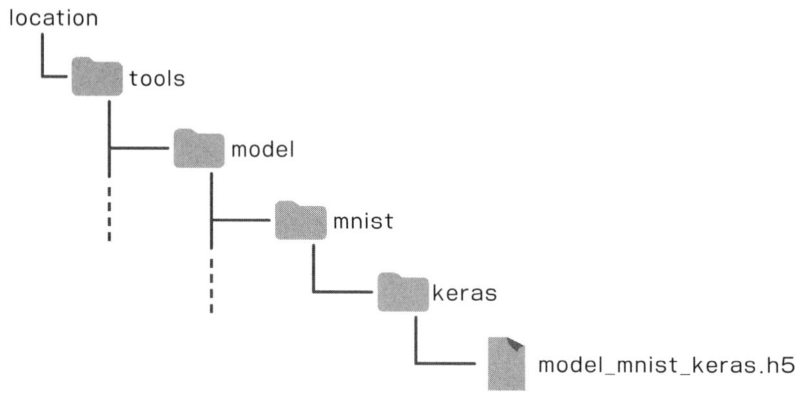

mmconvertのオプション-sfには、変換前のモデルを作成する際に使用したフレームワーク（本書ではライブラリと呼んでいます）の名前を指定します。変換前のモデルはTensorFlowで作成したので、ここでは-sfの値としてtensorflowを指定しています。

また、オプション-inには、変換前のモデルのネットワーク構造を保存したファイルを指定します。3.4.1項で述べたように、モデルのネットワーク構造はmodel_mnist_tensorflow.ckpt.metaに保存されていますので、-inの値としてそのファイル名を指定しています。

オプション-iwには、変換前のモデルの重みやバイアスの値を保存したファイルを指定します。重みやバイアスを保持する変数名はmodel_mnist_tensorflow.ckpt.indexに保存され、それらの変数の値はmodel_mnist_tensorflow.ckpt.data-00000-of-00001に保存されていますので、ここでは-iwの値として（上記2ファイルを示す）model_mnist_tensorflow.ckptを指定します。

オプション-dfでは、変換後のモデルのフレームワーク名を指定しますので、ここではkerasとしています。

オプション--dstNodeNameには、変換前のモデルのノードのうち、変換後のモデルの出力層となるノードの名前を指定します。図3-7のモデルの場合はAdd_2という名前のノードが出力層ですので、これを指定します（参考：図3-5）。

オプション-omには、変換後のモデルを保存するファイル名を指定します。

6.3.2. CNN-Certの実行

3.2.2項では、CNN-Certのソースコードをダウンロードし、location/tools/cnn_cert/というフォルダに格納しました（図6-22）。

【図6-22】フォルダcnn_certの場所

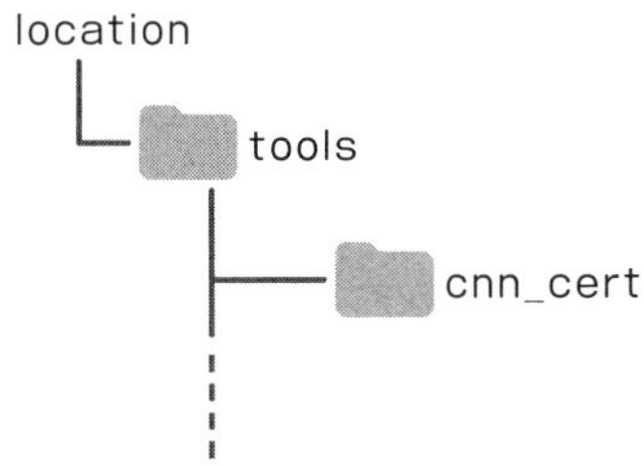

CNN-Certを実行する前に、ダウンロードしたソースコードを少しだけ修正する必要があります。このツールに含まれる一部のソースコードでは、posix_ipcという外部ライブラリを使用しています。posix_ipcは、Unix/Linux環境でプロセス間通信を行うためのライブラリです。WindowsやMac環境では使用できないため、3章ではインストールしませんでした。そのため、CNN-Certを実行する前に、posix_ipcのライブラリを読み込む記述を削除する必要があります。「location/tools/cnn_cert/CLEVER/shmemarray.py」の26行目に、以下の記述があると思います。

```
import posix_ipc
```

この「import posix_ipc」という記述を削除して、ファイルを上書き保存してください。以下のチュートリアルではposix_ipcを使わないソースコードのみを実行しますので、この記述を削除しても問題ありません。

cnn-certを実行するためには、まずターミナルでこのフォルダに移動します。そして、以下のコマンドでcnn-certを実行します。

```
>cd location/tools/cnn_cert
>python run_mymodel.py ../model/mnist/keras/model_mnist_keras.h5 10
```

このコマンドでは、先ほど作成したモデルのファイルmodel_mnist_keras.h5に対して、run_mymodel.pyに記述したソースコードを実行しています。run_mymodel.pyでは、pymain.pyに記述されているcnn_runという関数を呼び出しており、このcnn_runに最大安全半径を計算する手続きが実装されています。第2引数の10は、最大安全半径の計算に使用する入力データの候補の数を表しています。6.2.2項で説明したとおり、最大安全半径は特定の入力データ$\hat{\boldsymbol{x}}$に対して計算される指標です。よって最大安全半径を計算するためには、対象のモデルだけでなく、入力データも与える必要があります。関数cnn_runはこの10という値を受け取り、MNISTデータセットから10件の入力データを取得します[10]。そしてそれら10件の入力データの中から、最大安全半径の計算に使用する入力データを選別します。この選別方法は後ほど説明します。そして選別したデータを入力データ$\hat{x}$として、モデルmodel_mnist_keras.h5の最大安全半径を計算します。

Note

本ツールは、MNISTデータセットをWeb経由でダウンロードし、location/tools/cnn_cert/data/というフォルダに保存するように実装されています。プロキシなどの問題によりMNISTデータセットをダウンロードできず、エラーが出力される場合は、location/tools/cnn_cert/の下にdataというフォルダを作成し、location/tools/dataset/mnist/に含まれる以下の4ファイルを、location/tools/cnn_cert/data/にコピーしてください（図6-23）。

- train-images-idx3-ubyte.gz
- train-labels-idx1-ubyte.gz
- t10k-images-idx3-ubyte.gz
- t10k-labels-idx1-ubyte.gz

【図6-23】MNISTデータセットファイルのコピー

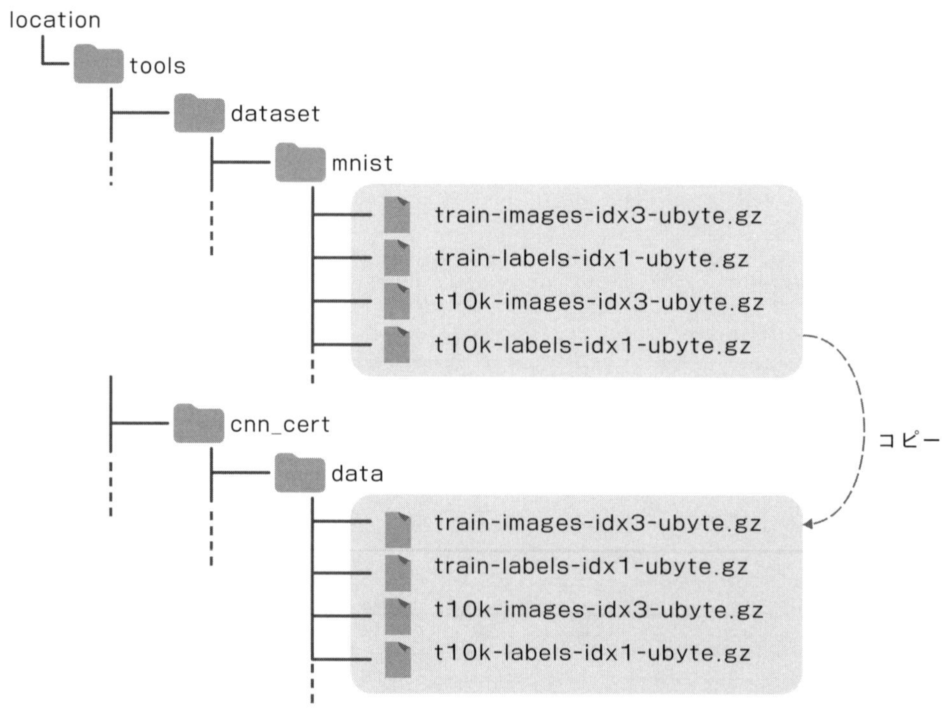

10　1章の1.2.3項でも述べたとおり、MNISTデータセット等の学習データは、訓練用データセットと、評価用データセットに分割される。ここでは評価用データセットの先頭から10件の入力データを取得している。

上記コマンドの実行が終わると、ターミナルには以下のようなメッセージが表示されると思います。

```
>python run_mymodel.py ../model/mnist/keras/model_mnist_keras.h5 10

                    (中略)

generating labels...
[DATAGEN][L1] no = 1, true_id = 0, true_label = 7, predicted = 7, correct = True, seq = [6], info = ['random']
[DATAGEN][L1] no = 2, true_id = 1, true_label = 2, predicted = 1, correct = False, seq = [], info = []
[DATAGEN][L1] no = 3, true_id = 2, true_label = 1, predicted = 1, correct = True, seq = [0], info = ['random']
[DATAGEN][L1] no = 4, true_id = 3, true_label = 0, predicted = 0, correct = True, seq = [8], info = ['random']
[DATAGEN][L1] no = 5, true_id = 4, true_label = 4, predicted = 4, correct = True, seq = [6], info = ['random']
[DATAGEN][L1] no = 6, true_id = 5, true_label = 1, predicted = 1, correct = True, seq = [6], info = ['random']
[DATAGEN][L1] no = 7, true_id = 6, true_label = 4, predicted = 4, correct = True, seq = [9], info = ['random']
[DATAGEN][L1] no = 8, true_id = 7, true_label = 9, predicted = 9, correct = True, seq = [8], info = ['random']
[DATAGEN][L1] no = 9, true_id = 8, true_label = 5, predicted = 6, correct = False, seq = [], info = []
[DATAGEN][L1] no = 10, true_id = 9, true_label = 9, predicted = 7, correct = False, seq = [], info = []
labels generated
7 images generated in total.

                    (続きは後述)
```

[DATAGEN]ではじまるメッセージは、MNISTデータセットから入力データの候補を選択し、それらをモデルに与えて推論を実行した結果を示しています。noは、[DATAGEN]メッセージの識別番号です。true_idはMNISTデータセットから取得した入力データ(画像)の識別番号です。no=1のメッセージは、true_id=0の入力データに関するメッセージであることが読み取れます。それ以降も入力データごとに[DATAGEN]メッセージが表示されています。

true_labelは、入力データに対応付けられている正解データを表します。例えばtrue_id=0の入力データの場合、true_label=7ですので、正解データは7ということになります。predictedは、入力データをモデルmodel_mnist_keras.h5に与えた場合の推論結果を表します。例えばtrue_id=0の入力データの場合はpredicted=7ですので、推論結果は7と分かります。

correctの値は、正解データを表すtrue_labelと推論結果を表すpredictedが一致する場合はTrueになり、不一致の場合はFalseになります。例えばtrue_id=0の入力データの場合は、true_labelとpredictedの値はともに7で一致しますので、correctの値はTrueになります。一方true_id=1の入力データの場合は、true_label=2、predicted=1で不一致となりますので、correct=Falseとなります。

このツールでは、correct=Trueの場合、つまり推論結果が正解の場合のみ、最大安全半径を計算します。6.1節で説明したとおり、最大安全半径とは、入力データに対してどの程度の変化を加えると、分類結果が変化するかを表す指標です。この指標は基本的には、「どの程度入力データが変化すると、正しい分類結果が間違った分類結果に変化するか」を評価する目的で使用されます。最大安全半径を評価した結果、もしその値が大きければ、類似の入力データについても正しい分類結果が得られる可能性が高いといえます。また6.1.2項で述べたように、敵対的データ攻撃に対する耐性も高いといえます。

一方、もとの分類結果が間違っていた場合はどうでしょうか。その場合、最大安全半径は「どの程度入力データが変化すると、間違った分類結果が別の分類結果に変化するか」を表します。つまり、もし最大安全半径が大きければ、類似の入力データについても間違った分類結果が得られる可能性が高いことになります。この評価結果は無価値とまではいえませんが、分類結果が正しい場合とは異なる意味を持つことは確かです。以上の理由から、このツールでは分類結果が正解の場合のみ最大安全半径を計算しています[11]。

ツールの出力メッセージの説明に戻りましょう。seqは、最大安全半径の計算対象となる分類グループを表します。seqの説明をするため、6.2.3項に示した安全半径の判定方法をおさらいします。6.2.3項の例題では、ある特定の入力データ$\hat{\boldsymbol{x}}$をDNNモデルに与えた場合、式(2)および(3)が成立する、即ち推論結果$\hat{y} = 1$になると仮定しています。

$$x_1^{(4)} > x_2^{(4)} \quad \cdots\cdots\cdots (2)$$

$$x_1^{(4)} > x_3^{(4)} \quad \cdots\cdots\cdots (3)$$

$x_1^{(4)}$、$x_2^{(4)}$、および$x_3^{(4)}$は、図6-12に示したDNNモデルの出力層のニューロンの値で、それぞれ、入力データが分類グループ1、分類グループ2、および分類グループ3に属する可能性の高さを表しています。ここで安全半径の仮説値$\boldsymbol{\varepsilon}$を設定します。そして$\hat{\boldsymbol{x}}$からの距離が$\boldsymbol{\varepsilon}$の範囲内にあるあらゆる入力データ$\boldsymbol{x}$をモデルに与えた場合に、式(2)および式(3)が成立するかを調べます。$\boldsymbol{\varepsilon}$の範囲内のあらゆる入力データ$\boldsymbol{x}$について式(2)および式(3)の双方が成立するということは、$\boldsymbol{x}$は分類グループ1に属する可能性が最も高いことを表します。その場合、$\boldsymbol{x}$に対応する推論結果$y = 1$となるため、$\boldsymbol{\varepsilon}$は安全半径ということになります。

ここで、式(2)および式(3)の双方が成立するかを調べるのではなく、式(2)の成立、不成立のみを調べる場合について考えてみます。まず、式(2)が成立しない場合は、$\boldsymbol{x}$は分類グループ1よりも分類グループ2に属する可能性が高い（あるいは同等）ということになります。$y = 2$となるか、それとも$y = 3$となるかは分かりませんが、少なくとも$y \neq 1$ではないことは確かです。この場合$\boldsymbol{\varepsilon}$は安全半径ではないことになります。

11　簡単なソースコードの改変により、correct=False の場合も最大安全半径を計算するように変更することは可能。

次に、式(2)が成立する場合はどうでしょうか。式(2)が成立するなら、xは分類グループ2よりも分類グループ1に属する可能性が高いといえます。ただし、式(3)が成立するかは不明のため、xは分類グループ1と分類グループ3のどちらに属する可能性が高いかは分かりません。つまり、$y = 1$となるかもしれませんし、$y = 3$となるかもしれません。そのため、εが安全半径かどうかは判断できません。しかし、少なくとも式(2)が成立することから、入力データ$\hat{x}$をεの範囲内で変化させても、分類結果が1から2に変化することはないといえます。

6.2.3項に示した安全半径の判定手順は、6.2.2項に示した近似最大安全半径計算手順のうち、手順2において使用します。そこでこの手順2において、式(2)および式(3)の双方が成立するかを調べるのではなく、式(2)が成立するかのみを調べることにします。そしてもし式(2)が成立するのであれば、それは「入力データ$\hat{x}$をεの範囲内で変化させてxを作成しても、(xに対応する推論結果yが)$y = 2$になることはない」ことを意味します。本書ではそのようなεを、「分類グループ2に関する安全半径」と呼ぶことにします。

このように式(2)のみに注目して近似最大安全半径を計算した場合、その値は、(本来の近似最大安全半径ではなく)「入力データ$\hat{x}$を変化させてxを作成した場合に、(xに対応する推論結果yが)$y = 2$になることのないような、$\hat{x}$とxの最大の距離の近似値」を表します。本書ではこれを、「分類グループ2に関する近似最大安全半径」と呼ぶことにします。

同じように式(3)のみを使用することで、分類グループ3に関する近似最大安全半径を得ることができます。このように近似最大安全半径の計算対象とする分類グループを、本書では「ターゲット分類グループ」と呼ぶことにします。上記[DATAGEN]メッセージに含まれるseqは、このターゲット分類グループを表しています。

近似最大安全半径は、$\hat{y}$($\hat{x}$の分類されるグループ)を除く全ての分類グループに関する近似最大安全半径のうち、最も小さい値です。上の例では$\hat{y} = 1$ですので、これを除く他の分類グループは2と3になります。計算の結果、分類グループ2に関する近似最大安全半径はε_2であり、同様に分類グループ3に関する近似最大安全半径はε_3であったとします。さらにこれらの間には$\varepsilon_2 > \varepsilon_3$という関係が成立すると仮定します。これは、$\hat{x}$を距離$\varepsilon_2$の範囲で変化させて$x$を作成した場合に、$x$は分類グループ2に分類されることはないが、分類グループ3に分類される可能性があることを意味します(図6-24)。一方で、$\hat{x}$を距離ε_3の範囲で変化させてxを作成した場合は、分類グループ2にも、分類グループ3にも分類されることはありません。つまり、ε_2とε_3のうち値の小さい方が近似最大安全半径となります。

【図6-24】ε_2とε_3の関係

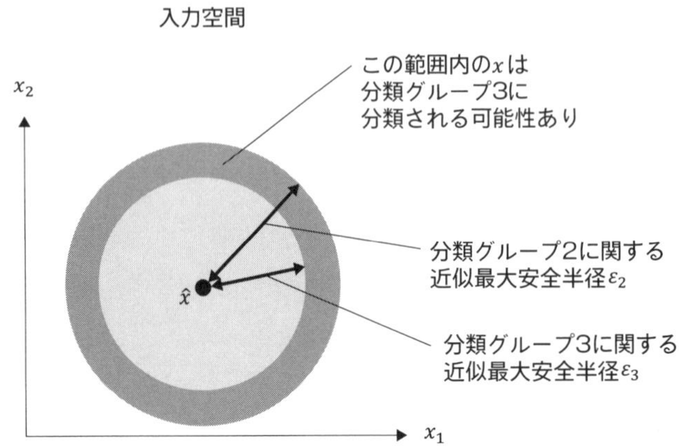

このツールでは、入力データごとにターゲット分類グループをランダムに1つ選択し、そのグループに関して近似最大安全半径を計算します。上記[DATAGEN]メッセージのseqは、選択されたターゲット分類グループを表しています。またinfoは、そのターゲット分類グループがランダムに選択されたことを表しています。例えば上の例では、true_id=0の入力データに対するターゲット分類グループとして「6」の数字のグループが選択されています。

「7 images generated in total.」というメッセージは、近似最大安全半径の計算対象として、入力データとそのターゲット分類グループの組み合わせを7件作成したことを表しています。具体的には、以下の7件です。

表6-1 計算対象の一覧

計算対象	入力データの識別番号 (true_id)	ターゲット分類グループ
#1	0	数字「6」のグループ
#2	2	数字「0」のグループ
#3	3	数字「8」のグループ
#4	4	数字「6」のグループ
#5	5	数字「6」のグループ
#6	6	数字「9」のグループ
#7	7	数字「8」のグループ

ちなみに、ソースコードの一部を改変することで、ランダム以外の方法でターゲット分類グループを選択することも可能です。後の6.3.3項で実際にやってみたいと思います。

続いて、以下のようなメッセージが表示されていると思います。

```
--- CNN-Cert: Computing eps for input image 0---
Step 0, eps = 0.05000, 6.3401 <= f_c - f_t <= 6.7005
Step 1, eps = 0.13591, 5.4847 <= f_c - f_t <= 7.5599
Step 2, eps = 0.36945, -4.861 <= f_c - f_t <= 17.068
Step 3, eps = 0.22408, 3.1541 <= f_c - f_t <= 9.7036
Step 4, eps = 0.28773, 0.2217 <= f_c - f_t <= 12.343
Step 5, eps = 0.32604, -2.026 <= f_c - f_t <= 14.403
Step 6, eps = 0.30629, -0.816 <= f_c - f_t <= 13.290
Step 7, eps = 0.29686, -0.275 <= f_c - f_t <= 12.795
Step 8, eps = 0.29226, -0.022 <= f_c - f_t <= 12.564
Step 9, eps = 0.28999, 0.1008 <= f_c - f_t <= 12.452
Step 10, eps = 0.29112, 0.0393 <= f_c - f_t <= 12.508
Step 11, eps = 0.29169, 0.0084 <= f_c - f_t <= 12.536
Step 12, eps = 0.29198, -0.006 <= f_c - f_t <= 12.550
Step 13, eps = 0.29183, 0.0007 <= f_c - f_t <= 12.543
Step 14, eps = 0.29190, -0.003 <= f_c - f_t <= 12.547
[L1] method = CNN-Cert-relu, model = ../model/mnist/keras/model_mnist_keras.h5, image no = 0, true_id
= 0, target_label = 6, true_label = 7, norm = 2, robustness = 0.29183
--- CNN-Cert: Computing eps for input image 1---

                    (中略)

--- CNN-Cert: Computing eps for input image 2---

                    (中略)

--- CNN-Cert: Computing eps for input image 3---

                    (中略)

--- CNN-Cert: Computing eps for input image 4---

                    (中略)

--- CNN-Cert: Computing eps for input image 5---

                    (中略)

--- CNN-Cert: Computing eps for input image 6---

                    (中略)

[L0] method = CNN-Cert-relu, model = ../model/mnist/keras/model_mnist_keras.h5, total images = 7,
norm = 2, avg robustness = 0.23346 , avg runtime = 50.52
```

上記メッセージは、「--- CNN-Cert: Computing eps for input image 0---」、「--- CNN-Cert: Computing eps for input image 1---」、…「--- CNN-Cert: Computing eps for input image 6---」で始まる7つのブロックと、最後の「[L0]」で始まるメッセージで構成されています。

「--- CNN-Cert: Computing eps for input image 0---」から始まるブロックは、表6-1に示した1件目の計算対象、即ち入力データの識別番号（true_id）が0で、ターゲット分類グループが数字「6」の場合について、近似最大安全半径を計算した結果を示しています。同様に「--- CNN-Cert: Computing eps for input image 1---」、…「--- CNN-Cert: Computing eps for input image 6---」で始まるブロックは、それぞれ2件目から7件目の計算対象について、近似最大安全半径を計算した結果を示しています。

「--- CNN-Cert: Computing eps for input image 0---」のブロックでは、「Step 0, eps = 0.05000, 6.3401 <= f_c - f_t <= 6.7005」、「Step 1, (省略)」、…「Step 14, eps = 0.29190, -0.003 <= f_c - f_t <= 12.547」というようなメッセージが出力されています。これらのメッセージは、6.2.2項に示した近似最大安全半径の計算手順のうち、手順2および手順3を規定回数繰り返した結果を表しています。即ち、6.2.3項で述べた安全半径判定の実行結果を示すメッセージです。

このツールでは、手順2と手順3を繰り返す回数が15回に設定されているため、Step 0からStep14までの15件のメッセージが出力されています。各ステップのメッセージは、epsとf_c - f_tの値を表しています。epsは、6.2.2項の近似最大安全半径の計算手順に現れる安全半径の仮説値$\boldsymbol{\varepsilon}$に相当します。また、f_cとf_tは、出力層のニューロンの値を表します。f_cは、対象の入力データをDNNモデルに与えた場合の、最も値の大きい出力層のニューロンの値を表します。分類問題では、最も値の大きいニューロンに対応する分類グループが推論結果となりますので、f_cは推論結果に対応するニューロンの値となります。またf_tは、ターゲット分類グループに対応するニューロンの値です。

例として、Step 0のメッセージ「Step 0, eps = 0.05000, 6.3401 <= f_c - f_t <= 6.7005」を解釈してみましょう。[DATAGEN]のメッセージをみると、true_id=0の入力データをDNNモデルに与えた場合の推論結果（predictedの値）は7ですので、f_cは、数字「7」の分類グループに対応するニューロンの値ということになります。つまりf_cは、図3-7における$\boldsymbol{x}_8^{(4)}$に相当します。同様に[DATAGEN]のメッセージをみると、ターゲット分類グループの値（seqの値）は「6」の数字ですので、f_tは図3-7における$\boldsymbol{x}_7^{(4)}$に相当します。以上よりtrue_id=0の入力データの場合、f_c - f_tは、$\boldsymbol{x}_8^{(4)} - \boldsymbol{x}_7^{(4)}$に相当します。

ここで以下の式(32)を考えます。

$$x_8^{(4)} > x_7^{(4)} \qquad \cdots\cdots (32)$$

式(32)は、式(2)や式(3)と同様に、特定の分類グループに関する安全半径を求める際に評価する式です。即ち、ある入力データ$\hat{\boldsymbol{x}}$について式(32)が成立するとき、$\hat{\boldsymbol{x}}$を中心とする半径$\boldsymbol{\varepsilon}$内のあらゆる入力データ$\boldsymbol{x}$についても式(32)が成立すれば、$\boldsymbol{\varepsilon}$は数字「6」の分類グループに関する安全半径だといえます。この式(32)を変形すると、次の式(33)になります。

$$x_8^{(4)} - x_7^{(4)} > 0 \qquad \cdots\cdots (33)$$

上記f_c - f_tに対応する、$x_8^{(4)} - x_7^{(4)}$という式が出てきました。この式(33)が成立すれば、同様に式(32)も成立するので、仮説値εは数字「6」の分類グループに関する安全半径ということになります。

ではここで、ツールの出力したメッセージを再度見てみましょう。「Step 0, eps = 0.05000, 6.3401 <= f_c - f_t <= 6.7005」というメッセージに現れるf_c - f_tを、$x_8^{(4)} - x_7^{(4)}$に置き換えると、以下の式(34)になります。

$$6.3401 \leq x_8^{(4)} - x_7^{(4)} \leq 6.7005 \qquad \cdots\cdots (34)$$

式(34)が成立する場合、式(33)も成立することは明らかです。よって、仮説値εとして設定した「eps = 0.05000」は、数字「6」の分類グループに関する安全半径といえます。

では、6.3401や6.7005という値はどのようにして計算されたのでしょうか。これらの値は、$x_7^{(4)}$や$x_8^{(4)}$の上界や下界から計算されました。6.3401は「$x_8^{(4)} - x_7^{(4)}$」の下界であり、これは$x_8^{(4)}$の下界である$LB_8^{(4)}$の値と、$x_7^{(4)}$の上界である$UB_7^{(4)}$を用いて、「$LB_8^{(4)} - UB_7^{(4)}$」という計算式で求められます。また6.7005は、「$x_8^{(4)} - x_7^{(4)}$」の上界であり、これは$x_8^{(4)}$の上界である$UB_8^{(4)}$の値と、$x_7^{(4)}$の下界である$LB_7^{(4)}$を用いて、「$UB_8^{(4)} - LB_7^{(4)}$」という計算式で求められます。$LB_7^{(4)}$、$UB_7^{(4)}$、$LB_8^{(4)}$、および$UB_8^{(4)}$の値を計算する方法は、6.2.4項から6.2.5項で説明しています。ちなみに、式(33)が成立するかを判定するためには、「$x_8^{(4)} - x_7^{(4)}$」の下界である「$LB_8^{(4)} - UB_7^{(4)}$」の値が分かれば十分ですが、このツールでは参考情報として、「$x_8^{(4)} - x_7^{(4)}$」の上界である「$UB_8^{(4)} - LB_7^{(4)}$」の値も出力しています。

続いて、「[L1] method = CNN-Cert-relu, model = ../model/mnist/keras/model_mnist_keras.h5, image no = 0, true_id = 0, target_label = 6, true_label = 7, norm = 2, robustness = 0.29183」というメッセージについて説明します。

このメッセージは、表6-1に示した1件目の計算対象について、近似最大安全半径を計算した結果を表しています。methodは、近似最大安全半径の計算に使用した方式を表しています。6.2.5項のコラムで述べたとおり、ReLU関数以外の活性関数についても直線状の下界関数および上界関数を定義することができます。このツールではReLU関数のほかにも、シグモイド関数、ハイパボリックタンジェント関数、およびアークタンジェント関数に対応しており、これらの活性化関数ごとに異なる方法で、下界関数と上界関数を定義します。この例では「method = CNN-Cert-relu」となっていますが、これは、対象のDNNモデルではReLU関数が活性化関数として使われており、そのためこのツールにおいてもReLU関数向けの方式で下界関数と上界関数を定義したことを意味します[12]。「CNN-Cert」とわざわざ表示しているのは、このツールには、CNN-Certとの比較のため、CNN-Certよりも前に提案された近似最大安全半径の計算方式が含まれているためです。

modelは対象のDNNモデルのファイルパスを示しています。image noは表6-1に示した計算対象の識別番号です。true_idとtarget_labelは、それぞれ入力データ（画像）の識別番号と、ターゲット分類グループを表しています。true_labelは、入力データに対応付けられている正解データを表します。normは、6.1.3項のコラムで説明した距離の計算方法を示しており、2はユークリッド距離を表します[13]。rubustnessは、target_labelの示すターゲット分類グループに関する近似最大安全半径を表しています。

最後に「[L0] method = CNN-Cert-relu, model = ../model/mnist/keras/model_mnist_keras.h5, total images = 7, norm = 2, avg robustness = 0.23346, avg runtime = 50.52」というメッセージについて説明します。この[L0]メッセージは、全ての計算対象に対する計算結果のサマリ情報です。methodやmodel、およびnormは[L1]メッセージと同様です。total imagesは、計算対象の総数を表しています。今回は表6-1に示したとおり7件の計算対象を作成したため、total images = 7となっています。avg robustnessは、これらの計算対象について計算したrobustnessの平均値を表しています。avg runtimeは、1件の計算対象に対して近似最大安全半径の値を計算するのにかかった時間の平均値です。

6.3.3. ターゲット分類グループの変更

前項で述べたとおりこのツールでは、入力データごとにターゲット分類グループをランダムに1つ選択し、そのグループに関して近似最大安全半径を計算します。本項では、ランダムではなく2番目に可能性の高い分類グループを選択するように、ソースコードを一部改変してみたいと思います。

2番目に可能性の高い分類グループとは、出力層のニューロン$x_1^{(4)}, x_2^{(4)}, \ldots, x_{10}^{(4)}$のうち2番目に値の大きいニューロンに対応する分類グループです。改変するソースコードはlocation/tools/cnn_cert/cnn_bounds_full_core.pyです。このソースコードのファイルを開いて、500行目から505行目を見てください。以下の記述がみつかると思います。

12　厳密にはReLU関数向けの方式は2種類用意されており、「relu」は論文[Tsui-Wei Weng, Huan Zhang, Hongge Chen, Zhao Song, Cho-Jui Hsieh, Luca Daniel, Duane Boning, and Inderjit Dhillon: Towards Fast Computation of Certified Robustness for ReLU Networks, ICML 2018.]で提案された方式を意味し、「ada」は論文[Huan Zhang, Tsui-Wei Weng, Pin-Yu Chen, Cho-Jui Hsieh, and Luca Daniel: Efficient Neural Network Robustness Certification with General Activation Functions, NeurIPS 2018.]で提案された方式を使用したことを意味する。

13　距離の計算方法はrun_mymodel.pyで指定しており、1はマンハッタン距離、2はユークリッド距離、iはチェビシェフ距離を指定したことを表す。

```
500:     else:
501:          inputs, targets, true_labels, true_ids, img_info = generate_data(MNIST(), samples=n_samples, targeted=True, random_and_least_likely = True, target_type = 0b0010, predictor=model.model.predict, start=0)
502:     #0b01111 <- all
503:     #0b0010 <- random
504:     #0b0001 <- top2
505:     #0b0100 <- least
```

501行目の「target_type = 0b0010」という部分に注目してください。target_typeは、ターゲット分類グループの選択方法を指定する変数です。現在、target_typeの値は0b0010に設定されており、入力データに対してランダムにターゲット分類グループが選択されます。503行目にはコメントとしてそのことが示されています。

それでは、このtarget_typeの値を0b0001に変更してみましょう。具体的には、501行目のコードを以下のとおり書き換えます。

```
501:          inputs, targets, true_labels, true_ids, img_info = generate_data(MNIST(), samples=n_samples, targeted=True, random_and_least_likely = True, target_type = 0b0001, predictor=model.model.predict, start=0)
```

書き換えた箇所を下線で示しています。target_typeの値を0b0001に変更すると、2番目に可能性の高い分類グループがターゲット分類グループとして選択されるようになります。504行目のコメントはそのことを示唆しています。

ちなみに、target_typeの値を0b0100に変更すると、最も可能性の低い分類グループが、ターゲット分類グループとして選択されます。最も可能性の低い分類グループとは、出力層のニューロン$x_1^{(4)}, x_2^{(4)}, \dots, x_{10}^{(4)}$のうち、最も値の小さいニューロンに対応する分類グループのことです。または、target_typeの値を0b01111にすると、ランダムに選択した分類グループ、2番目に可能性の高い分類グループ、および最も可能性の低い分類グループ全てが、ターゲット分類グループとして選択されます。その場合、一つの入力データから複数の計算対象が作成されることになります。

それでは改変後のソースコードを実行してみましょう。6.3.2項と同じコマンドを実行します。

```
>python run_mymodel.py ../model/mnist/model_mnist_keras.h5 10
```

上記の改変を行ったことで、以下のように[DATAGEN]メッセージが変化したはずです。

```
[DATAGEN][L1] no = 1, true_id = 0, true_label = 7, predicted = 7, correct = True, seq = [9], info = ['top2']
[DATAGEN][L1] no = 2, true_id = 1, true_label = 2, predicted = 1, correct = False, seq = [], info = []
[DATAGEN][L1] no = 3, true_id = 2, true_label = 1, predicted = 1, correct = True, seq = [5], info = ['top2']
[DATAGEN][L1] no = 4, true_id = 3, true_label = 0, predicted = 0, correct = True, seq = [7], info = ['top2']
[DATAGEN][L1] no = 5, true_id = 4, true_label = 4, predicted = 4, correct = True, seq = [7], info = ['top2']
[DATAGEN][L1] no = 6, true_id = 5, true_label = 1, predicted = 1, correct = True, seq = [7], info = ['top2']
[DATAGEN][L1] no = 7, true_id = 6, true_label = 4, predicted = 4, correct = True, seq = [7], info = ['top2']
[DATAGEN][L1] no = 8, true_id = 7, true_label = 9, predicted = 9, correct = True, seq = [7], info = ['top2']
[DATAGEN][L1] no = 9, true_id = 8, true_label = 5, predicted = 6, correct = False, seq = [], info = []
[DATAGEN][L1] no = 10, true_id = 9, true_label = 9, predicted = 7, correct = False, seq = [], info = []
labels generated
7 images generated in total.
```

infoの値がrandomからtop2に変更されていることが分かります。また、選択されたターゲット分類グループを表すseqの値も、randomのときとは異なることが確認できると思います。

6.3.2項でも述べたとおり、ある入力データの近似最大安全半径を得るためには、(predictedが示す分類グループを除く）全ての分類グループに関して近似最大安全半径を計算し、その最小値をとる必要があります。しかし、残念ながらtarget_typeの値を変更するだけでは、全ての分類グループに関して近似最大安全半径を求めることはできません。本書では扱いませんが、それを計算するには、location/tools/cnn_cert/utils.pyに含まれる関数generate_dataを改変する必要があります。

第 7 章

網羅検証

この章では、学習済みモデルの推論結果が妥当であることを、システムの運用時に入力されることが想定されるデータの範囲について、網羅的に検証する方法を紹介します。この方法は「網羅検証」と呼ばれ、推論結果について「必ず守っておきたい条件」を論理式で記述することにより、検証が機械的に行われます。その結果、どのような入力データに対して、条件を守らない推論結果が出力されるのか、どのような入力データ範囲であれば、条件を守った推論結果を期待できるのかといったことを把握できます。網羅検証を行うツールのしくみと使い方についても説明します。

7.1 網羅検証とは？

網羅検証では、学習済みモデルの推論結果について、「検証したい性質」を定めて、その性質が常に満たされることを、指定した範囲のすべての入力データに対して機械的に検証していきます。本節では網羅検証の概要を紹介し、どのような性質を検証できるのか、また、どのようにして検証を行うのかを説明します。

7.1.1. 網羅検証の目的

学習済みモデルの不確実性

1章で見たように、AIソフトウェアは、学習データとは異なる、学習済みモデルにとって未知の入力データに対する推論を行い、その推論結果を出力します。機械学習では、推論に使う「特徴」を学習用データセットの一部である訓練用データセットのデータの中から見つけ出します。通常のソフトウェア開発のように、「このようなデータが入力された場合には、このようなデータを出力する」という処理内容を人が細かく指定する必要はありません。また、人が意識していなかった特徴も学習し、人が判断するよりも適切な推論結果を返してくれることもあります。

この機械学習に基づく推論では、学習データを直線的に補間[1]するのではなく、非線形な飛躍を起こすことがあり、このことが、機械学習が有益である理由の一つになっています。しかしそれは一方で、運用時に入力されるデータに対して学習済みモデルがどのような推論結果を返すかを、人が予測するのは難しいということも意味します。

機械学習の過程では、訓練用データセットを使って訓練された訓練済みモデルの精度が評価用データセットに基づいて評価され、好ましい学習が行われているかどうかがチェックされます。しかし、運用時に推論対象として入力されるデータは様々であり、訓練用と評価用を合わせた学習用データセットがカバーするのはその一部にすぎません。十分な訓練と評価を経て作られた学習済みモデルであっても、未知の入力データに対しては、人の目から見ると明らかに誤りである推論結果を返す可能性があります。学習済みモデルは本質的に、個々のデータに基づいてボトムアップに作られていることと、推論に非線形な飛躍が起こりえることから、人が予期しない振る舞いをする「不確実性」を持ちます。

では、時々思いもよらぬ推論結果を出力する可能性があることは、学習済みモデルの欠陥でしょうか？　この特性は学習済みモデルの利点と表裏一体なので、必ずしも欠陥とは言えません。もし、個々の学習済みモデルについて長所と短所が分かれば、長所を生かし短所をカバーする使い方を工夫でき

1　与えられたデータの区間を埋めるデータを求めること。「内挿」とも呼ばれる。線形補間では、一次式を使って区間内のデータを求める。2.3節の「機械学習固有の難しさ」も参照されたい。

る可能性があります。

学習済みモデルの推論結果が常に妥当であるとは限らないことを前提とすると、想定される運用時の入力データの範囲の中で、「どのような入力データに対して不適切な推論結果が出力されるのか」、「どのような入力データ範囲であれば妥当な推論結果が期待できるのか」を把握することが重要になります。不適切な推論結果を招く入力データを特定できれば、学習済みモデルを分析して原因を解明し、学習にフィードバックできるでしょう。また、妥当な推論結果を導く入力データの範囲内で学習済みモデルを使い、その範囲外の入力データに対しては他の手段を使うよう、AIシステムを設計することもできるでしょう。

網羅検証

網羅検証では、入力データの範囲と、期待される推論結果の条件を指定し、範囲内の全ての入力データに対して、学習済みモデルの推論結果がその条件を満たすことを検証します。評価用データセットを使った評価のように、個々のデータについて推論結果を調べるのではなく、指定した範囲の入力データに対して、網羅的に推論結果を調べるという点が特徴です。

ここで学習済みモデルの特性を思い出してください。そもそも、学習用データセットに含まれない未知の入力データに対しては、何が正しい推論結果（正解データ）であるかを知ることは誰にもできません。したがって網羅検証は、学習済みモデルが行う推論が常に正しいことの検証にはなりえません。人が形式知として予想する推論結果を条件として指定し、学習済みモデルの推論結果が「人の納得できる範囲内にあること」を網羅的に検証するだけです。

例えば住宅価格の予測問題において、広さもグレードも様々な住宅に対して、妥当な価格は分からないけれど、常識的に考えて「居住面積が7000平方フィート以上であれば、価格は50万ドル以上であるはず」とします。

- **入力データの範囲　：居住面積が7000平方フィート以上**
- **推論結果の条件　　：50万ドル以上**

この条件を指定して、価格予測モデルの網羅検証を行うと、居住面積が7000平方フィート以上あるのに価格を50万ドル未満と予測する場合があれば、見つけることができます。このような、推論結果の条件を満たさない具体例は「反例（counterexample）」と呼ばれます。網羅検証の反例は、推論結果が誤っていることを直接示すわけではありませんが、「人の期待とは異なる」という点で、精査すべき具体例です。

網羅検証ツールは、「検証対象の学習済みモデル」、「運用時に入力されるデータと推論結果の情報」、「前提条件」、「検証性質」の４項目を入力すると、検証を実行して、反例が見つかれば出力します。検証にあたって、前提条件には主に入力データの範囲を指定し、検証性質には推論結果の条件を指定します。

本章で紹介する検証ツールは、XGBoostモデル向けと、ディープニューラルネットワーク（DNN）モデル向けの２種です。前者のツールは網羅検証の機能に加えて、反例を含む入力データの範囲を、指定した単位で切り出して報告する「条件非適合範囲の探索」機能も持っています[2]。この機能を使えば、例えば切り出された入力データ範囲については、学習済みモデルを使わず他の方法で処理するようAIシステムを設計することで信頼性を高めるなどができます。

次の7.1.2項では、簡単な例を使って、網羅検証のしくみを解説します。7.2節ではXGBoostモデルの検証ツールについて説明し、さらに7.3節では条件非適合範囲の探索機能について説明します。DNNモデルの検証ツールについては7.4節で説明します。

column　**人の推論とAIの推論**

猫と犬の顔の数値情報（顔の長さや幅、ヒゲや耳の長さなど）によって学習させた学習済みモデルに、未知のデータを入力して、猫か犬かを判定させる場合を考えてみてください。人は直感に基づいて正確に判定できるかもしれませんが、直感は他の人には伝えられませんから、実際には、例えば「ヒゲの長さが顔の幅に比べて短ければ犬、長ければ猫、その中間はどちらとも言えない」などと、形式知化した知識に基づいて推論することが多いと思います。

学習済みモデルの場合は、複製によって同じ推論を行うモデルを作ることができるので、人への説明性が求められる特別な場合を除いて、どのように推論したかを形式知化するメリットよりも、形式知化することで柔軟性を失うデメリットの方が大きいと考えられます。このとき、例えば顔の幅に比べてヒゲがたいへん長い動物を、学習済みモデルが犬と判定すると、人は違和感を覚えます。

網羅検証では、人の形式知を「検証性質」として記述し、学習済みモデルの推論結果が人の形式知と合わない場合を、「前提条件」で指定した入力データの範囲について網羅的に検出します。検出された反例をどう解釈するかは，人の判断に任されます。

7.1.2.　網羅検証のしくみ

形式化

先ほどの住宅価格の例題において、常識的にあり得ない予測結果を「反例」として見つける話を思い出してください。このことを網羅検証は、数学的な基盤の上で行います。前提条件をP、検証性質

2　【参考文献】Naoto Sato, Hironobu Kuruma, Yuichiroh Nakagawa, and Hideto Ogawa: Formal Verification of a Decision-Tree Ensemble Model and Detection of Its Violation Ranges, IEICE Transactions on Information and Systems, E103-D(2), pp.363 - 378 (2020).

をIとするとき、検証内容は学習済みモデルが次の式を満足することです。

$$P \rightarrow I$$

「→」は論理記号「ならば」です。この章で使う論理記号を下の表7-1に列挙しました。検証では、検証対象の学習済みモデル、前提条件、検証性質を全て論理式で表し、数学的なテクニックを使って反例を機械的に探索します。

【表7-1】本章で使う論理記号一覧

記号	意味
∧	論理積（かつ） $A \land B$ は，AとBがともに真のときに限って真
∨	論理和（または） $A \lor B$は，AとBのどちらかあるいはどちらも真のときに限って真
¬	否定（でない） $\neg A$ は，Aが偽のときに限って真
→	含意（ならば） $A \rightarrow B$ は，AとBがともに真あるいはAが偽のときに限って真
∀	全称限量子（全ての） $\forall x.P$ は，あらゆるxについてPが真のときに限って真
∃	存在限量子（ある） $\exists x.P$ は，Pを真にするようなxが存在するときに限って真

検証対象の学習済みモデルについては、入力データと推論結果の間の関係を、論理式で表します。例えば、入力データをx、推論結果をyとして、入力データが２以上であれば推論結果が5、２未満であれば推論結果が０になる場合の入力データと推論結果の関係は、次の式で表せます。

$$(x \geq 2 \rightarrow y = 5) \land (x < 2 \rightarrow y = 0)$$

機械学習で作る学習済みモデルは複雑で、論理式への変換はこの例のように自明ではありませんが、XGBoostモデルとDNNモデルのいずれについてもツールが自動変換してくれます。変換方法は7.2.2項と7.4.2項で紹介します。

前提条件は、入力データの制約を表します。例えば、入力データが１以上３以下の範囲で検証性質が満足されることを検証したいときは、前提条件を次のように表します。

$$(1 \leq x) \land (x \leq 3)$$

もし必要ならば、期待する推論結果も含めた制約を前提条件に書くこともできます。

検証性質は、期待する推論結果のほか、必要に応じて入力データも使って表します。例えば、期待する推論結果が４以上であることは、次のように表します。

$$y \geq 4$$

実際の検証では、学習済みモデル、前提条件、検証性質の否定について、これらを表す論理式を論理積で結合し、全体が「真」になる入力データと推論結果の値を探索します。そのような値が見つかれば、その値は前提条件を真にすると同時に検証性質の否定を真にする、つまり、検証したい範囲内に入力データがあり、推論結果が検証性質を満たさないので、反例です。逆に、全体が真になる値が見つからなければ、全ての値は、検証性質を満たすかあるいは前提条件外であり、いずれの場合でも、入力データの範囲内では推論結果が検証性質を満たすと言えます。ここで、前提条件を満たす入力データの値が存在しないときは、どのような推論結果でも、前提条件の入力データ範囲内で検証性質を満たす、と解釈します。

前述の例では、次の論理式を真にする変数xとyの値を探します。

$$((x \geq 2 \rightarrow y = 5) \land (x < 2 \rightarrow y = 0)) \land ((1 \leq x) \land (x \leq 3)) \land (y < 4)$$

xとyがともに自然数（0以上の整数）であるとすると、$x = 1$で$y = 0$のとき全体が真になるので、次の値が反例として得られます。

$$x = 1, \qquad y = 0$$

これは、入力データが1のとき推論結果が0となり、「4以上である」という検証性質が満たされないことを示しています。

column　検証を容易にするための式の変形

反例は，学習済みモデルに対して

$$P \rightarrow I$$

が偽になる場合、言い換えると、この否定が真になる場合です。含意を論理和と否定を使って置き換えると、$P \rightarrow I$の否定は下記のように書き換えることができます。ここで、記号「⇔」は「同値」つまり右辺と左辺の真偽が一致することを表します。

$$\neg(P \rightarrow I) \Leftrightarrow \neg(\neg P \lor I) \Leftrightarrow \neg(\neg P) \land \neg I \Leftrightarrow P \land \neg I$$

したがって$\neg(P \rightarrow I)$の代わりに$P \land \neg I$を使うことができ、これに学習済みモデルを表す論理式を論理積で結合した式が真になる場合があれば、それが反例です。

充足可能性問題

与えられた論理式を真にする変数値を定める問題は、「充足可能性問題（satisfiability problem）」と呼ばれます[3]。ここで、論理式は論理積（∧）、論理和（∨）、否定（¬）、含意（→）を使って構成され、変数の値は真または偽のいずれかであるとします。例えば、AとBを変数とするとき、次の論理式の充足可能性問題を考えます。

$$A \land B$$

AとBは論理積で結ばれているので、論理式全体が真になるためにはAとBがともに真でなければなりません。つまり、この論理式を充足する変数値は、Aが真でBも真です。では、次の論理式ではどうでしょうか。

$$A \lor B$$

この論理式を真にする変数値は1組ではなく、Aが真でBも真、Aが真でBは偽、Aが偽でBは真の３組あります。これら３組のいずれも、論理式を充足する変数値です。一方、次の論理式はどうでしょうか。

$$(A \land \neg B) \land (\neg A \lor B)$$

$(A \land \neg B)$が真になるためにはAが真でBが偽でなければいけませんが、そうすると$(\neg A \lor B)$が偽になってしまい、論理式全体は真になりません。この論理式は、AとBがどのような値でも真にはならないので、充足不能な論理式です。

上記のような論理式が与えられたときに、その充足可能性を判定するツールとして「SAT（SATisfiability）ソルバ」があります[4]。このツールは、充足可能なときには、論理式を充足する変数値も出力します。一般に、充足可能性問題を解くためにはたいへん多くの計算が必要になりますが、SATソルバは効率的なアルゴリズムを使い、充足可能性判定と変数値の決定を機械的に行います。

上記の論理式の表現力は限られていて、算術演算や数の大小比較を直接扱うことができません。つまり、変数の値は真または偽のいずれかであり、例えば$x \leq 2$のように、式に含まれる整数の変数xの値によって真偽が決まる式[5]を、論理式の中で使うことができません。そこで、整数や浮動小数点などの変数の値から式の真偽を決める仕組みを導入して、充足可能性を判定できる論理式を拡張したツールとして「SMT（Satisfiability Modulo Theories）ソルバ」が作られました。整数や浮動小数点などの変数の値から式の真偽を決める仕組みは「理論（theory）」と呼ばれ、算術などの数学的体系が使われます。理論を差し替えることにより様々な式に対応できますが、充足可能性を機械的に判

3　【参考文献】酒井政裕、今井健男：SAT 問題と他の制約問題との相互発展、コンピュータソフトウェア、Vol . 32、No.1、pp.103 - 119 (2015).

4　【参考文献】梅村晃広：SAT ソルバ・SMT ソルバの技術と応用、コンピュータソフトウェア、Vol . 27、No. 3、pp. 24 - 35 (2010).

5　このように式の内部の変数の値によって真偽が決まる式は、「述語」と呼ばれる。一方、上記の A のように真か偽の値をとる変数は、「命題変数」と呼ばれる。

定することが難しい理論もあり、機械的な検証の観点から適切な理論を選ぶ必要があります。本書の網羅検証では、整数と浮動小数点数を対象として、加減乗除を演算とする算術式の間の等価および大小比較から式の真偽を決められれば十分であり、この範囲の理論が組み込まれたSMTソルバを使います。

column　SATソルバとSMTソルバの動作

次のような論理式の充足可能性判定を例に、SATソルバの基本的な動作を説明します。この論理式で、AとBは真または偽の値をとる変数です。

$$A \land (\neg A \lor B)$$

まず、Aの値を真と仮定します。次に$\neg A \lor B$を真にできれば、論理式全体が真になります。Aを真と仮定した結果$\neg A$は偽になるので、Bの値を真とすると$\neg A \lor B$を真にできます。これにより、与えられた論理式は充足可能と判定できます。論理式を充足する変数Aの値は真、Bの値も真です。

SMTソルバは、SATソルバと理論ソルバを結合して作られています。ここで、SATソルバは式に真偽値を割り当てる役割を担い、理論ソルバは式に割り当てられた真偽値を満たす変数値を探す役割を担います。例えばxとyを、整数値をとる変数として、下記の論理式の充足可能性を考えます。

$$x \leq 2 \land (2 < x \lor x = y)$$

まず、SATソルバが$x \leq 2$を真と仮定して、理論ソルバが$x \leq 2$を満たすxの値を探します。次に $2 < x \lor x = y$を真にするxとyの値を探しますが、SATソルバが$2 < x$に真を割り当てると、先に仮定した$x \leq 2$とを同時に満たすxの値が存在しないことが、理論ソルバによって分かります。そこで、SATソルバは$x = y$を真と仮定して、これを満たすxとyの値を理論ソルバが探します。

これらの条件を満たすxとyの値は1つ以上存在するので、与えられた論理式は充足可能と判定できます。論理式を充足する変数xとyの値は、例えばxが1、yも1です。

7.2 XGBoostモデルの網羅検証

XGBoostは機械学習の方法のひとつであり、大規模な学習データを効率よく学習できることから広く使われています[6]。本節では、XGBoostの学習済みモデルを題材にして、網羅検証の概要を解説します。以下、XGBoostにより学習を行った学習済みモデル全般について述べるときは「XGBoostモデル」、そのインスタンスである学習済みモデルについて述べるときは「学習済みモデル」と呼び分けることにします。

網羅検証では、学習済みモデルについて検証したい性質を定めて、それが満たされることを、指定した範囲のすべての入力データに対して機械的に検証していきます。検証にはツールを使うことが前提なので、ツールの使い方も詳細に説明します。

7.2.1. 例題モデルの網羅検証

網羅検証でできること

例題として、HouseSalesデータセット[7]を使って学習を行った3.4.3項の学習済みモデルについて網羅検証を行います。

この学習済みモデルでは、居住面積、寝室の数、土地面積、建物の状態、構造とデザインのグレード、地上階の面積、地下室の面積の7つのデータから、住宅価格を予測します。住宅を対象として訓練されているので、寝室の数が100のような、住宅として不適切なデータを入力しても、意味のある推論結果は期待できません。住宅として妥当な範囲の値、例えば寝室の数には0以上33以下[8]の値を入力します。学習済みモデルの網羅検証では、運用時に想定される入力データの範囲を、「入出力データ定義ファイル」に書きます。このファイルの説明は後述します。

検証では、人から見て不適切と思われる推論を、学習済みモデルがしないことを確認します。例えば、「居住面積が7000平方フィート以上もある住宅は、価格が50万ドル未満であるとは考え難く、もし学習済みモデルがそのような価格を予測した場合には、推論が誤っている可能性がある」と思ったとします。これを確かめるためには、以下の前提条件と検証性質を設定して、網羅検証ツールを起動します。

- **前提条件**　　　　：**居住面積が7000平方フィート以上**
- **検証性質**　　　　：**予測価格は50万ドル以上**

6 【参考文献】Tianqi Chen and Carlos Guestrin: XGBoost: A Scalable Tree Boosting System, Proc. the 22nd ACM SIGKDD, pp.785 - 794 (2016).

7 【参考文献】House Sales in King Country, USA [https://www.kaggle.com/harlfoxem/housesalesprediction]

8 日本と異なり米国の住宅では、寝室数33は妥当な数のようである。

ツールが反例を出力すれば、学習済みモデルの推論が誤っているか、上記の考えが誤っていることになり、反例を見て、どのような場合に検証性質が満たされなかったのかを検討します。もし反例が出力されなければ、上記の考えに学習済みモデルの推論が反していないことを確認できます。網羅検証ツールの実行の説明で示しますが、このケースでは反例が出力されます。

では、「キングカントリー[9]では、どのような住宅でも価格が1000万ドル以上であることは考え難い」という想定についてはどうでしょうか。これを確かめるためには、前提条件なしで、検証性質を次のように設定して網羅検証ツールを起動します。

・検証性質　　　　：予測価格は1000万ドル未満

この場合には反例が出力されず、「学習済みモデルが想定外に高い価格を予測することはない」ということを確認できます。

検証に必要なファイル

図7-1は、XGBoostモデルの網羅検証ツールの入出力ファイルの関係です。ツールは、次の２つのファイルへのパスをパラメータとして起動します。

・**学習済みモデル**（pkl形式）：検査対象の学習済みモデルであり、3.4.3項の手順で作られる。
・**設定ファイル**（json形式）：検証に必要な情報を記載した、入出力データ定義ファイル、前提条件ファイル、検証性質ファイルへのパスを指定するファイル。

【図7-1】入出力ファイルの関係

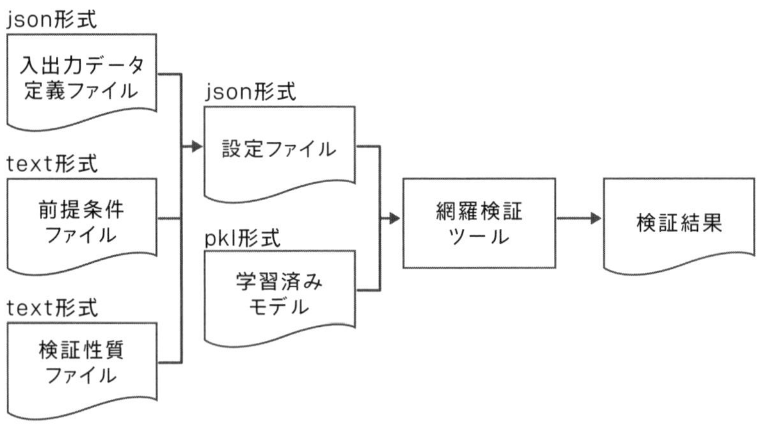

設定ファイルを参照してツールが読み込む、３つのファイルについても説明しておきます。

9　米国西海岸ワシントン州のキング郡。カナダと国境を接し、郡庁所在地はシアトル。

- **入出力データ定義ファイル**（json形式）
  学習済みモデルで使われている、入力データと推論結果を格納する変数の名前を書く。入力データについては、データ型の記載も必要。さらに、運用時の入力データの値の範囲が限定されている場合、その上限値と下限値も書く。

- **前提条件ファイル**（text形式）
  検証したい入力データの値の範囲を、論理式を使って指定する。入力データごとの値の範囲はデータ定義ファイルでも指定できるが、前提条件ファイルでは、入力データの間の制約も指定できる。

- **検証性質ファイル**（text形式）
  期待される推論結果の条件を指定する。さらに、入力データとの間の制約についても、必要なら指定できる。

検証結果は、画面とログファイルに出力されます。

例題ファイルの構成を図7-2に示します。

【図7-2】例題ファイルの構成

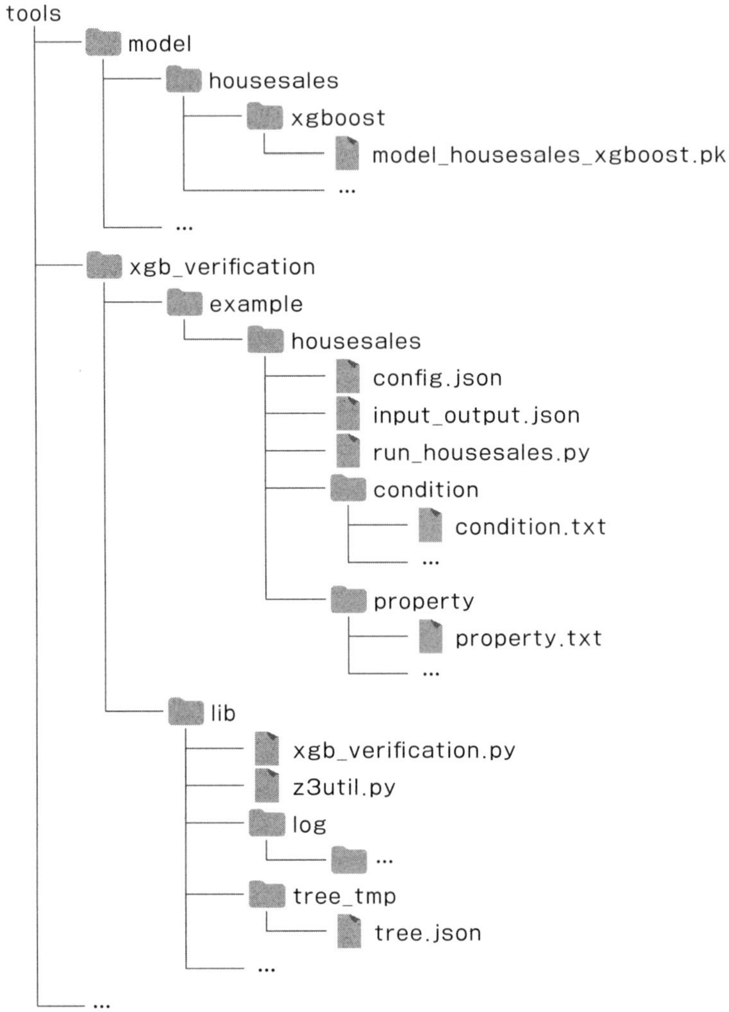

最上位のtoolsフォルダの中には、学習済みモデルを格納するmodelフォルダと、XGBoostモデルの網羅検証ツールを格納するxgb_verificationフォルダがあります。xgb_verificationの中にはexampleとlibの２つのフォルダがあります。exampleの中には、housesalesフォルダを経由して前提条件を格納するcondition、検証性質を格納するpropertyの２つのフォルダと、入出力データ定義ファイルinput_output.json、設定ファイルconfig.jsonおよびツールの起動スクリプトrun_housesales.pyがあります。

各ファイルの内容を順に説明します。

● 設定ファイル

設定ファイルconfig.jsonには、データ定義ファイル、前提条件ファイル、検証性質ファイルへのパスと、ツールの動作に関わるパラメータを書きます。例題のファイルは、設定ファイルからの相対パスで下記の場所にあります。

- **入出力データ定義ファイル** ：./input_output.json
- **検証性質ファイル** ：./property/property.txt
- **前提条件ファイル** ：./condition/condition.txt

例題の設定ファイルには、これらのファイルへのパスと、いくつかのパラメータが書かれています。

```
{
"data_list_path": "./input_output.json",
"prop_path": "./property/property.txt",
"cond_path": "./condition/condition.txt",
"extract_range": false
}
```

網羅検証では、設定ファイルの次の情報を参照します。

【表7.2】網羅検証における設定ファイルの情報

キー	要否	意味
data_list_path	必須	入出力データ定義ファイルへのパス
prop_path	必須	検証性質ファイルへのパス
cond_path	オプション	前提条件ファイルへのパス。省略時には、入出力データ定義ファイルで指定した入力データの値範囲について網羅検証を行う
extract_range	オプション	trueの時、網羅検証に続けて条件非適合範囲の探索を行う。省略時のデフォルト値はfalseで、網羅検証のみを行う

extract_rangeは、網羅検証に続けて7.3節の条件非適合範囲の探索機能を使うためのフラグであり、省略されているかfalseに設定されているときは、網羅検証のみを行います。

● 入出力データ定義ファイル

例題の学習済みモデルの入力データは、次の7つです。

f0：居住面積（290から13540平方フィート）

f1：寝室の数（0から33）

f2：土地面積（520から1651359平方フィート）

f3：建物の状態（1から5までの5段階）

f4：構造とデザインのグレード（1から13までの13段階）

f5：地上階の面積（290から9410平方フィート）

f6：地下室の面積（0から4820平方フィート）

学習済みモデルは、これらの入力データから住宅価格を予測します。推論結果は次の1つです。

y：価格（ドル）

入出力データ定義ファイルには、これらのデータに関する情報を書きます。例題のinput_output.jsonの内容は下記のとおりです。

```
{
  "input": [
     {   "name": "f0",    "cont_value_flag": true,    "type": "int",
     "upper": 13540,               "lower": 290       },
     {   "name": "f1",    "cont_value_flag": true,    "type": "int",
     "upper": 33,         "lower": 0         },
     {   "name": "f2",    "cont_value_flag": true,    "type": "int",
     "upper": 1651359,             "lower": 520       },
     {   "name": "f3",    "cont_value_flag": true,    "type": "int",
     "upper": 5,          "lower": 1         },
     {   "name": "f4",    "cont_value_flag": true,    "type": "int",
     "upper": 13,         "lower": 1         },
     {   "name": "f5",    "cont_value_flag": true,    "type": "int",
     "upper": 9410,                "lower": 290       },
     {   "name": "f6",    "cont_value_flag": true,    "type": "int",
     "upper": 4820,                "lower": 0         }
  ],
  "output": [
     {   "name": "y"      }
  ]
}
```

inputのセクションは入力データの情報であり、順に以下の内容が書かれています。

・入力データの名前（name）

・連続値か離散値か（cont_value_flag）

・入力データの型（type）

・値の上限（upper）

・値の下限（lower）

一方、outputのセクションは推論結果の情報であり、次のひとつだけを書きます。

・推論結果の名前（name）

学習済みモデルの入力データは、先頭から順に入力データの名前と対応付けられます。このため、学習済みモデルの入力データの名前および順序と入出力データ定義ファイルに書く入力データの名前および順序は、一致していなければなりません。入出力データ定義ファイルの記法の詳細を、7.A.1項に掲げておきます。

● 検証性質ファイルと前提条件ファイル

例題の検証性質ファイルproperty.txtの内容は、次のとおりです。

y >= 500000

一方、前提条件ファイルcondition.txtの内容は、次のとおりです。

f0 >= 7000

したがって、次の式が成り立つかを検証します。

$$f0\ \geq\ 7000\ \rightarrow\ y\ \geq\ 500000$$

これは、「居住面積が7000平方フィート以上の住宅ならば、予測価格は必ず50万ドル以上である」ことの検証です。

網羅検証ツールは、前提条件を満たす範囲内で、検証性質を満たさない場合を探索し、もし見つかれば反例を出力します。前提条件と検証性質を設定するのは人なので、反例があったときに、学習済みモデルの推論が誤っていたのか、それとも前提条件や検証性質が誤っていたのかは、人が判断する必要があります。ツールの実行結果に示すように、このケースでは反例が出力されました。

前提条件ファイルは省略可能ですが、省略した場合には「前提条件はない」つまり、いかなる場合でも前提条件は真（記法上はTrue）と解釈されます。また、本書の網羅検証ツールでは検証性質の中で入力データを参照できるので、前提条件に相当する内容も検証性質として書くことができます。さらに、前提条件の中で推論結果を参照することもできるので、少し変形が必要ですが、検証性質に相当する内容を前提条件で書くこともできます。前提条件ファイルと検証性質ファイルの記法は同じであり、まとめて検証条件ファイルの記法として7.A.3項に示しておきます。

column　前提条件と検証性質

前提条件ファイルを省略して、検証性質ファイルに

(f0 >= 7000) => (y >= 500000)

と書いた場合、前提条件Pは省略されているので真と解釈され、$P \rightarrow I$ にあてはめると次のようになります。

$$true\ \rightarrow\ (f0\ \geq\ 7000\ \rightarrow\ y\ \geq\ 500000)$$

この式は、

$$f0 \geq 7000 \rightarrow y \geq 500000$$

と同値なので、前提条件ファイルにf0 >= 7000、検証性質ファイルにy >= 500000を書いた場合と同じです。

また、前提条件ファイルに

! ((f0 >= 7000) => (y >= 500000))

と書いて、検証性質ファイルに

False

と書くと、

$$\neg((f0 \geq 7000) \rightarrow (y \geq 500000)) \rightarrow false$$

を意味するので、やはり

$$f0 \geq 7000 \rightarrow y \geq 500000$$

と同値になります。本書の網羅検証ツールでは、前提条件ファイルと検証性質ファイルのどちらでも入力データと推論結果の制約が書けるのでPとIの区別があいまいですが、$P \rightarrow I$が基本であることに注意してください。

入力データの上下限値は前提条件あるいは検証性質として書くこともでき、入出力データ定義ファイルに書いた場合と同じ結果が得られます。ただし、7.3節の条件非適合範囲の探索では、ツールは1回の探索範囲を入出力データ定義ファイルに書かれた上下限値をもとに決定しているので、上下限値が書かれていないと探索範囲にデフォルト値が使われます。

ところで、前提条件Pを真にする入力データが存在しない場合には、検証結果はどうなるのでしょうか。7.1.2項で触れたように、この場合は検証性質Iの真偽にかかわらず$P \rightarrow I$は真になるので、検証性質は満たされると判定されます。前提条件が真になる入力データが少なくとも1つ存在するように、入力データの上下限値と前提条件を設定しないと、入力データの存在しない範囲について網羅検証してしまうことになります。反例は出力されませんので、注意してください。

XGBoostモデル網羅検証ツールの実行例（反例があるケース）

XGBoostモデルの網羅検証ツールの起動スクリプトrun_housesales.pyには、検査対象とする学習済みモデルと設定ファイルへのパスが書かれています。3.1節の実行環境のセットアップが済んでいれば、ターミナルから次のように入力すると、ツールが起動します。ここで、locationはtoolsフォルダへのパスを表します。

```
> cd location/tools/xgb_verification/example/housesales/
> python run_housesales.py
```

実行結果は、例えば次のようになります。

```
data_list_path   :
location\tools\xgb_verification\example\housesales\input_output.json
prop_path : location\tools\xgb_verification\example\housesales\property\property.txt
cond_path : location\tools\xgb_verification\example\housesales\condition\condition.txt
system_timeout : None
search_timeout : None

Verification starts
Violation found: 1
f0:7000
f1:0
f2: 520
f3:1
f4:1
f5:290
f6:0
y: -479061.58692812

===============Result===============
Number of executions of SMT solver : 1
SMT solver run time (s) : 0.005984067916870117
Total run time (s) : 0.5116062164306641
====================================
```

data_list_pathからsearch_timeoutまでは、設定ファイルの内容の表示です。Violation found: 1は、網羅検証によって反例が1つ見つかったことを意味します。本書の網羅検証ツールの設定では反例が1つ見つかると検証を打ち切りますから、反例の数は1または0です。つまり、この学習済みモデルについて、

「居住面積が7000平方フィート以上ならば予測価格は50万ドル以上」

という関係は満たされないことが分かります。

見つかった反例の具体的な値は、Violation found: 1の下に示されています。この例では、入力データf0が7000、f1が0、f2が520、f3が1、f4が1、f5が290、f6が0のとき、推論結果が-479061.58692812になってしまうことを示しています。これにより、3.4.3節で作った学習済みモデルには問題があることが分かります。

XGBoostモデル網羅検証ツールの実行例（反例がないケース）

次に、検証性質ファイルproperty.txtの内容を次のように書き換えて、検証性質ファイルproperty_1.txtを作ります。

y < 10000000

続いて、設定ファイルconfig.jsonから下記のようにproperty_1.txtを参照するとともに、前提条件ファイルの項目を削除してconfig_1.jsonを作ります。

```
{
  "data_list_path": "./input_output.json",
  "prop_path": "./property/property_1.txt",
  "extract_range": false
}
```

起動スクリプトrun_housesales.pyは、config_1.jsonを参照するように、conf_pathの項目を下記のように書き換えます。

```
    conf_path = str(example_housesales_dir.joinpath('config_1.json'))
```

名前をrun_housesales_1.pyとして保存し、網羅検証ツールを起動してみます。

```
> python run_housesales_1.py
```

実行結果は次のようになりました。

```
data_list_path    : location\tools\xgb_verification\example\housesales\input_output.json
prop_path  : location\tools\xgb_verification\example\housesales\property\property_1.txt
cond_path : None
system_timeout : None
search_timeout : None

Verification starts
No violation found
===============Result===============
Number of executions of SMT solver : 1
SMT solver run time (s) : 1835.5139708518982
Total run time (s) : 1835.9668018817902
====================================
```

この場合にはNo violation foundと表示され、反例が見つかりませんでした。つまり、この学習済みモデルではデータ定義ファイルに規定された範囲内のどのような住宅についても、下記であることが確認できました。

「予測価格は1000万ドル未満」

column　網羅検証を短時間にする方法

筆者は7章の実行確認を、i5-8365U 1.6GHz 4コア、16GB メモリを備えたWindows 10 ノートPCで行っています。網羅検証ではたくさんの計算を行いますので、皆さんのマシン環境によっては、数日たっても計算が終わらず、実行結果が表示されないかもしれません。その場合は、XGBoostモデルのサイズを小さくすることで、網羅検証にかかる時間を短くできます。

具体的には、XGBoostモデルを構成する決定木の数を減らしたり、それら決定木の最大の深さの設定値を減少させたりします。そのためには、XGBoostモデルの学習を行うソースコードを変更した後、3.4.3項で実施したモデルの学習を再度実行する必要があります。3.4.3項で学習に使ったソースコードは、以下でしたね。

[location/tools/model/housesales/xgboost/train_housesales_xgboost.py]

では、このファイルを開いてみてください。14行目と15行目に以下のような記述が見つかると思います。

```
_MAX_D = 3
_N_EST = 100
```

_MAX_Dは決定木の深さの最大値を表し、_N_ESTは決定木の数を表します。これらの値を例えば、以下のように変更します。

```
_MAX_D = 2
_N_EST = 50
```

このように変更したら、train_housesales_xgboost.pyを保存してから、再度XGBoostモデルの学習を行いましょう。3.4.3項でも述べたとおり、以下のコマンドで学習を実行します。

```
>cd location/tools/model/housesales/xgboost
>python train_housesales_xgboost.py
```

学習が終わると、XGBoostモデルの保存ファイルである「location/tools/model/housesales/xgboost/model_housesales_xgboost.pkl」が上書きされますので、再度「run_housesales.py」を実行してみてください。検証結果が表示されるようになったでしょうか。

このように、学習済みモデルのサイズを小さくすると、網羅検証にかかる時間も短くなりますが、その分、推論の精度が低下する可能性があることに注意してください。極端な話、XGBoostモデルを構成する決定木の数が1本であれば網羅検証はごく短い時間で完了するはずですが、そのような単純なモデルでは、正しい推論結果を導くのは難しいでしょう。

7.2.2. 学習済みモデルから論理式への変換

XGBoostモデルの構成

7.1.2項で述べたように、網羅検証では学習済みモデルを論理式に変換して検証します。変換は検証ツールが機械的に行うので人が介入する必要はありませんが、この項ではXGBoostモデルを論理式に変換する方法の概要を説明します。

1つのXGBoostモデルは、一般に多数の決定木から構成されます。簡単のため、2つの決定木から構成されるモデルの例を図7-3に示します。図の○はノード、△はリーフを表し、○から○あるいは△を結ぶ矢印はエッジを表します。エッジには方向性があり、始点と終点を持ちます。決定木の最上位にあるノードがルートノードで、1つの決定木に1つだけあり、エッジの始点にはなりますが終点にはなりません。また、リーフにはウェイト[10]が対応付けられています。図7-3では、リーフの下の数字がウェイトを表します。

【図7-3】学習済みモデルの例

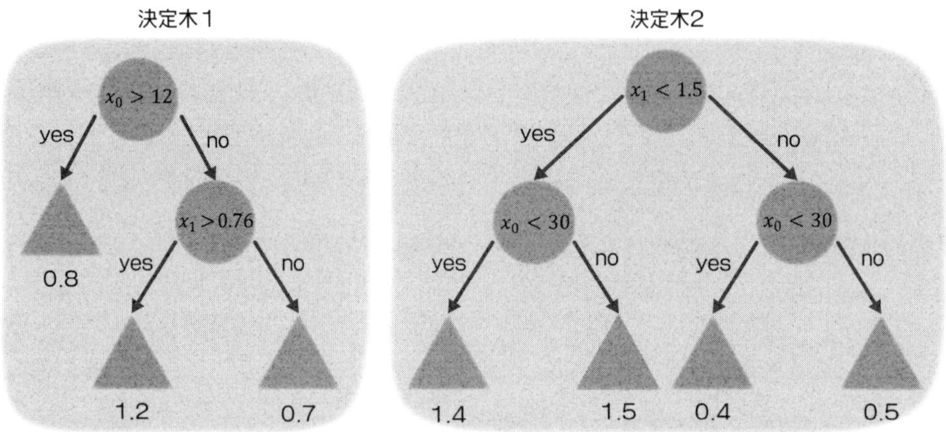

k番目の決定木のノードの集合を$N^{(k)}$、ルートノードを$n_0^{(k)}$、リーフの集合を$L^{(k)}$とします。エッジの集合$E^{(k)}$は、ノードと、ルートノードを除くノードまたはリーフ、の対です。

$$E^{(k)} \subseteq \{ < m^{(k)}, n^{(k)} > \mid m^{(k)} \in N^{(k)} \wedge n^{(k)} \in ((N^{(k)} - \{n_0^{(k)}\}) \cup L^{(k)}) \}$$

以下では、エッジ$< m^{(k)}, n^{(k)} > \in E^{(k)}$について、ノード$m^{(k)}$を始点とし、$n^{(k)}$を終点とします。決定木では、すべてのノードはいずれかのエッジの始点でなければなりません。

10　「weight」という用語は、XGBoostモデルとDNNモデルでは異なる意味に使われる。本書ではXGBoostモデルの方を「ウェイト」、DNNモデルの方は「重み」と表記して区別する。

$$\forall m^{(k)} \in N^{(k)}.(\exists n^{(k)} \in (N^{(k)} \cup L^{(k)}). < m^{(k)}, n^{(k)} > \in E^{(k)})$$

また、ルートノードを除くすべてのノードとリーフは、いずれかのエッジの終点です。

$$\forall n^{(k)} \in ((N^{(k)} - \{n_0^{(k)}\}) \cup L^{(k)}).(\exists m^{(k)} \in N^{(k)}. < m^{(k)}, n^{(k)} > \in E^{(k)})$$

始点の異なるエッジが、同じ終点を共有することはありません。

$$\forall < m_1^{(k)}, n_1^{(k)} >, < m_2^{(k)}, n_2^{(k)} > \in E^{(k)}.(m_1^{(k)} \neq m_2^{(k)} \rightarrow n_1^{(k)} \neq n_2^{(k)})$$

決定木は非循環的（acyclic）なので、どのノードから始めてどのようにエッジをたどっても、始点から終点へと矢印のとおりにたどる限り、もとのノードへは戻りません。

$$\forall m^{(k)} \in N^{(k)}. < m^{(k)}, m^{(k)} > \notin E^{(k)^+}$$

ここで$E^{(k)^+}$は、$E^{(k)}$のエッジを組み合わせてできる全ての対の集合であり、$E^{(k)}$の「推移閉包」と呼ばれます。正確に述べると、$E^{(k)^+}$は下記を満たす対の集合$E^{(k)'}$のうち、最小($E^{(k)^+} \subseteq E^{(k)'}$)のものです。

- $E^{(k)} \subseteq E^{(k)'}$
- $< m^{(k)}, n^{(k)} > \in E^{(k)'} \wedge < n^{(k)}, o^{(k)} > \in E^{(k)'} \rightarrow < m(k), o(k) > \in E^{(k)'}$

ルートノードからエッジをたどると、いずれか1つのリーフに到達します。ルートノードからリーフまでのエッジの列を「パス」と呼びます。決定木ではパスと到達するリーフは1対1に対応しており、異なるパスが同じリーフに到達することはありませんし、1つのパスが異なるリーフに到達することもありません。そこで、パスとリーフを同一視して、決定木$\boldsymbol{k}$のルートノード$\boldsymbol{n_0^{(k)}}$から$\boldsymbol{i}$番目のリーフ$\boldsymbol{l_i^{(k)}} \in L^{(k)}$に到達するパスを$\boldsymbol{q_i^{(k)}}$と表します。ルートノードと$\boldsymbol{i}$番目のリーフの間にあるノードを順に$\boldsymbol{n_{i_1}^{(k)}}, \boldsymbol{n_{i_2}^{(k)}}, \ldots \boldsymbol{n_{i_m}^{(k)}}$とすると、$\boldsymbol{q_i^{(k)}}$は$\boldsymbol{n_0^{(k)}}$から$\boldsymbol{l_i^{(k)}}$に至る下記のエッジ列です。

$$< n_0^{(k)}, n_{i_1}^{(k)} >, < n_{i_1}^{(k)}, n_{i_2}^{(k)} >, \ldots, < n_{i_m}^{(k)}, l_i^{(k)} >$$

決定木の各ノードには入力データの値に関する決定条件が対応付いており、入力データに対して決定条件が満たされる場合にはyesのラベルの付いたエッジに、満たされない場合にはnoのラベルの付いたエッジに分岐して、下位のノードに進みます。下位のノードでも同様に決定条件による振り分けが行われるので、ルートノードから始めて入力データにしたがって振り分けを行うと、1つのリーフに到達します。リーフにはウェイトが対応付いており、入力データに対して選ばれたリーフに対応付けられているウェイトが、その決定木の推論結果です。XGBoostモデルの推論結果は、このようにして選ばれたウェイトを全ての決定木について足し合わせた値です。

図7-3の学習済みモデルでは、例えば入力データ$\boldsymbol{x_0}$が15、$\boldsymbol{x_1}$が2のとき、決定木1は左端のリー

フに到達してウェイトは0.8、決定木2は左から3番目のリーフに到達してウェイトは0.4なので、入力データ$x_0 = 15$および$x_1 = 2$に対する学習済みモデルの推論結果は1.2です。

論理式への変換

学習済みモデルから論理式への変換では、学習済みモデルを入力データと推論結果の間の関係$F(x, y)$とみなして、$F(x, y)$を論理式で表します。XGBoostモデルでは、ノードmに対応付けられた決定条件を$dc(m)$とすると、ノードmに入力データが与えられたとき、エッジ$< m, n >$が選ばれる条件$e_{m,n}$は以下です。

$$e_{m,n} = \begin{cases} dc(m), & \text{エッジ} < m, n > \text{のラベルが yes のとき} \\ \neg dc(m), & \text{エッジ} < m, n > \text{のラベルが no のとき} \end{cases}$$

これをエッジの列であるパスに拡張すると、決定木kで入力データxに対してリーフ$l_i^{(k)}$に到達するパス$q_i^{(k)}$が選ばれる条件は以下となります。

$$e_{n_0^{(k)},\ n_{i_1}^{(k)}} \wedge e_{n_{i_1}^{(k)},\ n_{i_2}^{(k)}} \wedge \ldots \wedge e_{n_{i_m}^{(k)},\ l_i^{(k)}}$$

リーフ$l_i^{(k)}$に対応付いているウェイトを$w_i^{(k)}$とすると、パス$q_i^{(k)}$についての入力データxと決定木kの推論結果$y^{(k)}$の関係$f_i^{(k)}$は以下です。記号「⇔」は、7.1.2節のコラムにも出てきましたが、「同値」を表します。

$$f_i^{(k)}(x, y^{(k)}) \Leftrightarrow \left(\left(\bigwedge_{j=0}^{m} e_{n_{i_j}^{(k)}, n_{i_{j+1}}^{(k)}} \right) \to y^{(k)} = w_i^{(k)} \right)$$

ここで、$\bigwedge_{j=0}^{m}$は$\wedge$の後ろの式のjが0からmまでの論理積を表し、$n_{i_0}^{(k)}$はルートノード$n_0^{(k)}$、$n_{i_{m+1}}^{(k)}$はリーフ$l_i^{(k)}$とします。入力データxに対してパス$q_i^{(k)}$が選ばれるとき、つまり「→」の左辺が真のとき、$y^{(k)}$ の値が $w_i^{(k)}$ であれば$f_i^{(k)}(x, y^{(k)})$は真になります。一方、入力データxに対してパス$q_i^{(k)}$が選ばれないとき、「→」の左辺が偽なので右辺が真でも偽でも$f_i^{(k)}(x, y^{(k)})$は真になり、$y^{(k)}$の値は確定しません。

入力データが与えられたとき、決定木のパスが必ずただ1つだけ選ばれて、推論結果が決まります。決定木kについて入力データxに推論結果$y^{(k)}$を対応付ける論理式$F^{(k)}$は、リーフに到達する全てのパスについての下記の論理積です。

$$F^{(k)}(x, y^{(k)}) \Leftrightarrow \bigwedge_{i=1}^{L} f_i^{(k)}(x, y^{(k)})$$

ここで、Lは決定木kのリーフの数です。パスは必ず1つだけ選ばれるので、1つの入力データに対して$y^{(k)}$の値が1つ決まることに注意してください。

最終的な推論結果は各決定木の推論結果を足し合わせたものなので，入力データxとの関係は次の

0 1 2 3 4 5 6 7

ようになります。

$$F(x,y) \Leftrightarrow \left(\bigwedge_{k=1}^{K} F^{(k)}\left(x,y^{(k)}\right)\right) \wedge \left(y = \sum_{k=1}^{K} y^{(k)}\right)$$

ここで、Kは決定木の数、yはXGBoostモデルの推論結果です。

変換の例

一例として、図7-3の学習済みモデルを論理式に変換する手順を示します。まず、決定木1をパスに分解すると、入力データx_0, x_1と推論結果$y^{(1)}$の間の関係が以下のように機械的に抽出できます。ここで、リーフは左から順に1、2、3とします。

$$f_1^{(1)}(x_0,x_1,y^{(1)}) \Leftrightarrow x_0 > 12 \rightarrow y^{(1)} = 0.8$$
$$f_2^{(1)}(x_0,x_1,y^{(1)}) \Leftrightarrow \neg(x_0 > 12) \wedge (x_1 > 0.76) \rightarrow y^{(1)} = 1.2$$
$$f_3^{(1)}(x_0,x_1,y^{(1)}) \Leftrightarrow \neg(x_0 > 12) \wedge \neg(x_1 > 0.76) \rightarrow y^{(1)} = 0.7$$

したがって、決定木1は入力データと推論結果の間の関係として、次のように論理式で表せます。

$$\begin{aligned} F^{(1)}\left(x_0,x_1,y^{(1)}\right) \Leftrightarrow & \left(x_0 > 12 \rightarrow y^{(1)} = 0.8\right) \wedge \\ & (\neg(x_0 > 12) \wedge (x_1 > 0.76) \rightarrow y^{(1)} = 1.2) \wedge \\ & (\neg(x_0 > 12) \wedge \neg(x_1 > 0.76) \rightarrow y^{(1)} = 0.7) \end{aligned}$$

決定木2についても、推論結果を$y^{(2)}$として、同様の手順で以下の式を抽出できます。

$$f_1^{(2)}\left(x_0,x_1,y^{(2)}\right) \Leftrightarrow x_1 < 1.5 \wedge x_0 < 30 \rightarrow y^{(2)} = 1.4$$
$$f_2^{(2)}\left(x_0,x_1,y^{(2)}\right) \Leftrightarrow x_1 < 1.5 \wedge \neg(x_0 < 30) \rightarrow y^{(2)} = 1.5$$
$$f_3^{(2)}(x_0,x_1,y^{(2)}) \Leftrightarrow \neg(x_1 < 1.5) \wedge x_0 < 30 \rightarrow y^{(2)} = 0.4$$
$$f_4^{(2)}(x_0,x_1,y^{(2)}) \Leftrightarrow \neg(x_1 < 1.5) \wedge \neg(x_0 < 30) \rightarrow y^{(2)} = 0.5$$

したがって決定木2は、以下になります。

$$\begin{aligned} F^{(2)}\left(x_0,x_1,y^{(2)}\right) \Leftrightarrow & (x_1 < 1.5 \wedge x_0 < 30 \rightarrow y^{(2)} = 1.4) \wedge \\ & (x_1 < 1.5 \wedge \neg(x_0 < 30) \rightarrow y^{(2)} = 1.5) \wedge \\ & (\neg(x_1 < 1.5) \wedge x_0 < 30 \rightarrow y^{(2)} = 0.4) \wedge \\ & (\neg(x_1 < 1.5) \wedge \neg(x_0 < 30) \rightarrow y^{(2)} = 0.5) \end{aligned}$$

学習済みモデル全体の推論結果をyとすると、入力データと推論結果の間の関係は次のようになり、決定木から機械的な手順で論理式に変換できます。

$$
\begin{aligned}
F(x_0,x_1,y) \Leftrightarrow\ & F^{(1)}(x_0,x_1,y^{(1)}) \land F^{(2)}(x_0,x_1,y^{(2)}) \land y = y^{(1)} + y^{(2)} \\
\Leftrightarrow\ & (x_0 > 12 \to y^{(1)} = 0.8) \land \\
& (\neg(x_0 > 12) \land x_1 > 0.76 \to y^{(1)} = 1.2) \land \\
& (\neg(x_0 > 12) \land \neg(x_1 > 0.76) \to y^{(1)} = 0.7) \land \\
& (x_1 < 1.5 \land x_0 < 30 \to y^{(2)} = 1.4) \land \\
& (x_1 < 1.5 \land \neg(x_0 < 30) \to y^{(2)} = 1.5) \land \\
& (\neg(x_1 < 1.5) \land x_0 < 30 \to y^{(2)} = 0.4) \land \\
& (\neg(x_1 < 1.5) \land \neg(x_0 < 30) \to y^{(2)} = 0.5) \land \\
& y = y^{(1)} + y^{(2)}
\end{aligned}
$$

7.2.3. 網羅検証ツールのしくみ

処理の流れ

網羅検証では、入力データの上下限値、論理式に変換した学習済みモデル、前提条件、検証性質の否定を論理積で結合し、全体が真になる入力データと推論結果の値を反例として探索します。このため網羅検証ツールは、次の処理を行う部分から構成されます。

- 入力データの名前と型、上下限値の解析
- 学習済みモデルから論理式への変換
- 前提条件の解析
- 検証性質の解析

学習済みモデルの変換では、網羅検証ツールはXGBoostモデルをjson形式の木構造データの集まりに変換してから構造を解析し、論理式に変換します。得られた論理式はSMTソルバに送られて、ほかの制約条件と合わせて充足可能性が検査されます。この過程で網羅検証ツールは、学習済みモデルで使われている入出力データ名を、SMTソルバが処理しやすい変数名に付け替えます。

網羅検証ツールは、設定ファイルと学習済みモデルへのパスをパラメータとして受け取り、以下の処理を行います。

1. 設定ファイルの処理

   パラメータとして与えられるパスから設定ファイルを読み込む。

   入出力データ定義ファイル、前提条件ファイル、検証性質ファイルへのパスを得る。

2. 入出力データ定義ファイルの処理

入出力データ定義ファイルを読み込む。

SMTソルバが使う変数名を生成し、型情報を付与する。

入力データの上下限値を論理式に変換し、SMTソルバに入力する。

3. 学習済みモデルのロード

パラメータとして与えられるパスから学習済みモデルを読み込む。

学習済みモデルをダンプしてjson形式の木構造データの並びに変換する。

木構造データに現れる入力データの名前を、SMTソルバが使う変数名で置き換える。

4. 木構造データから論理式への変換

リーフへのパスとウェイトを論理式に変換して、パスの論理式を作る。

パスの論理式を論理積で結合して、決定木の論理式を作る。

決定木の論理式を論理積で結合し、推論結果の計算式と組み合わせて、学習済みモデルに対応する論理式を作る。

論理式をSMTソルバに入力する。

5. 前提条件ファイルの処理

前提条件ファイルを読み込む。

前提条件を論理式に変換し、SMTソルバに入力する。

6. 検証性質ファイルの処理

検証性質ファイルを読み込む。

検証性質を論理式に変換し、否定をとって、SMTソルバに入力する。

7. 充足可能性の探索

SMTソルバを起動し、入力された論理式の充足可能性を検査する。SMTソルバは入力された論理式を論理積で結合し、全体を真にする変数値を探索する。

入出力データ定義の処理

入出力データ定義ファイルには変数に関する情報が書かれていますので、ファイルを読み込んで以下のリストを作ります。

- 入力データの名前のリスト
- 推論結果の名前のリスト
- 入力データの型のリスト
- 入力データの上限値のリスト

・入力データの下限値のリスト

このとき、入力データについて、名前、型、上限値、下限値の各リストのインデックスを一致させておきます。例えば、入力データf0の名前リストのインデックスが1であれば、f0の型は型リストのインデックス1に、f0の上限値は上限値リストのインデックス1に、f0の下限値は下限値リストのインデックス1に格納します。

入出力データ定義の処理では、これらのリストをもとに以下を行います。

・SMTソルバで処理する変数名を生成し、型情報とともに管理する。
・入力データの上下限値をSMTソルバに入力する論理式に変換する。

入力データの変数名の生成は機械的に行い、inputNとします。ここで、Nはもとの入力データの名前リストのインデックスです。生成した変数名は、もとの入力データと同じインデックスをつけてリストにします。このことにより、入力データの名前、生成した変数名、型、上限値、下限値が、インデックスを介して結び付けられます。推論結果については、浮動小数点型として、変数名をoutputとします。

上下限値の変換では、上限値のリストからは次の述語を作り、SMTソルバに入力します。

変数名 <= 上限値

下限値のリストについても同様に、次の述語を作ってSMTソルバに入力します。

変数名 >= 下限値

検証条件の処理

前提条件と検証性質は述語論理式に相当する記法を使って書かれていますので、SMTソルバが処理できる形式に変換するのは容易です。前提条件は、次のように処理します。

1. 前提条件ファイルの内容を構文解析し、入力データと推論結果の名前をSMTソルバが使う変数名に置き換えて、論理式に変換する。
2. 論理式をSMTソルバに入力する。

検証性質についても、基本的に前提条件と同じ処理を行います。ただし、SMTソルバに入力する式は、検証性質の否定です。

1. 検証性質ファイルの内容を構文解析し、入力データと推論結果の名前をSMTソルバが使う変数名に置き換えて、論理式に変換する。
2. 変換した論理式の否定をSMTソルバに入力する。

学習済みモデルから論理式への変換処理

学習済みモデルから論理式への変換では、まず、与えられた学習済みモデルを構成する複数の決定木を個々にダンプして、json形式の木構造データの並びで表現します。さらに、入力データの名前を、入出力データ定義の処理で生成した変数名に置き換えたのち、木構造データをたどって論理式を生成します。

ダンプした決定木は、次のようなjson形式の木構造データで表現されます。

```
{"nodeid": ノードID,
 "split": 入力データ,
 "split_condition": 条件,
 "yes": 分岐先サブツリーのノードID.
 "no": 分岐先サブツリーのノードID,
 "children": サブツリーの並び }
```

サブツリーは、木構造データまたはリーフです。リーフは次のように表現されます。

```
{"nodeid": ノードID,
 "leaf": ウェイト}
```

学習済みモデルはこのような木構造データの並びにダンプされます。

[　木構造データ，木構造データ，　...　]

木構造データとサブツリー、ノードとリーフの関係を図7-4に示します。

木構造データから論理式への変換とSMTソルバへの入力は、木構造データの最上位ノードから順にパスをたどり、ノードで分岐が起こるたびに、分岐先サブツリーについて処理を再帰的に呼び出して行います。この処理の概要を次のadd_constraintsに示します。ここで、引数out_varは決定木の推論結果の変数名、treeは論理式に変換する木構造データまたはリーフ、antecedentはそれまでにたどったエッジが選ばれる条件である述語の並びです。

【図7-4】決定木のjson表現

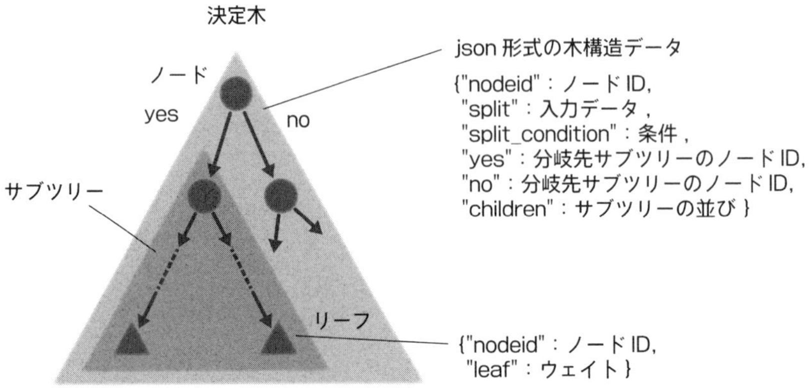
決定木
ノード
yes
no
サブツリー
リーフ
json 形式の木構造データ
{"nodeid"：ノード ID,
"split"：入力データ，
"split_condition"：条件，
"yes"：分岐先サブツリーのノード ID,
"no"：分岐先サブツリーのノード ID,
"children"：サブツリーの並び }
{"nodeid"：ノード ID,
"leaf"：ウェイト }

```
add_constraints(out_var, tree, antecedent):
tree がリーフでないとき，全てのサブツリーについて以下を行う
    サブツリーのノードIDが，yesの項目に指定された分岐先サブツリーのノードIDならば，
        antecedentに述語　変数名 < 条件　を追加する
        out_var，サブツリー，述語を追加したantecedentを引数としてadd_constraintsを再帰的に呼び出す
    サブツリーのノードIDが，no の項目に指定された分岐先サブツリーのノードIDならば，
        antecedentに述語　変数名 >= 条件　を追加する
        out_var，サブツリー，述語を追加したantecedentを引数としてadd_constraintsを再帰的に呼び出す
tree がリーフのとき，以下を行う
    antecedentの述語を論理積でつなぎ，パスの論理式を作る
    SMTソルバに「パスの論理式 => out_var == ウェイト」を入力する
```

学習済みモデルを論理式へ変換しSMTソルバに入力する処理では、上記の木構造データから論理式への変換とSMTソルバへの入力を、学習済みモデルを構成するすべての決定木について行います。また、XGBoostモデルの推論結果は決定木の推論結果の和なので、推論結果と個々の決定木の推論結果の和が等価であることをSMTソルバに入力します。処理の概要を下記にまとめておきます。

```
木構造データの並びにあるすべての木構造データについて，以下を行う
    並びのインデックスから，木構造データごとの推論結果の名前を生成する
    木構造データごとの推論結果の名前 (out_var)、木構造データ (tree)、空列 (antecedent) を引数としてadd_constraints
    を呼び出す
SMTソルバに　推論結果の変数名==木構造データごとの推論結果の名前を加法演算子で結合した式　を入力する
```

7.3 検証性質を満たさない入力データ範囲の探索

7.2節で解説したXGBoostモデルの網羅検証は、指定した範囲の入力データについて、学習済みモデルが必ず検証性質を満たすことを確かめる方法でした。この節では、学習済みモデルが検証性質を満たさない場合に、「検証性質を満たさない入力データの範囲」を特定する方法、すなわち「条件非適合範囲の探索」について解説します。7.2節の網羅検証において、例題の学習済みモデルに反例が存在した検証性質について、どのような範囲の入力データで検証性質が満たされなかったのかを、ツールを使った検証で明らかにします。

7.3.1. 例題モデルの条件非適合範囲の探索

条件非適合範囲の探索でできること

網羅検証では、指定した入力データの範囲内では必ず検証性質が満たされることを検証します。したがって、例えば安全性にかかわる性質を検証性質として網羅検証を行うと、安全性の保証につなげることができます。もし検証性質が満たされない場合には、ツールは反例を見つけた時点で「検証性質が満たされない」と判定し、反例を出力します。反例はどのような入力データに対して検証性質が満たされないかを具体的に示すので、学習済みモデルの再学習やAIシステム全体の設計に有益な情報となります。

一方、検証性質が満たされないときには、多数の反例を列挙するよりも、反例が存在する入力データの範囲を大きく把握するほうが有効な場合もあります。そのような入力データの範囲を除いた入力データであれば、検証性質が満たされることを保証できるからです。

例えば、住宅価格を予測する学習済みモデルの網羅検証では、下記の検証性質は満足されませんでした。

「居住面積が7000平方フィート以上ならば予測価格は50万ドル以上」

条件非適合範囲の探索では、この検証性質が満たされないのは、構造とデザインのグレードが1から11のときであり、12以上の高グレードの住宅なら検証性質が満たされることが分かります。

条件非適合範囲の探索においては、反例をもとに、入力データの範囲を区切って段階的に探索範囲を拡張し、拡張した範囲内に新たな反例が存在すれば、その範囲を条件非適合範囲に加えます。探索の結果として出力される条件非適合範囲は、各入力データの値の範囲の組です。この中には、検証性質を満たさない入力データが少なくとも1つ含まれています。入力データがxとyの2つのとき、条件非適合範囲は、例えば次のように出力されます。

$$100 \leq x \leq 200, \qquad 50 \leq y \leq 60$$

これはxの値が100以上200以下であり、かつ、yの値が50以上60以下の範囲の中に、反例が存在することを示します。一方、入力データの範囲の区切り方は「ずれ」を伴うので、反例の中にxの値が100のものと200のもの、yの値が50のものと60のものが含まれていることを意味するわけではないことに注意してください。

区切り方は、設定ファイルのパラメータsearch_range_ratioで指定します。各入力データについて、入力データの上限値と下限値の差をsearch_range_ratioで割った値が、1回の探索で加えられる条件非適合範囲です。したがって、search_range_ratioの値を大きくすれば、小刻みに条件非適合範囲が探索され拡張されることになり、範囲特定の精度が上がります。

設定ファイルの内容

条件非適合範囲を探索するには、設定ファイルのextract_rangeフラグを「true」にします。このときツールは、まず網羅検証を行い、検証性質が満たされない（つまり反例がある）場合には、続けて条件非適合範囲を探索します。設定ファイルに記載する項目のうち、条件非適合範囲の探索にかかわるものは以下です。

【表7-3】設定ファイルにおいて条件非適合範囲の探索にかかわる記載項目

キー	要否	意味
data_list_path	必須	入出力データ定義ファイルへのパス
prop_path	必須	検証性質ファイルへのパス
cond_path	オプション	前提条件ファイルへのパス。省略時には、入出力データ定義ファイルで指定した入力データの値範囲について網羅検証を行う
search_range_ratio	オプション	探索範囲を拡張する単位。入出力データ定義ファイルで指定した入力データの値範囲をsearch_range_ratioで割った値を拡張単位とする。デフォルト値は100
extract_range	オプション	trueのとき、網羅検証に続けて範囲探索を行う。省略時のデフォルト値はfalseなので、範囲探索を行う際には"extract_range"：trueと記載する
system_timeout	オプション	ツール起動時から数えて、範囲探索処理を打ち切るまでの時間（秒）。デフォルト値は「無制限」
search_timeout	オプション	探索範囲内の網羅検証を打ち切るまでの時間（秒）。一つの探索範囲内の網羅検証が終わったあと、その検証時間がこの値を超えていたら、それ以降の探索範囲の拡張は行わずに範囲探索処理を終了する。デフォルト値は「無制限」

条件非適合範囲の探索では、search_range_ratioで指定された探索範囲ごとに反例を探索する処理を繰り返すため時間がかかり、長時間待っても処理が終わらないことがあります。探索範囲

内の網羅検証時間を基準にして、探索範囲の拡張処理を打ち切るまでの時間は、search_timeoutの項目で指定することができます。さらに、条件非適合範囲の探索処理を中止するまでの時間は、system_timeoutの項目で指定できます。処理を打ち切ると、条件非適合範囲の探索結果は得られません。search_range_ratioの値を小さくすると、1回の探索範囲が大きくなって反例が見つけやすくなり、探索範囲内に反例がある場合には処理時間が短くなります。その半面、探索範囲が粗くなるので、得られる条件非適合範囲の精度は低くなります。

条件非適合範囲探索の実行例

網羅検証では「居住面積が7000平方フィート以上ならば予測価格は50万ドル以上」という検証性質が満たされないことを検証できたので、条件非適合範囲の探索では、「どのような入力データ範囲について満たされないか」を調べます。まず、7.2.1項で使った設定ファイルconfig.jsonのextract_rangeの項目をtrueに書き換えます。また、search_range_ratioを100にして書き加えました。

```
{
"search_range_ratio": 100,
"data_list_path": "./input_output.json",
"prop_path": "./property/property.txt",
"cond_path": "./condition/condition.txt",
"extract_range": true
}
```

ターミナルから次のように入力すると網羅検証ツールが起動し、網羅検証に続けて条件非適合範囲の探索が行われます。ここで、locationはtoolsフォルダへのパスを表します。

```
> cd location/tools/xgb_verification/example/housesales/
> python run_housesales.py
```

実行結果は、例えば次のようになります。

```
search_range_ratio : 100
data_list_path     : location/tools/xgb_verification/example/housesales/input_output.json
prop_path          : location/tools/xgb_verification/example/housesales/property/property.txt
cond_path          : location/tools/xgb_verification/example/housesales/condition/condition.txt
```

```
system_timeout : None
search_timeout : None

Verification starts
Violation found: 1
f0:7000
f1:0
f2:520
f3:1
f4:1
f5:290
f6:0
y: -479061.58692812

Range extraction starts
Violation
Range:
  f0 : 7000 <= to <= 13540
  f1 : 0 <= to <= 33
  f2 : 520 <= to <= 1651359
  f3 : 1 <= to <= 5
  f4 : 1 <= to <= 11
  f5 : 290 <= to <= 9410
  f6 : 0 <= to <= 4820

Verification starts
No violation found

The number of violation ranges is 1

===============Result===============
# 0
Violation
Range:
  f0 : 7000 <= to <= 13540
  f1 : 0 <= to <= 33
  f2 : 520 <= to <= 1651359
  f3 : 1 <= to <= 5
  f4 : 1 <= to <= 11
  f5 : 290 <= to <= 9410
  f6 : 0 <= to <= 4820

Number of executions of SMT solver : 590
SMT solver run time (s) : 2952.9510412216187
Total run time (s) : 2954.775883436203
====================================
```

この結果は、以下の条件が同時に成立しているときには、「居住面積が7000平方フィート以上ならば予測価格は50万ドル以上」であることが保証できないことを表します。

- 居住面積が7000平方フィート以上、13540平方フィート以下
- 寝室の数が0から33
- 土地面積が520平方フィート以上、1651359平方フィート以下
- 建物の状態が1から5
- 構造とデザインのグレードが1から11
- 地上階の面積が290平方フィートから9410平方フィート
- 地下室の面積が0平方フィート以上、4820平方フィート以下

条件非適合範囲が広く見えますが、構造とデザインのグレードは1から13までの13段階なので、グレードが12と13の住宅については、「居住面積が7000平方フィート以上ならば予測価格は50万ドル以上」であることが保証できそうです。つまり、この検証性質はグレードが高い住宅について成立することが、条件非適合範囲の探索によって分かります。

XGBoost網羅検証ツールによる条件適合範囲の確認

念のため、前提条件ファイルcondition.txtの内容を次のように書き換えて、網羅検証を行ってみましょう。

f0 >= 7000 && f4 >= 12

今度は下記の検証性質が満たされます。

y >= 500000

そのためツールは、下記を出力します。

```
Verification starts
No violation found

The number of violation ranges is 0
```

7.3.2. 条件非適合範囲探索ツールのしくみ

条件非適合範囲の探索処理の流れ

条件非適合範囲の探索は、網羅検証で見つかった反例を起点にして各入力データの値の範囲を順

次拡張し、検証性質が満足されない値の範囲を調べます。このとき、入力データの上限値と下限値の差を設定ファイルのパラメータsearch_range_ratioで割った値を1回の拡張範囲とし、入力データの値を増加方向と減少方向に拡張して反例を探索します。もし、探索範囲内に反例が見つかれば、探索した範囲を条件非適合範囲に加え、反例が見つからなければ、探索した範囲を条件適合範囲に加えます。

探索範囲拡張処理extract_rangeの概要を以下に示します。ここで、引数のceは網羅検証で見つかった反例です。

```
extract_range(ce):
ceを条件非適合範囲の初期値とする
条件適合範囲の初期値を空とする
条件非適合範囲が更新されなくなるまで，以下の処理を繰り返す
  全ての入力データについて，以下を行う
    条件非適合範囲から入力データ値の増加方向に，探索範囲を設定する
    探索範囲内で反例を探す
      探索範囲内に反例がある場合，探索範囲を条件非適合範囲に加える
      探索範囲内に反例がない場合，探索範囲を条件適合範囲に加える
    条件非適合範囲から入力データ値の減少方向に，探索範囲を設定する
    探索範囲内で反例を探す
      探索範囲内に反例がある場合，探索範囲を条件非適合範囲に加える
      探索範囲内に反例がない場合，探索範囲を条件適合範囲に加える
```

探索範囲拡張処理は1つの反例をもとに条件非適合範囲を拡張し、拡張できなくなったところで処理を停止します。一般に、条件非適合範囲は条件適合範囲で囲まれた複数の範囲に分割されていますので、条件非適合範囲の探索では、探索範囲拡張処理で探索しなかった入力データの値範囲についてさらに網羅検証を行い、残りの反例を探索します。もし反例が見つかれば、その反例を引数にしてextract_rangeを呼び出し、残りの条件非適合範囲を決定します。

探索範囲の拡張処理の例

例として、入力データがf0とf1の2つの学習済みモデルを考えます。このとき、探索範囲拡張は、次のように進行します。

1. 網羅検証で見つかった反例を、条件非適合範囲の初期値とする。
2. 入力データf0について、条件非適合範囲から探索範囲を増加方向と減少方向に拡張して反例を探す。
3. 探索範囲内に反例が見つかった場合、探索した範囲を条件非適合範囲に加える。
   反例が見つからなかった場合には、探索した範囲を条件適合範囲に加える。

4. 入力データf1について、条件非適合範囲から探索範囲を増加方向と減少方向に拡張して反例を探す。
5. 探索範囲内に反例が見つかった場合には、探索した範囲を条件非適合範囲に加える。
   反例が見つからなかった場合には、探索した範囲を条件適合範囲に加える。
6. 上記の2から5を、条件非適合範囲が更新されなくなるまで繰り返す。

条件適合範囲が存在しない場合の条件非適合範囲拡張の概要を、図7-5に示します。図中の白い四角形は探索範囲、黒い四角形は条件非適合範囲を表し、実線の矢印は探索範囲の拡張を表します。

【図7-5】条件非適合範囲の拡張

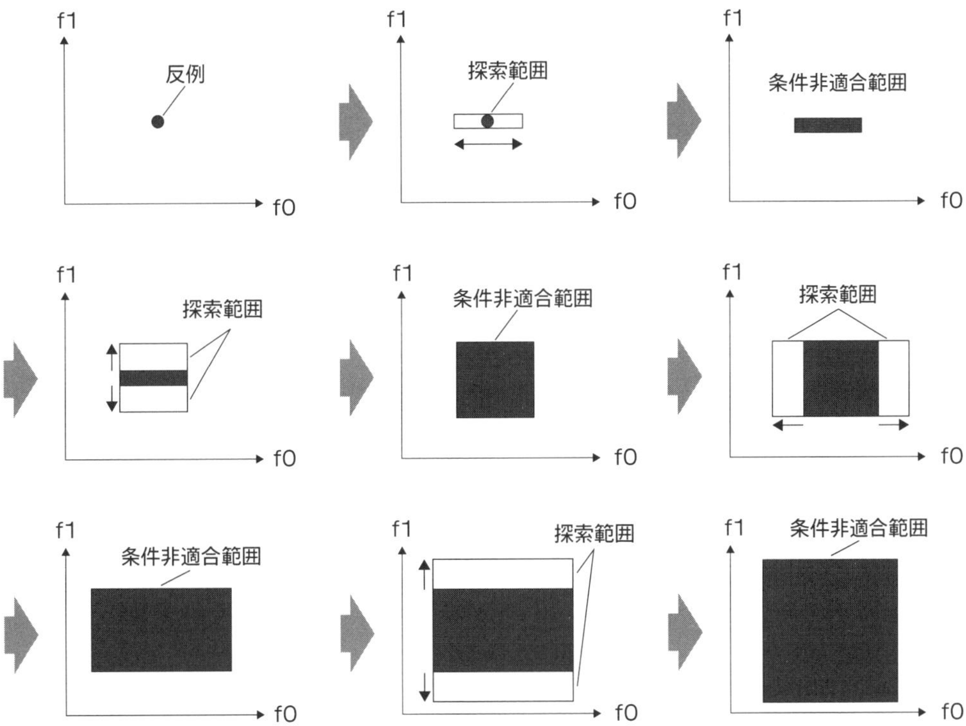

一方、条件非適合範囲と条件適合範囲が混在する場合の条件非適合範囲拡張の概要を、図7-6に示します。これは、入力データf0が一定値以上であれば検証性質が満たされ、そうでない場合には検証性質が満たされないときの例です。

図の灰色の四角形は、条件適合範囲を表します。条件非適合範囲は条件適合範囲を超えて拡張できないので、この場合には未探索の範囲を残して探索範囲拡張処理は終了します。条件非適合範囲の探索では、未探索の範囲については網羅検証を行い、反例が見つかればそれを初期値として探索範囲拡張処理を行います。

なお、図7-6は検証性質の充足性が入力データの値で区切れる場合の例ですが、そうでない場合、つまり条件非適合範囲の中に条件適合範囲が包含されている場合には、条件適合範囲を含めた全体を条件非適合範囲とします。

【図7-6】条件適合範囲がある場合の条件非適合範囲の拡張

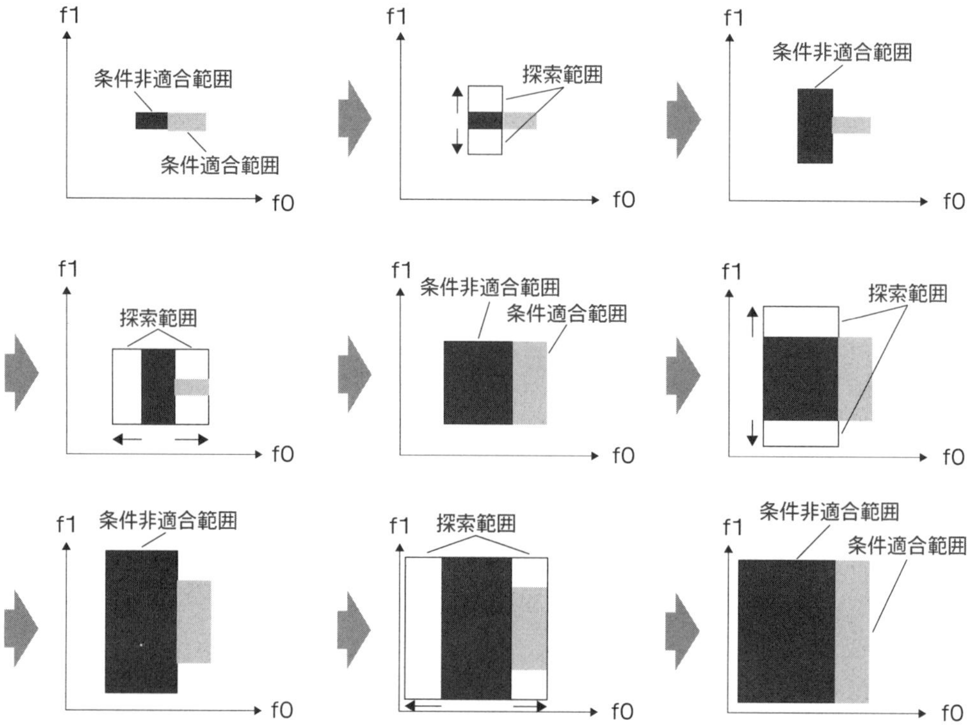

7.4 DNNモデルの網羅検証

ディープニューラルネットワーク（DNN）はデータ間の複雑な相関を効率よく表現できることから、様々な分野への応用が期待されています。この7.4節では、活性化関数ReLU（rectified linear unit）によって結合された複数の中間層を持つ学習済みDNNモデルを題材にして、網羅検証の概要を解説します。以下では、学習済みDNNモデル全般について述べるときは「DNNモデル」、そのインスタンスである学習済みモデルについて述べるときは「学習済みモデル」と呼び分けることにします。

7.2節で行ったXGBoostモデルの網羅検証と同様に、DNNモデルの網羅検証でも、学習済みモデルについて検証したい性質を定めて、それが満たされることを、指定した範囲のすべての入力データに対して機械的に検証していきます。検証したい性質を論理式で表すので、画像を扱うモデルの検証には適しませんが、XGBoostモデルの網羅検証と同等の検証が行えることを、例題を使って示します。また、ツールの使い方についても詳細に説明します。

7.4.1. 例題モデルの網羅検証

網羅検証でできること

7.2節では、XGBoostモデルの網羅検証について説明しました。この節では、同じ学習データを使って学習させた3.4.2項の学習済みモデルについて、7.2節と同じ検証性質を網羅検証します。例題の学習済みモデルは、居住面積、寝室の数、土地面積、建物の状態、構造とデザインのグレード、地上階の面積、地下室の面積の7項目のデータから、住宅価格を予測します。

3.4.2項で見たように、例題の学習済みモデルは入力層、2つの中間層、出力層から構成され、隣り合う層のニューロンの間で入力から出力へ向かって情報を伝達します。入力層の名前はPlaceholder、中間層の名前はReluおよびRelu_1、出力層の名前はAdd_2です。

入力層のニューロンはそれぞれが入力データの項目に対応し、例えば居住面積の値は居住面積に対応するニューロンへ入力されます。入力データは7項目あるので、7個のニューロンが入力層を構成します。出力層のニューロンは推論結果に対応し、住宅価格を出力する1個のニューロンがあります。2つの中間層にはそれぞれ10個のニューロンがあります。中間層1のニューロンは入力層のニューロンから情報を受け取り、中間層2のニューロンへ情報を伝達します。中間層2のニューロンは中間層1のニューロンから情報を受け取り、出力層のニューロンへ情報を伝達します。

検証では、人から見て不適切と思われる推論をDNNモデルがしないことを確認します。7.2節と同様に「居住面積が7000平方フィート以上もある住宅は価格が50万ドル未満であるとは考え難く、もし学習済みモデルが50万ドル未満の価格を予測する場合には推論が誤っている可能性がある」ことを検証するために、以下の前提条件と検証性質を設定して網羅検証ツールを起動します。

・前提条件　　　　：居住面積が7000平方フィート以上
・検証性質　　　　：予測価格は50万ドル以上

このケースでは反例が出力されず、学習済みモデルの推論結果が人の予想に反しないことが分かります。ここで、「検証性質が満たされるから学習済みモデルは正しい」とは言えないことに注意してください。検証性質は人の期待を論理式で表したものなので、「学習済みモデルの推論結果が人の納得できる範囲内にあること」が網羅的に検証できます。

「キングカントリーでは、どのような住宅でも価格が1000万ドル以上であることは考え難い」ことを確かめるためには、前提条件なしで、検証性質を次のようにして網羅検証ツールを起動します。

・検証性質　　　　：予測価格は1000万ドル未満

このケースでも反例は出力されず、「学習済みモデルが想定外に高い価格を予測することはない」ということを確認できます。

検証に必要なファイル

図7-7は、DNNモデルの網羅検証ツールの入出力ファイルの関係です。ツールは、学習済みモデルフォルダに格納されているファイルと設定ファイルへのパスをパラメータとして起動します。

【図7-7】入出力ファイルの関係

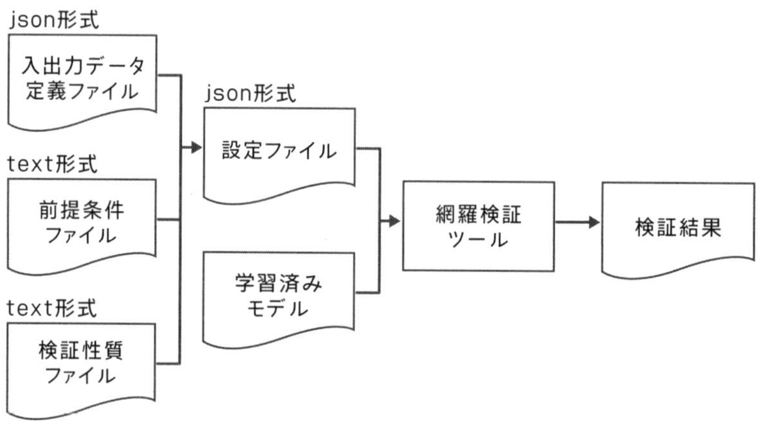

1.　学習済みモデルフォルダ

３章の3.4.2項の手順で作られる、次の一組のファイルがあるフォルダです。

・model_housesales_tensorflow.ckpt.meta：

学習済みモデルのネットワーク構造を格納したファイル

- model_housesales_tensorflow.ckpt.index：
  重みとバイアスを保持する変数の名前を格納したファイル
- model_housesales_tensorflow.ckpt.data-00000-of-00001：
  重みとバイアスの値を格納したファイル
- model_housesales_tensorflow.ckpt_name.json：
  入力層、中間層、出力層の情報を格納したファイル

2. 設定ファイル（json形式）

検証に必要な情報を記載した、以下のファイルへのパスを指定するファイルです。

- 入出力データ定義ファイル（json形式）：
  学習済みモデルの入力データと推論結果の名前を指定する。また、入力データの上限値と下限値も書く。
- 前提条件ファイル（text形式）：
  検証したい入力データの値の範囲を、入力データの名前と論理式を使って指定する。各入力データの値範囲は入出力データ定義ファイルでも指定できるが、前提条件ファイルでは入力データの間の制約も指定することができる。
- 検証性質ファイル（text形式）：
  期待される推論結果の条件を指定する。推論結果に関する条件だが、入力データとの間の制約も必要に応じて指定することができる。

検証結果は、画面に出力されます。

例題ファイルの構成を図7-8に示します。

【図7-8】例題ファイルの構成

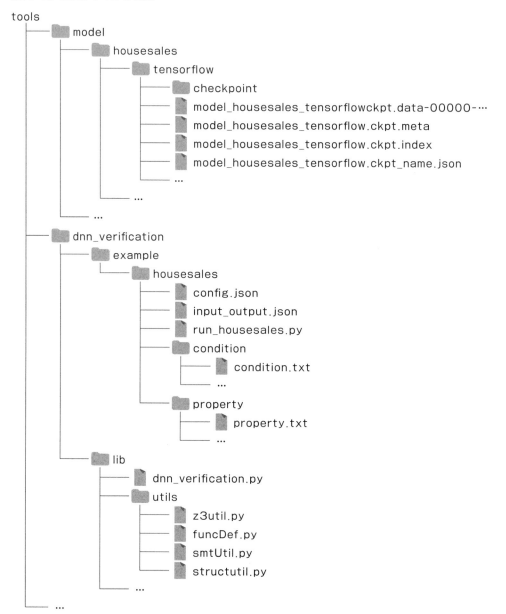

```
tools
├── model
│   ├── housesales
│   │   ├── tensorflow
│   │   │   ├── checkpoint
│   │   │   ├── model_housesales_tensorflowckpt.data-00000-…
│   │   │   ├── model_housesales_tensorflow.ckpt.meta
│   │   │   ├── model_housesales_tensorflow.ckpt.index
│   │   │   ├── model_housesales_tensorflow.ckpt_name.json
│   │   │   └── …
│   │   └── …
│   └── …
├── dnn_verification
│   ├── example
│   │   └── housesales
│   │       ├── config.json
│   │       ├── input_output.json
│   │       ├── run_housesales.py
│   │       ├── condition
│   │       │   ├── condition.txt
│   │       │   └── …
│   │       └── property
│   │           ├── property.txt
│   │           └── …
│   └── lib
│       ├── dnn_verification.py
│       ├── utils
│       │   ├── z3util.py
│       │   ├── funcDef.py
│       │   ├── smtUtil.py
│       │   └── structutil.py
│       └── …
└── …
```

最上位のtoolsフォルダの中には、モデルを格納するmodelフォルダとDNN網羅検証ツールを格納するdnn_verificationフォルダがあります。dnn_verificationの中にはexampleとlibの２つのフォルダがあります。exampleの中には、housesalesフォルダを経由して前提条件を格納するcondition、検証性質を格納するpropertyの２つのフォルダと、入出力データ定義ファイルinput_output.json、設定ファイルconfig.jsonおよびツールの起動スクリプトrun_housesales.pyがあります。

各ファイルの内容を順に説明します。

● 設定ファイル

設定ファイルconfig.jsonには、入出力データ定義ファイル、前提条件ファイル、検証性質ファイルへのパスを書きます。例題のファイルは、設定ファイルからの相対パスで、下記にあります。

- 入出力データ定義ファイル　：./input_output.json
- 検証性質ファイル　：./property/property.txt
- 前提条件ファイル　：./condition/condition.txt

例題の設定ファイルには、これらのファイルへのパスが書かれています。

```
{
"data_list_path": "./input_output.json",
"prop_path":  "./property/property.txt",
"cond_path":  "./condition/condition.txt"
}
```

● 入出力データ定義ファイル

例題の学習済みモデルの入力データは、次の7つです。分かりやすくするため、名前は7.2節の入出力データ定義ファイルのものと一致させました。

f0 ：居住面積（290から13540平方フィート）
f1 ：寝室の数（0から33）
f2 ：土地面積（520から1651359平方フィート）
f3 ：建物の状態（1から5までの5段階）
f4 ：構造とデザインのグレード（1から13までの13段階）
f5 ：地上階の面積（290から9410平方フィート）
f6 ：地下室の面積（0から4820平方フィート）

学習済みモデルは、これらの入力データから住宅価格を予測します。推論結果は予測価格で、次の1つです。

y：価格（ドル）

入出力データ定義ファイルには、これらの名前と対応する入出力ノードの情報を書きます。例題のinput_output.jsonの内容は下記のとおりです。

```
{
  "input": [
        {   "name": "f0",    "layer_name": "Placeholder",
            "upper": 13540,           "lower": 290     },
        {   "name": "f1",    "layer_name": "Placeholder",
            "upper": 33,              "lower": 0       },
        {   "name": "f2",    "layer_name": "Placeholder",
            "upper": 1651359,         "lower": 520     },
        {   "name": "f3",    "layer_name": "Placeholder",
            "upper": 5,               "lower": 1       },
        {   "name": "f4",    "layer_name": "Placeholder",
            "upper": 13,              "lower": 1       },
        {   "name": "f5",    "layer_name": "Placeholder",
            "upper": 9410,            "lower": 290     },
        {   "name": "f6",    "layer_name": "Placeholder",
            "upper": 4820,            "lower": 0       }
  ],
  "output": [
        {   "name": "y",     "layer_name": "Add_2"     }
  ]
}
```

inputのセクションは入力層の情報であり、順に以下が書かれています。

- 入力データの名前（name）
- 入力層の名前（layer_name）
- 値の上限（upper）
- 値の下限（lower）

一方、outputのセクションは出力層の情報であり、以下が書かれています。

- 推論結果の名前（name）
- 出力層の名前（layer_name）

学習済みモデルのニューロンは層の名前で指定しニューロン名は書きませんが、同じ層のニューロンは先頭から順にデータに対応付けられます。例えば、入力データf0には、Placeholder層の先頭のニューロンが対応付けられます。したがって、入出力データ定義ファイルに書く名前の順序は、学習済みモデルの入出力層のニューロンの順序と一致していなければなりません。なお、DNN網羅検証のための入出力データ定義ファイルの記法の詳細を、本章末尾の7.A.2項に掲げておきます。

● 検証性質ファイルと前提条件ファイル

検証性質ファイルと前提条件ファイルの内容は、XGBoostモデルの網羅検証のものと同じです。例題の検証性質ファイルproperty.txtの内容は次のとおりです。

y >= 500000

一方、前提条件ファイルcondition.txtの内容は以下です。

f0 >= 7000

この2つから、以下であることを検証します。

$$f0 \geq 7000 \rightarrow y \geq 500000$$

これは「居住面積が7000平方フィート以上の住宅ならば、予測価格は必ず50万ドル以上である」ことの検証です。前提条件ファイルは省略可能ですが、省略した場合には「前提条件はない」、つまり「いかなる場合でも前提条件は真(記法上はTrue)」と解釈されます。前提条件ファイルと検証性質ファイルの記法は同じであり、まとめて「検証条件ファイルの記法」として7.A.3項に示します。

DNNモデル網羅検証ツールの実行例（反例がないケース）

DNNモデルの網羅検証ツールは、次のファイルへのパスをパラメータとして起動します。

- 学習済みモデルが保存されているファイル
- 設定ファイル（json形式）

run_housesales.pyにはこれらのファイルへのパスが書かれており、3.1節の実行環境のセットアップが済んでいれば、ターミナルから次のように入力すると、網羅検証ツールが起動します。ここで、locationはtoolsフォルダへのパスを表します。

```
> cd location/tools/dnn_verification/example/housesales
> python run_housesales.py
```

実行結果は、例えば次のようになります。

```
prop_path : location/tools/dnn_verification/example/housesales/property/property.txt
cond_path : location/tools/dnn_verification/example/housesales/condition/condition.txt

Verification starts
No violation found
```

7.2節の学習済みモデルの場合とは異なり、この学習済みモデルではNo violation foundと表示されて反例が見つかりませんでした。つまり、3.4.2項で作成した学習済みモデルについて、以下が満たされることを確認できました。

「居住面積が7000平方フィート以上ならば予測価格は50万ドル以上」

これは、一般にXGBoostモデルに比べてDNNモデルが優れていることを意味するわけではありません。同じ学習データを使っても、モデルの構造や学習の進め方など様々な要因で、学習済みモデルの振る舞いは変わります。同種のモデルでも僅かな違いで全く異なる振る舞いをする可能性があるので、検証は個々のインスタンスについて行う必要があります。

DNNモデル網羅検証ツールの実行例（反例があるケース）

反例の出力を確認するために、property.txtの内容を次のように書き換えて、もう一度網羅検証ツールを起動してみます。

y < 500000

これは以下を検証することになるので、必ず反例が存在するはずです。

$$f0 \geq 7000 \rightarrow y < 500000$$

実行結果は、下記のようになりました。

```
prop_path : location/tools/dnn_verification/example/housesales/property/property.txt
cond_path : location/tools/dnn_verification/example/housesales/condition/condition.txt

Verification starts
Violation found
===============Result===============
Violation
f0:7000
f1:0
f2:520
f3:1
f4:3
f5:290
f6:2850
y:1991375.6329356364
====================================
```

反例は、入力データf0が7000、f1が0、f2が520、f3が1、f4が3、f5が290、f6が2850のとき推論結果が1991375.6329356364になり、50万ドルよりも大きくなることを示しています。

DNNモデル網羅検証ツールの実行例（反例がないケース）

次に、XGBoostモデルの網羅検証と同様に、検証性質ファイルproperty.txtの内容を以下のように書き換えて、検証性質ファイルproperty_1.txtを作ります。

$$y < 10000000$$

続けて、設定ファイルconfig.jsonから下記のようにproperty_1.txtを参照するとともに、前提条件ファイルの項目を削除してconfig_1.jsonを作ります。

```
{
"data_list_path": "./input_output.json",
"prop_path": "./property/property_1.txt"
}
```

起動スクリプトrun_housesales.pyは、config_1.jsonを参照するように、config_pathの項目を下記のように書き換えます。

```
config_path = str(example_housesales.joinpath('config_1.json'))
```

続いて、起動スクリプトの名前をrun_housesales_1.pyとして保存し、網羅検証ツールを起動してみます。

```
> python run_housesales_1.py
```

実行結果は次のようになりました。

```
prop_path : location/tools/dnn_verification/example/housesales/property/property_1.txt

Verification starts
No violation found
```

この場合にもNo violation foundと表示され、反例が見つかりませんでした。つまり、この学習済みモデルでは入出力データ定義ファイルに規定された範囲内のどのような住宅についても、「予測価格は1000万ドル未満である」ことを確認できました。

7.4.2. 学習済みモデルから論理式への変換

DNNモデルの構成

ニューラルネットワークは、情報を加工し伝達するニューロンから構成されます。一つ一つのニューロンは比較的単純な機能しか持ちませんが、多数のニューロンが結合してネットワークを構成することで、複雑な情報処理を行うシステムが形成されます。ここでは、ニューラルネットワークを数理的に表現し、入力データと推論結果の間の関係を表す論理式へと変換します。

ニューロンの機能を数理的に表す方法について多くの研究がなされ、様々なアプローチが提案されています[11]。この7.4節ではニューロンの機能を、「確定的に動作する多入力1出力の非線形関数」とみなします。つまり、1つのニューロンを、「複数の入力から1つの出力を返す関数」とみなしますが、入力と出力は比例関係にはありません。出力に確率的なゆらぎはなく、同じ入力が与えられたときには常に同じ出力が返されます。

【図7-9】ニューロンの機能

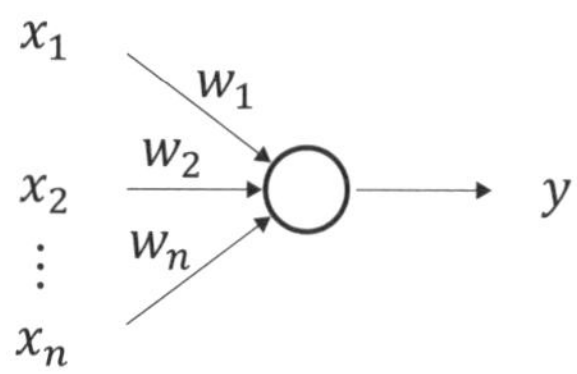

図7-9は、1つのニューロンの機能を模式的に表しています。図中の丸はニューロンに対応する「ノード」を表し、n個の入力$x_1, \ldots, x_n$を受け取って、1つの出力yを出力します。入力と出力の間の関係は、次のように表します。

$$y = \sigma\left(\sum_{i=1}^{n} w_i \times x_i + b\right)$$

ここで、w_iはi番目の入力に対する結合の重み、bはこのノード固有のバイアスで、どちらも学習によって決まる定数です。σは活性化関数であり、入力と出力の間に非線形性を持たせる役割を担います。活性化関数には、一般に次に示すステップ関数σ_{thr}、ReLU (rectified linear unit) σ_{ReLU}、シグモイド関数σ_{sig}などが使われます。

[11] 【参考文献】人工知能学会監修、神嶌敏弘編、麻生英樹、安田宗樹、前田新一、岡野原大輔、岡谷貴之、久保陽太郎、ボレガラ ダヌシカ共著：深層学習、近代科学社 (2015).

$$\sigma_{thr}(x) = \begin{cases} 1 & if\ x \geq 0 \\ 0 & if\ x < 0 \end{cases}$$

$$\sigma_{ReLU}(x) = log(1+e^{x}) \cong max(0,x)$$

$$\sigma_{sig}(x) = \frac{1}{1+e^{-x}}$$

DNNモデルは、4層以上の層に分かれた多数のノードから構成され、各層のノードは出力側の次の層のノードと結合します。これにより、入力層の信号は中間層を経て、出力層に伝播されます。図7-10は、K層からなるDNNモデルの例です。ここで、第1層は入力層、第K層は出力層、第2層から第$K-1$層は中間層であり、第m層（$1 \leq m \leq K$）は$n^{(m)}$個のノードから構成されるものとします。また、第k層（$2 \leq k \leq K$）のj番目のノードのバイアスを$b_j^{(k)}$、第$k-1$層のi番目のノードとの結合の重みを$w_{j,i}^{(k)}$とします。一般に、各ノードは次の層のすべてのノードと結合しているとは限りませんが、結合していない場合には重みを0とします。

【図7-10】DNNモデル

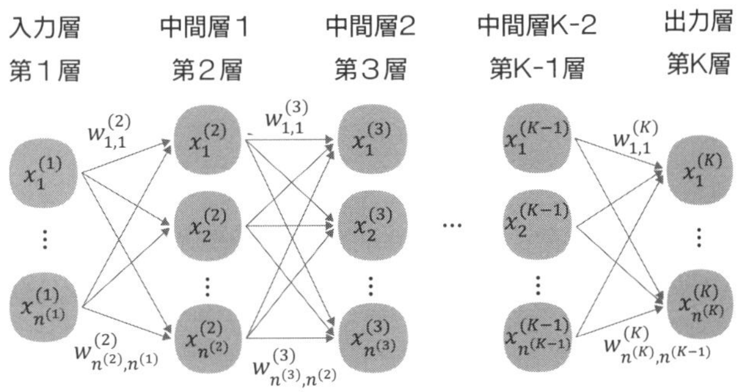

DNNモデルの、入力層を除く第k層（$2 \leq k \leq K$）のj番目（$1 \leq j \leq n^{(k)}$）のノードの出力$x_j^{(k)}$は、次の式で表すことができます。

$$x_j^{(k)} = \sigma\left(\sum_{i=1}^{n^{(k-1)}} w_{j,i}^{(k)} \times x_i^{(k-1)} + b_j^{(k)}\right)$$

本書では、加減乗除を演算とする算術式の間の等価および大小比較を含む論理式の充足性探索により網羅検証を行います。このため活性化関数σの論理式への変換は、次のようにします。

・ReLU関数のとき　：$\sigma_{ReLU}(x) = (x \leq 0 \rightarrow 0) \land (x > 0 \rightarrow x)$
・ステップ関数のとき：$\sigma_{thr}(x) = (x < 0 \rightarrow 0) \land (x \geq 0 \rightarrow 1)$

シグモイド関数は指数関数を使い複雑なので、本書では扱いません。なお、網羅検証ツールの中間層の活性化関数の既定値は、ReLU関数です。

上記の式は第$k-1$層のノードから第k層のj番目のノードへの情報伝達を表していますので、この式を１から$n^{(k)}$までのjについて論理積で結合することで、第k層の機能を数理的に表すことができます。さらに、それを第２層から第K層まで論理積で結合することで、DNNモデルを数理的に表現できます。

$$\bigwedge_{k=2}^{K}\left(\bigwedge_{j=1}^{n^{(k)}}\left(x_j^{(k)} = \sigma\left(\sum_{i=1}^{n^{(k-1)}}(w_{j,i}^{(k)} \times x_i^{(k-1)} + b_j^{(k)})\right)\right)\right)$$

入力と第１層のノードの出力の関係は、入力データを$X = (X_1, X_2, \ldots, X_{n^{(1)}})$とすると、次のように表せます。

$$\bigwedge_{j=1}^{n^{(1)}}(x_j^{(1)} = X_j)$$

また、出力層である第K層のノードの出力は推論結果になるので、推論結果を$Y = (Y_1, \ldots, Y_{n^{(K)}})$とすると、第$K$層のノードの出力との関係は、次のように表せます。

$$\bigwedge_{j=1}^{n^{(K)}}(x_j^{(K)} = Y_j)$$

これらから、DNNモデルにおける入力データXと推論結果Yの間の関係を表す論理式が得られます。

$$\left(\bigwedge_{k=2}^{K}\left(\bigwedge_{j=1}^{n^{(k)}}\left(x_j^{(k)} = \sigma\left(\sum_{i=1}^{n^{(k-1)}}(w_{j,i}^{(k)} \times x_i^{(k-1)} + b_j^{(k)})\right)\right)\right)\right) \wedge \left(\bigwedge_{j=1}^{n^{(1)}}\left(x_j^{(1)} = X_j\right)\right)$$
$$\wedge \left(\bigwedge_{j=1}^{n^{(K)}}\left(x_j^{(K)} = Y_j\right)\right)$$

変換の例

7.4.2項で検証対象とした学習済みモデルは、3.4.2項で述べた中間層を２つ持つDNNモデルです。入力層の各ノードは、１番目の中間層にある10個のノードすべてと結合し、１番目の中間層の各ノードは２番目の中間層にある10個のノードすべてと結合しています。さらに、２番目の中間層の各ノードは、出力層のノードと結合しています。また、中間層に属するノードの活性化関数にはReLUが使われています。一方、出力層のノードには非線形な活性化関数は使われておらず、２番目の中間層の各ノードの出力値を、重みをかけて足し合わせ、さらにバイアス値を足した値を予測価格として出力します。

入力データをf_j（$0 \le j \le 6$）とすると、この学習済みモデルの入力層のふるまいは次の論理式で表せます。

$$\bigwedge_{i=1}^{7}(x_j^{(1)} = f_{j-1})$$

これに対し第2層の振る舞いは、活性化関数がReLUであることを考慮して、次のように形式化できます。

$$\bigwedge_{j=1}^{10}\left(\left(x_j^{(2)} \leq 0 \rightarrow x'^{(2)}_j = 0\right) \wedge \left(x_j^{(2)} > 0 \rightarrow x'^{(2)}_j = x_j^{(2)}\right) \wedge \left(x_j^{(2)} = \sum_{i=1}^{7} w_{j,i}^{(2)} \times x_i^{(1)} + b_j^{(2)}\right)\right)$$

第3層の振る舞いも同様に表せます。

$$\bigwedge_{j=1}^{10}\left(\left(x_j^{(3)} \leq 0 \rightarrow x'^{(3)}_j = 0\right) \wedge \left(x_j^{(3)} > 0 \rightarrow x'^{(3)}_j = x_j^{(3)}\right) \wedge \left(x_j^{(3)} = \sum_{i=1}^{10} w_{j,i}^{(3)} \times x'^{(2)}_i + b_j^{(3)}\right)\right)$$

出力値は、第3層の各ノードの出力値に重みをかけて足し合わせてバイアス値を足した値なので、出力層は次のように形式化します。

$$\left(x_1^{(4)} = \sum_{i=1}^{10}\left(w_{1,i}^{(4)} \times x'^{(3)}_i + b_1^{(4)}\right)\right) \wedge (\, y = x_1^{(4)}\,)$$

これらを論理積で結んだ論理式は、入力データ$f = (f_0, f_1, \ldots, f_6)$と推論結果$y$の間の関係を、学習済みモデルのノードの出力値$x_j^{(k)}$を介して表しています。

$$\bigwedge_{j=1}^{7}\left(x_j^{(1)} = f_{j-1}\right) \wedge$$

$$\left(\bigwedge_{j=1}^{10}\left(x_j^{(2)} \leq 0 \rightarrow x'^{(2)}_j = 0\right) \wedge \left(x_j^{(2)} > 0 \rightarrow x'^{(2)}_j = x_j^{(2)}\right) \wedge \left(x_j^{(2)} = \sum_{i=1}^{7} w_{j,i}^{(2)} \times x_i^{(1)} + b_j^{(2)}\right)\right) \wedge$$

$$\left(\bigwedge_{j=1}^{10}\left(x_j^{(3)} \leq 0 \rightarrow x'^{(3)}_j = 0\right) \wedge \left(x_j^{(3)} > 0 \rightarrow x'^{(3)}_j = x_j^{(3)}\right) \wedge \left(x_j^{(3)} = \sum_{i=1}^{10} w_{j,i}^{(3)} \times x'^{(2)}_i + b_j^{(3)}\right)\right) \wedge$$

$$\left(x_1^{(4)} = \sum_{i=1}^{10}\left(w_{1,i}^{(4)} \times x'^{(3)}_i + b_1^{(4)}\right)\right) \wedge (\, y = x_1^{(4)}\,)$$

DNNモデルの網羅検証では、前提条件、検証性質の否定を表す論理式と、この式を論理積で結合し、全体が真になる入力データと推論結果の値を反例として探索します。

7.4.3. 網羅検証ツールのしくみ

処理の流れ

網羅検証では、入力データの上下限値、論理式に変換した学習済みモデル、前提条件、検証性質の否定の４つを表す論理式を論理積で結合し、全体が真になる変数値を反例として探索します。処理の流れは、基本的にXGBoostモデルの網羅検証のときと同じです。DNNモデルの網羅検証ツールは、次の処理を行う部分から構成されます。

- 入力データおよび推論結果と入出力層のニューロンの対応付け、上下限値の解析
- 学習済みモデルから論理式への変換
- 前提条件の解析
- 検証性質の解析

学習済みモデルの変換では、網羅検証ツールはニューラルネットワークのニューロンを変数に置き換えてから、ネットワークの構造にしたがって変数間の関係を設定して、論理式に変換します。この過程で、入力層と出力層については、変数の名前を入力データおよび推論結果の名前と一致させます。得られた論理式はSMTソルバに送られて、ほかの制約条件と合わせて充足可能性が検査されます。

網羅検証ツールは、設定ファイルと学習済みモデルへのパスをパラメータとして受け取り、次の処理を行います。

1. 設定ファイルの処理

   パラメータとして与えられるパスから設定ファイルを読み込む。

   入出力データ定義ファイル、前提条件ファイル、検証性質ファイルのパスを得る。

2. 入出力データ定義ファイルの処理

   入出力データ定義ファイルを読み込む。

   入力データおよび推論結果の名前と、学習済みモデルの入力層と出力層のニューロンの名前との間の対応マップを作る。

   入力データの上下限値を論理式に変換し、SMTソルバに入力する。

3. 学習済みモデルのロード

   パラメータとして与えられるパスからニューラルネットワークの構造を読み込む。

4. 学習済みモデルから論理式への変換

   中間層のニューロンに対応する変数を生成し、変数名を「層名_層内のインデックス」とする。

   入力層と出力層のニューロンに対応する変数を生成し、変数名は入力データと推論結果の名前とする。

ニューロンの結合関係から変数間の関係を表す論理式を生成し、SMTソルバに入力する。

5. **前提条件ファイルの処理**

   前提条件ファイルを読み込む。

   前提条件を論理式に変換し、SMTソルバに入力する。

6. **検証性質ファイルの処理**

   検証性質ファイルを読み込む。

   検証性質を論理式に変換し、その否定をSMTソルバに入力する。

7. **充足可能性の探索**

   SMTソルバを起動し、入力された論理式の充足可能性を検査する。SMTソルバは入力された論理式を論理積で結合し、全体を真にする変数値を探索する。

入出力データ定義の処理

入出力データ定義ファイルには、入力データと推論結果の名前、対応する学習済みモデルの入出力層の名前、入力データの上下限値が書かれています。入出力データ定義の処理では、このファイルを読み込んで次のリストを作ります。

- **入出力データの名前と入出力層のニューロンの名前の間の対応マップ**
- **入力データの上下限値の制約式**

対応マップの作成では、入出力データ定義ファイルの先頭から順にデータの名前と層の名前を取り出してニューロンの名前を生成し、データの名前とニューロンの名前の対応をマップに登録します。ニューロンの名前はデータの順序にしたがって「層名_データのインデックス」とし、同じ層のデータについてはインデックスを0から順に増やすことで層内のニューロンを区別します。

上下限値の制約式作成では、各入力データについて上限値および下限値から次の述語を作ります。

入力データの名前 <= 上限値 && 入力データの名前 >= 下限値

作った制約式は、SMTソルバに入力します。

学習済みモデルから論理式への変換処理

学習済みモデルの変換処理では、ニューラルネットワークの構造と、入出力データの名前と入出力層のニューロンの名前の間の対応マップをもとにして、SMTソルバが処理できる論理式への変換を行います。

```
make_smt_solver:
入力層のニューロンについて，対応マップに指定された名前の変数を生成する
生成した入力層の変数をinput_listに格納する
中間層と出力層について，以下を行う
    層内のニューロンについて以下を行う
        ニューロンの名前を「層名_層内のインデックス」とする
        もしニューロンの名前が対応マップにあれば，対応するデータの名前の変数を生成する
        対応マップになければ，ニューロンの名前の変数を生成する
        input_listの変数に重みをかけて足し合わせて，重み付き入力とする
        下記の論理式を作り，SMTソルバに加える
            変数名 == ニューロンの活性化関数（重み付き入力+ニューロンのバイアス）
    層内のすべてのニューロンについて処理が終われば，input_listの内容を層内で生成した変数
    で置き換えて，次の層の処理へと進む
```

本章のまとめ

本書では、従来のソフトウェア開発で行ってきた、正解に基づくテストに代わる、AIソフトウェア向けの新しいテスト方法を説明してきました。7章では本書の締めくくりとして，「必ず守っておきたい条件」を正解値の代わりに使い、運用時に入力されることが想定されるデータの範囲について、学習済みモデルの推論結果がその条件を満たすことを網羅的に検証する方法を紹介しました。また、この方法を実践するときの助けになるよう、検証ツールの実行例だけでなく、検証ツールのしくみについても解説しました。これらの技術が皆さんのAI開発に貢献することを祈っています。

7.Appendix　各種ファイルの記法

7.A.1　XGBoost入出力データ定義ファイルの記法

XGBoostモデルの網羅検証で使う入出力データ定義ファイルの記法を、拡張BNFで表すと次のようになります。ここで、メタ記号「|」は選択を表し、「【　】」は省略可能を表します。「／*」から右は補足説明です。

```
＜データ定義＞　：：＝
　　　　{　＜入力データ定義＞　，　＜推論出力データ定義＞　}
＜入力データ定義＞　：：＝
　　　　"input"：[　＜入力データ名定義の並び＞　]
＜推論出力データ定義＞　：：＝
　　　　"output"：[　＜推論出力データ名定義の並び＞　]
＜入力データ名定義の並び＞　：：＝
　　　　＜入力データ名定義＞　【　，　＜入力データ名定義の並び＞】
＜推論出力データ名定義の並び＞　：：＝
　　　　＜推論出力データ名定義＞　【　，　＜推論出力データ名定義の並び＞】
＜入力データ名定義＞　：：＝
　　　　{　＜データ名宣言＞　，　＜連続値フラグ＞　，　＜型宣言＞
　　　　【　，　＜上限値＞　】【　，　＜下限値＞　】　}
＜推論出力データ名定義＞　：：＝
　　　　{　＜データ名宣言＞　}
＜データ名宣言＞　：：＝
　　　　"name"：　"　データ名　"
＜連続値フラグ＞　：：＝
　　　　"cont_value_flag"：true　　　|　　　　　　　　　／*　一連の値
　　　　"cont_value_flag"：false　　　　　　　　　　　　／*　分割された値
＜型宣言＞　：：＝
　　　　"type"："int"　　　　　　　　|　　　　　　　　　／*　整数型
　　　　"type"："float"　　　　　　　　　　　　　　　　 ／*　浮動小数点型
＜上限値＞　：：＝
```

```
        "upper"：　定数                                  ／＊　上限値
＜下限値＞　：：＝
        "lower"：　定数                                  ／＊　下限値
```

データ名は英数字で記し、「_」を含んでいてもかまいません。入力データ名定義には、学習データの入力データ名と同じデータ名と、型を宣言します。型は整数（int）か浮動小数点数（float）のいずれかで、上限値および下限値の型とも一致しなければなりません。連続値フラグには、入力変数の値が１つの区間の連続する値である（true）か、複数の区間に分割された値である（false）かのいずれかを指定します。

また、学習済みモデルの入力データは先頭から順に入出力データ定義ファイルの入力データの名前と対応付けられるので、両者の名前と順序は一致していなければなりません。

7.A.2　DNN入出力データ定義ファイルの記法

DNNモデルの網羅検証で使う入出力データ定義ファイルの記法は、XGBoostモデルの網羅検証の入出力データ定義ファイルの記法に準じますが、入出力データに対応するニューロンの情報を含む点が異なります。

```
＜データ定義＞　：：＝
        {　＜入力データ定義＞　，　＜推論出力データ定義＞　}
＜入力データ定義＞　：：＝
      "input"：[　＜入力データ名定義の並び＞　]
＜推論出力データ定義＞　：：＝
        "output"：[　＜推論出力データ名定義の並び＞　]
＜入力データ名定義の並び＞　：：＝
        ＜入力データ名定義＞　【　，　＜入力データ名定義の並び＞】
＜推論出力データ名定義の並び＞　：：＝
        ＜推論出力データ名定義＞　【　，　＜推論出力データ名定義の並び＞】
＜入力データ名定義＞　：：＝
        {　＜データ名宣言＞　，　＜層名宣言＞　，　＜上限値＞　，　＜下限値＞　}
＜推論出力データ名定義＞　：：＝
        {　＜データ名宣言＞　，　＜層名宣言＞　}
＜データ名宣言＞　：：＝
        "name"：　"　データ名　"
```

```
＜層名宣言＞　：：＝
        "layer_name"：　"　入出力層名　"
＜上限値＞　：：＝
        "upper"：　定数                                  ／＊　上限値
＜下限値＞　：：＝
        "lower"：　定数                                  ／＊　下限値
```

データ名は英数字で記し、「_」を含んでいてもかまいません。層名は、入力データについては検証する学習済みモデルの入力層の名前を指定し、推論出力データについては出力層の名前を指定します。網羅検証ツールは、学習済みモデルの入出力層のニューロンを、先頭から順に、入出力データ定義ファイルのデータ名と対応付けるので、両者の順序は一致していなければなりません。

7.A.3　検証条件ファイルの記法

前提条件と検証性質は、次の記法で書きます。XGBoostモデルの網羅検証でもDNNモデルの網羅検証でも、記法は共通です。変数名には、入出力データ定義ファイルで宣言した変数名を使います。なお、SMTソルバが処理できる述語は、組み込まれている理論ソルバに依存します。

```
＜検証条件＞　：：＝
        ＜論理式＞
＜論理式＞　：：＝
        ＜論理式＞　＜論理演算子＞　＜論理式＞　　｜
        !　＜述語＞                               ｜　　　　／＊　否定
        ＜述語＞
＜述語＞　：：＝
        ＜算術式＞　＜関係演算子＞　＜算術式＞　　｜
        (　＜論理式＞　)                          ｜
        True                                      ｜
        False
＜算術式＞　：：＝
        ＜算術式＞　＜算術演算子＞　＜算術式＞　　｜
        ＜基本式＞
＜基本式＞　：：＝
        変数名                                    ｜
```

```
        定数                              |
        （　＜算術式＞　）
＜論理演算子＞　：：＝
        &&                                |      ／＊　論理積
        ||                                |      ／＊　論理和
        =>                                       ／＊　含意
＜関係演算子＞　：：＝
        ==                                |      ／＊　等しい
        !=                                |      ／＊　等しくない
        >                                 |      ／＊　大きい
        <                                 |      ／＊　小さい
        >=                                |      ／＊　大きいか等しい
        <=                                       ／＊　小さいか等しい
＜算術演算子＞　：：＝
        ＋                                |      ／＊　加算
        -                                 |      ／＊　減算
        *                                 |      ／＊　乗算
        /                                        ／＊　除算
```

おわりに

最後までお読みいただき、ありがとうございました。本書が、読者の皆さんの仕事や勉強の一助となれば幸いです。

本書執筆にあたり最も苦心したのは、6章に示したパンダの写真を入手することでした。当初は長女長男と連れ立って上野動物園で撮影しようと思っていましたが、出版日を見ていただくと分かるとおり執筆期間はコロナ禍の真っただ中。動物園も一時期を除いて基本お休みでした。飼育員さんが写真や動画をネット配信してくれていたようですが、無断借用はできません。また、白浜のアドベンチャーワールドにもパンダはいるようですが、さすがにそのためだけに行くわけにもいかず、刻々と締切日が迫ってきます。結局悩んだ末、実家に連絡。経緯説明も何もない「パンダの写真持ってない?」という無茶なメールに対して、生来生真面目な父は「皆に聞いてみる」と即応してくれました。そして、姉一家が数年前に撮影したシャンシャンの写真を提供してもらい、無事出版にこぎつけることができました。

最後になりましたが、職場の方々をはじめ、本書の執筆を支援してくださった全ての皆様に厚く御礼申し上げます。

2021年4月　著者を代表して

佐藤 直人

索 引

記号

アルファベット

かな

著者のプロフィール

佐藤（さとう） 直人（なおと）　1章の一部、3章～6章、および全編の監修を担当

株式会社日立製作所 主任研究員(2005年入社)。専門分野はソフトウェアテスト、形式手法など。博士(工学)。趣味は読書だが、最近はサブスクリプション型動画サービスに押されつつある。また、ルアーでのシーバスフィッシングに手を出すも、本書執筆時点ではまだ一匹も釣れていない。

小川（おがわ） 秀人（ひでと）　序章、1章、2章を担当

AIプロダクト品質保証コンソーシアム（QA4AI）運営副委員長兼ロゴデザイン担当。機械学習品質マネジメント検討委員会（AIQM）委員。株式会社日立製作所 主管研究員（1996年入社）。専門分野はソフトウェア工学。博士（情報科学）。共著書に『AIビジネス戦略～効果的な知財戦略・新規事業の立て方・実用化への筋道～』2020年・情報機構刊がある。使いこなせない画材集めと、激安機材での星空写真撮影が趣味。

來間（くるま） 啓伸（ひろのぶ）　7章を担当

株式会社日立製作所 シニア社員（1984年入社）。国立情報学研究所出向 特任教授（2007～2014年）。専門分野はソフトウェア工学、特に形式手法。博士（学術）。著書に『Bメソッドによる形式仕様記述』2007年・近代科学社刊、共著書に『Event-B リファインメント・モデリングに基づく形式手法』2015年・近代科学社刊がある。趣味は推理小説の乱読、山間の温泉めぐり、フライ・フィッシング（勉強中）。

明神（みょうじん） 智之（ともゆき）　5章の一部を担当

株式会社日立製作所 主任研究員（2006年入社）。専門分野は組込みシステム、ソフトウェア工学。趣味は旅先で出会った猫の写真撮影。

AIソフトウェアのテスト
──答のない答え合わせ［4つの手法］

2021年 5月25日　第1版第1刷発行

著　　者	佐藤直人・小川秀人・來間啓伸・明神智之
発 行 人	新関卓哉
企画担当	蒲生達佳
編集担当	松本昭彦
発 行 所	株式会社リックテレコム
	〒113-0034　東京都文京区湯島3-7-7
	振替　00160-0-133646
	電話　03（3834）8380（営業）
	03（3834）8427（編集）
	URL　http://www.ric.co.jp/
装　　丁	長久雅行
本文組版	前川智也
印刷・製本	シナノ印刷株式会社

●訂正等

本書の記載内容には万全を期しておりますが、万一誤りや情報内容の変更が生じた場合には、当社ホームページの正誤表サイトに掲載しますので、下記よりご確認下さい。

＊正誤表サイトURL

http://www.ric.co.jp/book/seigo_list.html

●本書の内容に関するお問い合わせ

本書の内容等についてのお尋ねは、下記の「読者お問い合わせサイト」にて受け付けております。また、回答に万全を期すため、電話によるご質問にはお答えできませんのでご了承ください。

＊読者お問い合わせサイトURL

http://www.ric.co.jp/book-q

●その他のお問い合わせは、電子メール：book-q@ric.co.jp、またはFAX：03-3834-8043にて承ります。

●乱丁・落丁本はお取り替え致します。

ISBN978-4-86594-291-0　　Printed in Japan